“十三五”职业教育国家规划教材

软件工程

第六版

新世纪高职高专教材编审委员会 组编
主 编 高树芳
副主编 陈巧莉 汪海智 张 昱
陈建群 周建儒

大连理工大学出版社

图书在版编目(CIP)数据

软件工程 / 高树芳主编. -- 6版. -- 大连 : 大连理工大学出版社, 2018.7(2022.1重印)
新世纪高职高专软件专业系列规划教材
ISBN 978-7-5685-1632-7

Ⅰ. ①软… Ⅱ. ①高… Ⅲ. ①软件工程—高等职业教育—教材 Ⅳ. ①TP311.5

中国版本图书馆CIP数据核字(2018)第160457号

大连理工大学出版社出版
地址:大连市软件园路80号 邮政编码:116023
电话:0411-84708842 邮购:0411-84708943 传真:0411-84701466
E-mail:dutp@dutp.cn URL:http://dutp.dlut.edu.cn
大连永盛印业有限公司印刷 大连理工大学出版社发行

幅面尺寸:185mm×260mm 印张:18 字数:416千字
2003年8月第1版 2018年7月第6版
2022年1月第6次印刷

责任编辑:高智银 责任校对:李 红
封面设计:张 莹

ISBN 978-7-5685-1632-7 定 价:45.00元

本书如有印装质量问题,请与我社发行部联系更换。

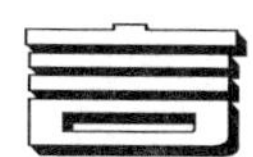

前　言

《软件工程》(第六版)是"十三五"职业教育国家规划教材、"十二五"职业教育国家规划教材、高职高专计算机教指委优秀教材,也是新世纪高职高专教材编审委员会组编的软件专业系列规划教材之一。

软件工程是一门理论性和实践性都很强的学科,是研究如何用工程化的概念、原理、技术和方法来指导计算机软件开发和维护的一门交叉性学科。随着软件应用范围和软件规模的日益扩大,软件工程已经成为软件开发人员必须掌握的技术之一。对于广大的计算机应用人员来说,学习软件工程,可以提高对信息系统的应用与管理水平,促进企事业单位的信息化工作。本教材可作为高职高专计算机专业教材,也可供从事计算机软件开发及应用的广大科技人员做参考。

本教材讲述软件工程的基本概念、原理和方法。通过理论教学与实践教学的结合,使学生基本掌握结构化开发方法,熟悉面向对象的开发方法,学会软件工程文档的编写方法,了解软件工程管理等内容。

本教材按照典型的软件开发过程来组织内容,全书共分为11章。第1章是软件工程概述;第2～5章分别介绍软件项目计划、需求分析、概要设计、详细设计;第6～7章介绍面向对象概念和Rose建模技术以及面向对象的分析与设计;第8～10章介绍编码、软件测试与软件维护;第11章介绍软件项目管理。

本教材选材注意把握高职高专学生的专业知识背景与接受能力,以案例为主组织教材内容。在教材编写上,以结合实际、注重实用、通俗易懂、易于教学为基本目标,力求把抽象的理论知识直观化、具体化,把难于理解的复杂内容通俗化、可视化,力争让学生喜欢学,能学会,用得上。

本教材主要从以下三方面进行了修订:

(1)对传统软件工程内容采取了简洁化、提纲式编写策略,删除了陈旧内容,弱化了过于深奥且应用性不强的理论知识,并力争用图形取代文字描述,提高了教材的"视觉化"。

(2)重新编写了面向对象软件工程内容,增加了章节篇幅,充实了案例内容,提高了教材内容的先进性。

(3)加强了软件工程工具的教学内容,增加了Visio、Rose等软件工程建模工具内容,提高了教材的实践性。

本教材的主要特点如下：

(1)易于教学。本教材以一个真实的软件系统——“瑞天图书管理系统”作为贯穿本教材主要章节的教学案例，引导读者首先下载、安装此系统，然后操作、体验该系统。这种结合一个“活生生”的软件系统去学习软件工程课程的做法，会比凭空学习软件工程理论更为有效。因为软件工程理论是对软件开发与管理实践经验的总结，在学生缺乏软件开发经历，甚至没有使用过、分析过一个像样的软件系统的情况下，学习本课程是很难达到预期目的的。图书管理系统贴近学生生活，学生可以触及系统，容易分析、研究系统的功能和结构。结合一个实际的软件系统学习软件工程，可以提高学生的学习兴趣，降低课程难度，提高课程的应用性，进而提高教学效果。

(2)实用性强。本教材以设计、开发一个与“瑞天图书管理系统”功能相似的、规模较小的图书管理系统作为教学项目，并将此教学项目分为若干教学任务，贯穿教材前9章。教材要求学生对“瑞天图书管理系统”进行功能简化和结构改造，重新分析、设计并实施模仿式开发。这种使学生带着任务学习，一边体验、观摩、剖析教学案例，一边分析、设计并开发教学项目系统的做法，提高了教材的项目化特色，探索了“项目导向，任务驱动”教材编写的新思路，提高了教材的实践性。

(3)资源丰富。本教材配套资源除了包括微课、教学大纲、授课计划、实验指导书、PPT课件、试卷库、习题答案等，还包括“理论知识测试软件”和“软件项目案例库”。

“理论知识测试软件”使用Excel VBA开发，包括理论知识单选题、判断题和填空题等，学生可自主选择某章、某类题目进行自我测试，测试完毕由系统自动评判并给出结果。该软件的应用可做到教学过程的“多检查”“多督促”，实现“以测促学”。

“软件项目案例库”包括适于教学的、典型的C/S架构和B/S架构的软件项目源代码(如图书管理系统等)，以及经过教学化处理的、较为规范的软件项目文档，这些案例可供教学剖析，学生模仿，是软件工程课程教学的得力助手。

本教材由石家庄邮电职业技术学院高树芳任主编，由陕西国防工业职业技术学院陈巧莉、中国邮政集团公司石家庄市分公司汪海智、石家庄邮电职业技术学院张昱和陈建群、四川信息职业技术学院周建儒任副主编。具体编写分工为：高树芳编写第1～3章；张昱编写第4～5章；陈巧莉编写第6～7章；周建儒编写第8章；陈建群编写第9～10章和第11章前5节；汪海智编写第11章后面内容。

本教材使用了由南昌北创科技发展有限公司开发的“瑞天图书管理系统”(2012标准版)作为教学案例，在本教材编写过程中也得到该公司的大力支持和帮助，在此对该公司表示衷心感谢！

由于编者水平有限，教材中难免有疏漏和不妥之处，恳请读者与专家批评指正。

编 者

2018年7月

所有意见和建议请发往：dutpgz@163.com

欢迎访问职教数字化服务平台：http://sve.dutpbook.com

联系电话：0411-84706671 84707492

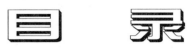

目录

第1章　软件工程概述 …… 1

1.1　软件与软件危机 …… 1

1.1.1　软件的定义及其特点 …… 1

1.1.2　软件的发展及其分类 …… 2

1.1.3　软件危机 …… 4

1.2　软件工程 …… 5

1.2.1　软件工程的定义和目标 …… 5

1.2.2　软件工程的基本原理 …… 5

1.2.3　软件工程的研究内容 …… 5

1.3　软件生存周期 …… 6

1.4　软件开发模型 …… 7

1.5　软件开发方法 …… 12

1.6　软件工具与软件开发环境 …… 13

1.6.1　软件工具 …… 13

1.6.2　软件开发环境 …… 13

1.7　项目实践:“图书管理系统”项目任务简介 …… 14

习　题 …… 15

第2章　软件项目计划 …… 19

2.1　问题定义 …… 19

2.1.1　问题定义的内容 …… 20

2.1.2　问题定义的方法 …… 20

2.2　可行性研究 …… 20

2.2.1　可行性研究的任务 …… 21

2.2.2　可行性研究的步骤 …… 22

2.2.3　系统流程图 …… 22

2.2.4　经济可行性 …… 23

2.2.5　可行性研究报告编制中应注意的问题及作用 …… 24

2.3　项目开发计划 …… 25

2.4　Microsoft Office Visio 2003 …… 25

2.4.1　Microsoft Office Visio 2003 简介 …… 25

2.4.2　使用 Visio 绘制系统流程图 …… 26

2.5 项目实践:“图书管理系统”可行性研究与项目开发计划 …… 29
2.5.1 “图书管理系统”问题定义报告 …… 29
2.5.2 “图书管理系统”可行性研究报告 …… 29
2.5.3 “图书管理系统”项目开发计划 …… 34
习 题 …… 36
第3章 需求分析 …… 38
3.1 需求分析的任务 …… 38
3.2 需求获取的方法 …… 39
3.2.1 需求获取的基本原则 …… 39
3.2.2 需求获取的途径和方法 …… 39
3.2.3 需求调研的步骤 …… 40
3.3 需求分析的步骤 …… 40
3.3.1 需求获取 …… 40
3.3.2 分析建模 …… 41
3.3.3 需求描述 …… 41
3.3.4 需求验证 …… 42
3.4 结构化需求分析方法 …… 42
3.4.1 结构化分析方法概述 …… 42
3.4.2 数据流图 …… 43
3.4.3 数据词典 …… 47
3.4.4 加工逻辑的描述 …… 49
3.5 需求规格说明书的编写与评审 …… 53
3.6 项目实践:“图书管理系统”软件需求分析 …… 54
习 题 …… 63
第4章 概要设计 …… 67
4.1 软件设计概述 …… 67
4.1.1 软件设计的概念与重要性 …… 67
4.1.2 软件设计的任务 …… 68
4.2 概要设计的任务与步骤 …… 68
4.2.1 概要设计的任务 …… 68
4.2.2 概要设计的步骤 …… 69
4.3 概要设计的原则 …… 70
4.4 模块独立性 …… 72
4.4.1 耦合性 …… 72
4.4.2 内聚性 …… 74
4.4.3 软件结构优化准则 …… 76
4.5 软件结构设计的图形工具 …… 79
4.5.1 层次图 …… 79

4.5.2 IPO图 …… 79
4.5.3 结构图 …… 80
4.6 结构化设计方法 …… 81
4.7 概要设计文档与评审 …… 83
4.7.1 概要设计说明书的编写内容 …… 83
4.7.2 概要设计评审 …… 83
4.8 项目实践:"图书管理系统"概要设计 …… 84
习 题 …… 94

第5章 详细设计 …… 97
5.1 详细设计的任务与原则 …… 97
5.1.1 详细设计的任务 …… 97
5.1.2 详细设计的原则 …… 98
5.2 详细设计的工具 …… 98
5.3 用户界面设计 …… 104
5.3.1 用户界面设计的重要性 …… 104
5.3.2 用户界面设计应考虑的问题 …… 105
5.3.3 用户界面设计的基本原则 …… 105
5.3.4 用户界面设计指南 …… 106
5.4 数据代码设计 …… 108
5.5 详细设计文档的编制及评审 …… 110
5.6 项目实践:"图书管理系统"详细设计 …… 110
习 题 …… 118

第6章 面向对象概念和Rose建模技术 …… 121
6.1 面向对象方法概述 …… 121
6.1.1 面向对象方法的特征 …… 121
6.1.2 面向对象方法的基本概念 …… 122
6.2 统一建模语言(UML) …… 125
6.2.1 UML概述 …… 125
6.2.2 UML的主要内容 …… 126
6.2.3 静态建模 …… 129
6.2.4 动态建模 …… 137
6.3 Rational Rose简介 …… 141
6.3.1 Rational Rose的安装 …… 142
6.3.2 Rational Rose的启动 …… 144
6.3.3 Rational Rose的配置 …… 145
6.3.4 Rational Rose建模的基本过程 …… 145
习 题 …… 148

第 7 章 面向对象的分析与设计 …… 150
7.1 面向对象分析 …… 150
7.1.1 面向对象分析的目标和任务 …… 150
7.1.2 面向对象分析的过程 …… 151
7.1.3 面向对象分析的三种模型 …… 152
7.1.4 对象模型的层次 …… 152
7.2 建立对象模型 …… 153
7.2.1 确定对象和类 …… 154
7.2.2 确定结构 …… 155
7.2.3 确定主题 …… 155
7.2.4 确定服务和消息 …… 156
7.3 建立动态模型 …… 156
7.4 建立功能模型 …… 158
7.5 面向对象设计 …… 159
7.5.1 面向对象设计概述 …… 159
7.5.2 面向对象设计的准则和启发式规则 …… 160
7.6 系统设计 …… 162
7.7 类-&-对象设计 …… 166
7.8 项目实践:“图书管理系统”面向对象的分析与设计 …… 167
7.8.1 面向对象的分析 …… 167
7.8.2 面向对象的设计 …… 174
习 题 …… 177
第 8 章 编 码 …… 179
8.1 编码的目的与要求 …… 179
8.2 程序设计语言 …… 180
8.2.1 程序设计语言的发展与分类 …… 180
8.2.2 常用的程序设计语言 …… 181
8.2.3 程序设计语言的选择 …… 182
8.3 程序设计风格 …… 182
8.3.1 源程序文档化 …… 183
8.3.2 数据说明 …… 186
8.3.3 语句构造 …… 187
8.3.4 输入与输出 …… 190
8.3.5 效 率 …… 191
8.4 结构化程序设计 …… 191
8.4.1 结构化程序设计的原则 …… 191
8.4.2 自顶向下,逐步求精 …… 191

8.5　面向对象的程序设计 …… 193
8.6　项目实践:"图书管理系统 Web 子系统"程序开发 …… 194
8.6.1　"图书管理系统 Web 子系统"简介 …… 194
8.6.2　系统开发与运行环境搭建 …… 197
8.6.3　面向对象的程序开发思路说明 …… 201
习　题 …… 212
第 9 章　软件测试 …… 215
9.1　软件测试概述 …… 215
9.1.1　软件测试的目标 …… 215
9.1.2　软件测试的原则 …… 216
9.1.3　软件测试的信息流 …… 217
9.2　软件测试方法 …… 217
9.2.1　静态测试 …… 218
9.2.2　动态测试 …… 218
9.3　测试用例的设计 …… 219
9.3.1　黑盒技术 …… 219
9.3.2　白盒技术 …… 223
9.3.3　综合测试策略 …… 225
9.3.4　测试实例分析 …… 226
9.4　软件测试步骤 …… 227
9.4.1　单元测试 …… 228
9.4.2　集成测试 …… 230
9.4.3　确认测试 …… 232
9.4.4　系统测试 …… 233
9.5　软件测试工具简介 …… 233
9.6　调　试 …… 234
9.6.1　调试目的和步骤 …… 234
9.6.2　调试策略 …… 235
9.6.3　调试原则 …… 235
9.7　面向对象的软件测试简述 …… 236
9.7.1　面向对象的测试模型 …… 236
9.7.2　面向对象的测试策略 …… 237
9.7.3　面向对象的软件测试用例设计 …… 238
9.8　项目实践:"图书管理系统"软件测试 …… 238
9.8.1　功能测试 …… 238
9.8.2　界面测试 …… 240
习　题 …… 241

第 10 章　软件维护 …… 244
10.1　软件维护的类型与策略 …… 244
10.1.1　软件维护工作的必要性 …… 244
10.1.2　软件维护的类型 …… 245
10.1.3　软件维护的策略 …… 246
10.2　软件维护的特点 …… 246
10.3　软件维护的过程与组织 …… 248
10.4　软件的可维护性 …… 251
10.4.1　决定软件可维护性的因素 …… 251
10.4.2　提高软件可维护性的方法 …… 252
10.5　软件维护的副作用 …… 253
10.6　软件逆向工程与再生工程 …… 254
习　题 …… 255
第 11 章　软件项目管理 …… 257
11.1　软件项目管理概述 …… 257
11.1.1　软件项目管理的职责 …… 257
11.1.2　软件项目管理的过程 …… 258
11.2　软件组织与人员管理 …… 259
11.2.1　建立项目组织的原则 …… 259
11.2.2　项目组织结构的形式 …… 260
11.2.3　程序设计小组的形式 …… 260
11.2.4　人员配备 …… 260
11.3　软件开发成本估算 …… 262
11.4　软件进度管理 …… 263
11.4.1　进度安排中应考虑的问题 …… 263
11.4.2　进度安排方法 …… 264
11.5　软件质量保证 …… 266
11.5.1　软件质量管理 …… 266
11.5.2　CMM 模型 …… 267
11.6　软件配置管理 …… 268
11.7　软件工程标准与文档管理 …… 270
11.7.1　软件工程标准 …… 270
11.7.2　软件文档的编写 …… 271
习　题 …… 274
参考文献 …… 276

本书微课视频列表

序号	微课名称	页码
1	软件的定义、特点及分类	1
2	软件生存周期	6
3	系统流程图示例	23
4	Visio 绘图软件的使用	26
5	绘制数据流图	44
6	判定表与判定树	50
7	模块的耦合性	72
8	模块的内聚性	74
9	Raptor 工具的基本使用	98
10	设计程序流程图——循环与数组	100
11	设计程序流程图——模块化设计	103
12	绘制用例图	130
13	时序图与协作图	138
14	状态图建模	139
15	Rose 工具的安装与使用	142
16	建立用例模型	167
17	编码风格	183
18	等价类划分示例	220
19	维护的过程与组织	248
20	进度安排方法	264

第1章 软件工程概述

教学提示

本章主要介绍软件与软件危机的基本知识、软件工程的概念、软件生存周期、软件开发模型、软件开发方法及软件工具与开发环境等内容。本章重点是软件工程的基本思想以及软件生存周期概念，难点是软件开发模型的理解和应用。

教学要求

- 了解软件的概念、特点及主要分类。
- 掌握软件危机的产生、表现及原因。
- 掌握软件工程的定义以及基本原理。
- 掌握软件生存周期概念。
- 理解软件开发模型。
- 了解软件开发工具与环境。

项目任务

- 上网下载并安装一个真实的软件系统——瑞天图书管理系统(2012 标准版)，本教材将使用该系统作为教学案例。
- 对瑞天图书管理系统原有数据进行备份，完成系统初始化、系统参数设置和添加用户等操作。
- 初步分析瑞天图书管理系统中系统管理和参数设置功能的操作界面，分析其数据处理过程，为分析、设计并开发新的“图书管理系统”(教学项目)奠定基础。
- 了解“图书管理系统”(教学项目)的开发背景和项目任务。

1.1 软件与软件危机

软件的定义、特点及分类

1.1.1 软件的定义及其特点

1. 软件的定义

软件是计算机中与硬件相互依存的另一部分，它是程序、数据和文档的完整集合。简言之，软件＝程序＋数据＋文档。其中，程序是按照事先设计的功能和性能要求执行的指令序列；数据是使程序能够正常、正确操纵信息的数据结构；文档是与程序的开发、维护和使用有关的图文资料。

程序是软件的窗口，它展示着系统的能力；数据是软件的根本，它决定了系统的价值；文档是软件的灵魂，它关系到系统的命运。

2. 软件的主要特点

(1)软件是一种逻辑产品,具有抽象性。硬件是有形设备,而软件不像硬件那样具有明显的可见性。软件的开发过程中没有具体的物理制造过程。人们可以把软件记录在介质上,但无法直观地观察到软件的形态,而必须通过在计算机上实际地运行才能了解它的功能、性能和其他特性。

(2)软件的生产方式与硬件的制造不同。软件的生产过程以创造性思维为主,它是人们脑力劳动的结晶,它的研发过程就是生产过程。软件的成本主要体现在开发和研制上,而复制产品的成本则非常低廉,软件的研发成本远远大于生产成本。

(3)软件缺陷检测的困难性。发现软件错误和缺陷的主要手段是软件测试。软件生产过程的特殊性,使得软件缺陷难于跟踪和控制,检测和预防软件缺陷困难,需要进行一系列的软件测试活动以降低软件的错误率。

(4)软件维护的复杂性。软件不存在像硬件那样的部件磨损和老化问题,但是为了纠正软件错误或适应硬件、环境以及需求的变化,需要进行维护,而每次维护会不可避免地会引入新的错误,导致软件质量下降,失效率升高,从而使得软件退化。软件的维护比硬件的维护复杂得多,其成本也高得多,软件维护与硬件维护有着本质的区别。

(5)软件对环境的依赖性。软件的开发和运行必须依附于特定的计算机系统环境。它不像有些硬件设备那样能够独立地工作,而是受到了硬件、系统软件和支撑软件等因素的制约。为了减少这种依赖性,引发了软件的可移植性问题。

(6)软件的开发至今仍未摆脱手工开发方式。目前,传统的手工"作坊"式开发方式仍然占据软件开发的统治地位,使得软件开发效率受到很大的限制,满足不了社会的需求,制约了软件的快速发展。

(7)软件与社会因素的关联性。相当多的软件工作涉及社会因素,软件的开发与运行涉及机构、体制、流程及管理方式等问题,甚至涉及人的观念和心理,还与国家的法律、法规和安全紧密相关。

1.1.2 软件的发展及其分类

1. 软件技术的发展

软件技术的发展经历了三个阶段,见表 1-1。

表 1-1 软件技术发展的三个阶段

序号	阶段名称	年代	软件的含义	生产方式	决定软件质量的因素
1	程序设计阶段	20 世纪 50—60 年代	程序	个体手工	个人技术水平
2	程序系统阶段	20 世纪 60—70 年代	程序和使用说明书	"作坊"式的小集团生产	开发小组的技术水平
3	软件工程阶段	20 世纪 70 年代以后	程序、数据、文档	工程化的生产	项目经理的项目管理水平

软件技术发展到现在,最根本的变化体现在人们对软件有了新的认识。软件发展的主线是由个体简单的开发方式向着复杂、大规模、标准化、工程化的方向发展。

2. 软件的分类

计算机软件是一个涉及多个领域、应用广泛的概念。人们可以从不同的角度对软件进行分类。

(1)按软件功能分类

按软件功能可将软件分为系统软件、支撑软件和应用软件。

①系统软件:是与计算机紧密配合以使计算机各部件与相关软件及数据协调、高效工作的软件,如操作系统、系统实用程序和系统扩充程序等。它与具体的应用领域无关,有基础性和通用性两大特点。这些软件一般由专业的软件公司有目的地开发并较好地维护。

②支撑软件:是协助用户进行软件开发与管理的软件,主要包括帮助程序人员开发软件的工具性软件和帮助管理开发进程的软件,如语言处理程序、数据库管理系统等。

③应用软件:是在特定领域内开发、为特定目的服务的一类软件,如科学和工程计算软件、文字处理软件、游戏软件等。

(2)按软件规模分类

软件规模是指软件项目可量化的结果,软件的规模通常采用代码行(LOC)的数量或耗用人工时的多少来衡量。根据软件规模可将软件分为六种,见表 1-2。

表 1-2　软件规模分类表

类别	参加人员数量	开发周期	产品规模(源代码行数,LOC)
微型	1	1～2 周	500 行内
小型	1	1～6 月	500～5 000 行
中型	1～5	1 年内	5 000～5 万行
大型	5～100	2～3 年	5 万～10 万行
甚大型	100～2 000	4～5 年	10 万～100 万行
极大型	2 000～5 000	10 年内	100 万～1 000 万行

(3)按软件工作方式分类

①实时处理软件:指在事件或数据产生时,立即处理并及时反馈信号、控制监测和控制过程的软件,其处理时间被严格限定。例如,卫星实时监控软件、外汇实时行情软件等。实时软件既可以应用于信息处理,也可以应用于过程控制。

②分时软件:允许多个联机用户同时使用计算机。

③交互式软件:能实现人机通信的软件。能接收用户给出的信息,但在时间上没有严格规定。

④批处理软件:把一组输入作业或一批数据以成批处理的方式一次运行,按顺序逐个处理的软件。

(4)其他分类方法

①按服务对象可分为通用软件和定制软件。通用软件是由特定软件开发机构开发,面向市场公开销售的独立运行的软件系统;定制软件是面向特定用户需求,由软件开发机构在合同约束下开发的软件。

②按使用频度可分为一次性使用软件和频繁使用软件。

③按失效影响可分为高可靠性软件和一般可靠性软件。

软件的分类如图 1-1 所示。

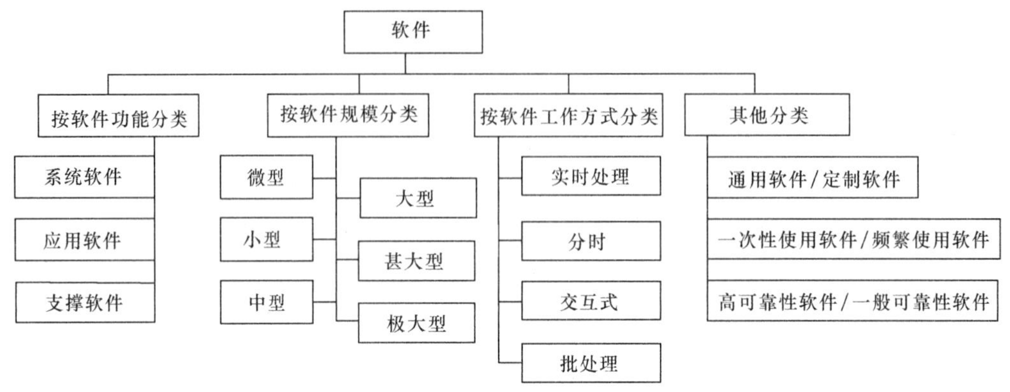

图 1-1 软件的分类

1.1.3 软件危机

软件危机是指在计算机软件开发和维护过程中遇到的一系列严重问题。这些问题主要体现在如何开发软件以满足用户日益增长的需求和如何对已有的软件进行维护。

1. 软件危机的主要表现

(1)软件不能满足用户的需求。

(2)软件开发成本严重超标,开发周期大大超过规定日期。

(3)软件质量难于保证,可靠性差。

(4)软件难于维护。

(5)软件开发速度跟不上计算机发展速度。

2. 软件危机产生的原因

软件危机的产生有两方面因素:一方面与软件本身的抽象性和复杂性有关,这是客观原因;另一方面则与软件开发和维护过程中使用的技术和方法有关,这是主观原因。根本原因是软件开发过程不成熟,具体表现为:

(1)忽视软件开发前期的调研和需求分析工作。

(2)缺乏软件开发的经验和有关软件开发数据的积累,使得开发计划很难制订。

(3)开发过程缺乏统一的、规范化的方法论指导。

(4)忽视与用户、开发组成员间的及时有效的沟通。

(5)文档资料不规范或不准确。导致开发者失去工作的基础,管理者失去管理的依据。

(6)没有完善的质量保证体系。

3. 软件危机的解决途径

要解决软件危机问题,需要采取以下措施:

(1)使用好的软件开发技术和方法。

(2)使用好的软件开发工具,提高软件生产率。

(3)有良好的组织、严密的管理,各方面人员相互配合共同完成任务。

为了解决软件危机,既要有技术措施(好的方法和工具),也要有组织管理措施。软件工程正是从技术和管理两方面来研究如何更好地开发和维护计算机软件的。

1.2　软件工程

1.2.1　软件工程的定义和目标

为了克服软件危机，1968 年 10 月在北大西洋公约组织（NATO）召开的计算机科学会议上，Fritz Bauer 首次提出“软件工程”的概念，试图将工程化方法应用于软件开发。

许多计算机和软件科学家尝试把其他工程领域中行之有效的工程学知识运用到软件开发中来。经过不断实践和总结，最后得出一个结论：按工程化的原则和方法组织软件开发工作是有效的，是摆脱软件危机的一条主要出路。

虽然软件工程概念的提出已经 40 多年，但直到目前为止，软件工程概念的定义并没有统一。GB/T 11457—2006《软件工程术语》中对软件工程的定义为：“应用计算机科学理论和技术以及工程管理原则和方法，按预算和进度，实现满足用户要求的软件产品的定义、开发、发布和维护的工程或进行研究的学科。”

软件工程的主要思想是强调软件开发过程中应用工程化原则的重要性。软件工程的目标是实现软件的优质高产。软件工程的目的是在经费的预算范围内，按期交付出用户满意的、质量合格的软件产品。

1.2.2　软件工程的基本原理

著名软件工程专家 Boehm 综合有关专家和学者的意见并根据多年来开发软件的经验，提出了软件工程的七条基本原理。

（1）用分阶段的软件生存周期计划进行严格的质量管理。

（2）坚持进行阶段评审。

（3）实行严格的产品控制。

（4）采用现代程序设计技术。

（5）软件工程结果应能清楚地审查。

（6）开发小组的人员应该少而精。

（7）承认不断改进软件工程实践的必要性。

Boehm 指出，遵循前六条基本原理，能够实现软件的工程化生产；按照第七条原理，不仅要积极主动地采纳新的软件技术，还要注意不断总结经验。

1.2.3　软件工程的研究内容

软件工程的研究内容如图 1-2 所示。

软件工程的三要素是方法、工具和过程。

（1）方法：是完成软件开发任务的技术方法。它为软件开发提供了“如何做”的技术，提供了如何完成过程活动的指南和准则。

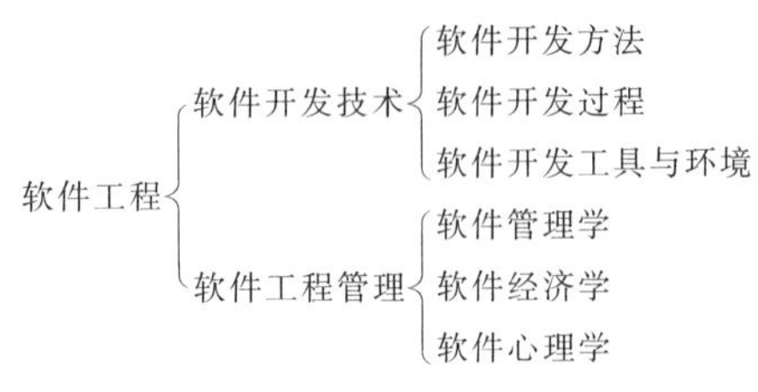

图 1-2 软件工程的研究内容

(2)工具:为方法的运用提供自动化或半自动化的软件支撑环境。

(3)过程:简称软件过程,规定了完成任务的工作阶段、工作内容、产品、验收的步骤和完成准则,是各种方法和工具的黏合剂。

1.3 软件生存周期

软件生存周期

软件产品或软件系统从设计、投入使用到被淘汰的全过程称为软件生存周期(或软件生命周期)。

软件生存周期是软件工程的一个重要的概念。把整个软件生存周期划分为若干个较小的阶段,每个阶段都有相对独立的任务和完成任务的步骤和方法,然后逐步完成各个阶段的任务,这有利于软件开发过程的组织和管理,从而降低整个软件开发过程的困难程度,使规模庞大、结构复杂和管理复杂的软件开发变得容易控制和管理。

软件生存周期通常划分为计划时期(或称定义时期)、开发时期、运行时期三大时期。这三大时期又可细分为问题定义和可行性研究、需求分析、软件设计、编码、软件测试以及运行与维护六个阶段。如图 1-3 所示。

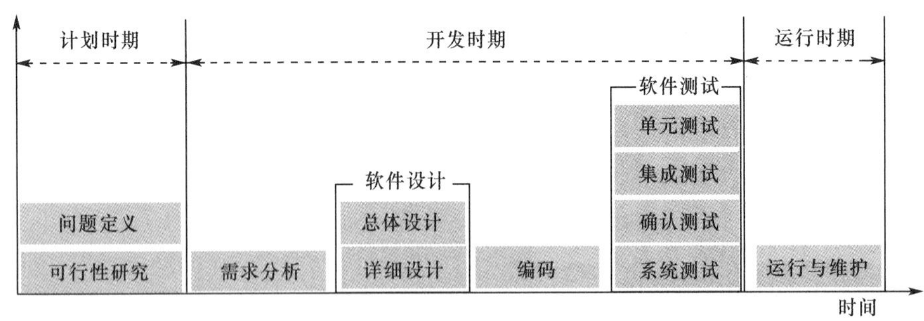

图 1-3 软件生存周期图

1. 问题定义和可行性研究

问题定义阶段确定待开发软件系统的总目标、软件范围、规模和基本任务,本阶段产生的文档是问题定义报告。

可行性研究阶段的任务是分析用户面临的问题是否有行得通的解决方案,本阶段产生的文档是可行性研究报告。若开发项目可行,则制订项目的实施计划,需要编写项目计划书。本阶段的参加人员有用户、项目负责人和系统分析员。

2. 需求分析

需求分析阶段的任务是通过与用户的反复交流,弄清用户对软件系统的具体需求,确定软件系统必须具备的功能。本阶段产生的文档是软件需求说明书，参加人员有用户、项目负责人和系统分析员。

3. 软件设计

软件设计是软件工程的技术核心。软件设计可分为总体设计和详细设计两部分。

总体设计阶段的任务是设计软件系统的体系结构、模块分解、模块功能定义和模块接口描述等。此阶段产生的文档是总体设计说明书，参加人员是系统分析员和高级程序员。

详细设计阶段的任务是在总体设计的基础上，对每个模块进行具体、详细的过程性描述，即确定模块的控制结构，并用相应的表示工具把这些控制结构表示出来。详细设计是软件编码的依据。此阶段产生的文档是详细设计说明书，参加人员是高级程序员和程序员。

4. 编码

编码阶段的任务是用某种程序设计语言，将软件设计的结果转换成计算机可运行的程序代码。此阶段产生的文档是源程序清单，参加的人员有高级程序员和程序员。

5. 软件测试

软件测试阶段的主要任务是发现和排除软件的错误，进而保证软件产品的质量。此阶段产生的文档有软件测试计划和软件测试报告等。测试工作通常由另一部门（或单位）的高级程序员或系统分析员承担。包括单元测试、集成测试、确认测试、系统测试。

6. 运行与维护

已交付的软件正式投入使用便进入运行与维护阶段。软件维护是软件生存周期中持续时间最长的阶段，其实质是对软件继续进行查错、纠错和修改，以延续软件的使用寿命。

1.4　软件开发模型

软件开发模型是在软件生存周期基础上构造出的由软件开发全过程中的活动和任务组成的结构框架，也称为软件生存周期模型或软件过程模型。它反映了软件开发中各种活动的组织衔接方式。它是软件项目开发工作的基础。常见的软件开发模型有瀑布模型、快速原型模型、渐增模型、喷泉模型、螺旋模型等。

1. 瀑布模型

最早出现的软件开发模型是瀑布模型，如图1-4所示。图中向下的箭头表示各阶段的衔接顺序，犹如瀑布流水，自上而下、逐级下落。向上的箭头表示某阶段向前一阶段的返工。瀑布模型的主要特点是：

（1）阶段间具有顺序性和依赖性。前一阶段结束后才能开始后一阶段工作，前一阶段的输出是后一阶段的输入。

（2）推迟实现观点，尽可能推迟程序的物理实现。

（3）强调质量保证观点。每个阶段必须完成规定的文档，每个阶段结束前完成文档审查，以便及早改正错误。

（4）瀑布模型是一种文档驱动的模型。

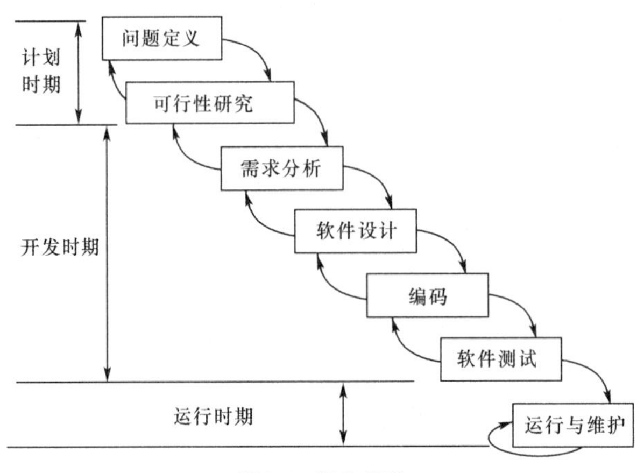

图 1-4 瀑布模型

瀑布模型的主要优点：

(1)原理简单，容易掌握。

(2)各阶段间都有验证和确认环节，以便进行质量管理。

(3)主要用于支持结构化方法。

瀑布模型的主要缺点：

(1)缺乏灵活性，不能适应用户需求的变化。

(2)缺乏演化性，返回上一级的开发需要付出十分高昂的代价。

(3)瀑布模型是线性的软件开发模型，回溯性很差。

瀑布模型的适用场合：

(1)适用于软件需求比较明确或很少变化，并且开发人员可以一次性获取全部需求的场合。

(2)适用于开发技术比较成熟、工程管理比较严格的场合。

(3)一般用于低风险项目，适用于开发人员具有丰富经验，对软件应用领域很熟悉的场合。

2. 快速原型模型

原型模型主要用于挖掘需求，或是进行某种技术或开发方法的可行性研究，是开发人员为了快速而准确获得用户需求而经常采用的方法。

快速原型模型是快速建立起来的可以在计算机上运行的程序，是软件的一个早期可运行的版本，它的功能是最终产品功能的子集，反映最终系统的重要特性。快速原型模型如图 1-5 所示。其开发过程类似于工程上先制作“样品”，试用后适当改进，然后再批量生产一样。

原型的用途主要是获知用户的真正需求。原型分“废弃型”和“追加型”两种，前者当需求确定后，原型可以抛弃；后者将原型作为最终系统的核心，以后会在原型的基础上进行开发，扩充追加新需求，最后发展成为最终系统。

快速原型模型的优点：

(1)增强了开发者与用户间的交流，有助于满足用户的真实需求。

(2)用户可及早得到有用的产品，及早发现问题，随时纠正错误。

(3)可减小技术、应用风险，降低开发费用，缩短开发时间。

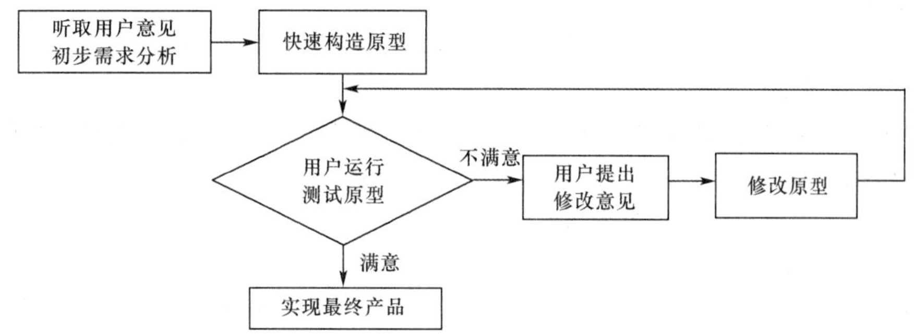

图 1-5　快速原型模型

快速原型模型的缺点：

(1)缺乏丰富而强有力的软件工具和开发环境。

(2)对设计人员水平及开发环境要求较高。

(3)在多次重复改变原型的过程中,程序员会厌倦。

(4)难于做到彻底测试,更新文档较为困难。

快速原型模型的适用场合：

(1)预先不能确切定义需求的软件系统,或需求多变的系统。

(2)开发人员对设计方案没信心或对将要采用的技术手段不熟悉或把握性不大。

(3)快速原型模型可作为单独的过程模型使用,也常被作为一种方法或实现技术应用于其他的过程模型中。

3. 渐增模型

渐增模型也叫增量模型。其实质是分段的线性模型,是一种非整体开发模型。

渐增模型把软件产品作为一系列增量构件来设计、编码、集成和测试,在项目开发过程中,以一系列的增量方式来逐步开发系统。增量方式包括增量开发和增量提交两个方面。增量开发是按一定的时间间隔开发部分软件;增量提交是先提交部分软件给用户试用,听取用户意见,再提交另一部分软件让用户试用,反复多次,直到全部提交。

增量开发方式可以在软件开发部分阶段采用,也可以在全部开发阶段采用。如图 1-6 所示的渐增模型就是在全部开发阶段都采用增量开发的情况。

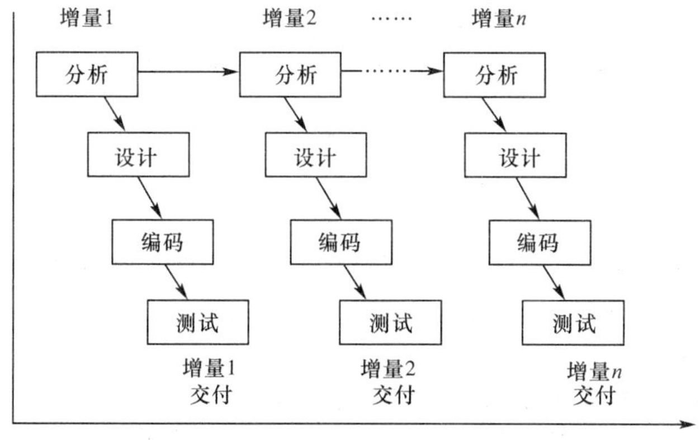

图 1-6　渐增模型

渐增模型的优点：

渐增模型是瀑布模型的一个变体，可以看作重复执行的多个瀑布模型，具有瀑布模型的所有优点，此外，还有以下优点：

(1)可分批次提交软件产品，方便用户及时了解软件开发进展情况，及早发现问题。

(2)以组件为单位进行开发，降低了软件开发风险。

(3)开发顺序灵活。优先级最高的服务首先交付。

渐增模型的缺点：

(1)由于对整个软件系统的需求没有一个完整的定义，会给总体设计带来麻烦。

(2)在把每个新的增量构件集成到现有软件结构中时，必须不破坏原来已开发出的产品。

(3)软件的体系结构必须是开放的，即向现有产品中加入新构件的过程必须简单、方便。每次增量开发的产品都应当是可测试的、可扩充的。

渐增模型的适应场合：

(1)软件产品可以分批次地进行交付。

(2)待开发的软件系统能够被模块化。

(3)软件开发人员对应用领域不熟悉、难以一次性地进行系统开发时。

(4)项目管理人员把握全局的水平较高。

(5)对软件需求把握不准确、设计方案有一定风险的软件项目。

4. 喷泉模型

"喷泉"一词体现了迭代和无间隙特性。迭代是指开发软件系统时，某些部分经常需要重复进行多次，相关功能在每次迭代中随之加入演进的系统；无间隙是指在软件开发活动各阶段(分析、设计和编码等)之间无明显边界。如图 1-7 所示。

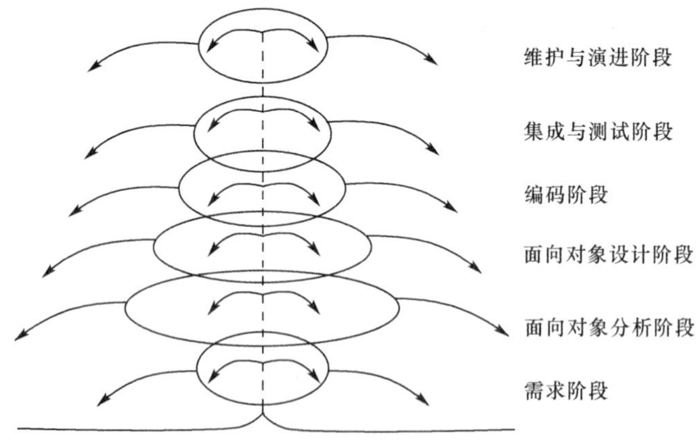

图 1-7 喷泉模型

图 1-7 中的圆圈代表开发阶段，圆圈的相互重叠表示两个阶段间存在重叠，在开发阶段之间无明显边界；圆圈内向下的箭头代表该阶段内的迭代或求精。

喷泉模型的主要特点：

(1)各阶段相互重叠，反映了软件过程的并行性。

(2)以分析为基础，资源消耗呈塔形，在分析阶段消耗资源最多。

(3)反映了软件过程迭代的自然特性,从高层返回低层无资源消耗。

(4)强调增量开发,依据分析一点、设计一点的原则,不要求一个阶段的彻底完成,整个过程是一个迭代的逐步提炼的过程。

(5)喷泉模型是对象驱动的过程,对象是所有活动作用的主体,也是项目管理的基本内容。

喷泉模型适用于面向对象的软件开发。

5. 螺旋模型

螺旋模型是在结合瀑布模型与快速原型模型基础上演变而成的,并且加入了风险分析。其基本思想是,使用原型及其他方法来尽量降低风险。理解这种模型的一个简便方法,是把它看作在每个阶段之前都增加了风险分析过程的快速原型模型。完整的螺旋模型如图 1-8 所示。

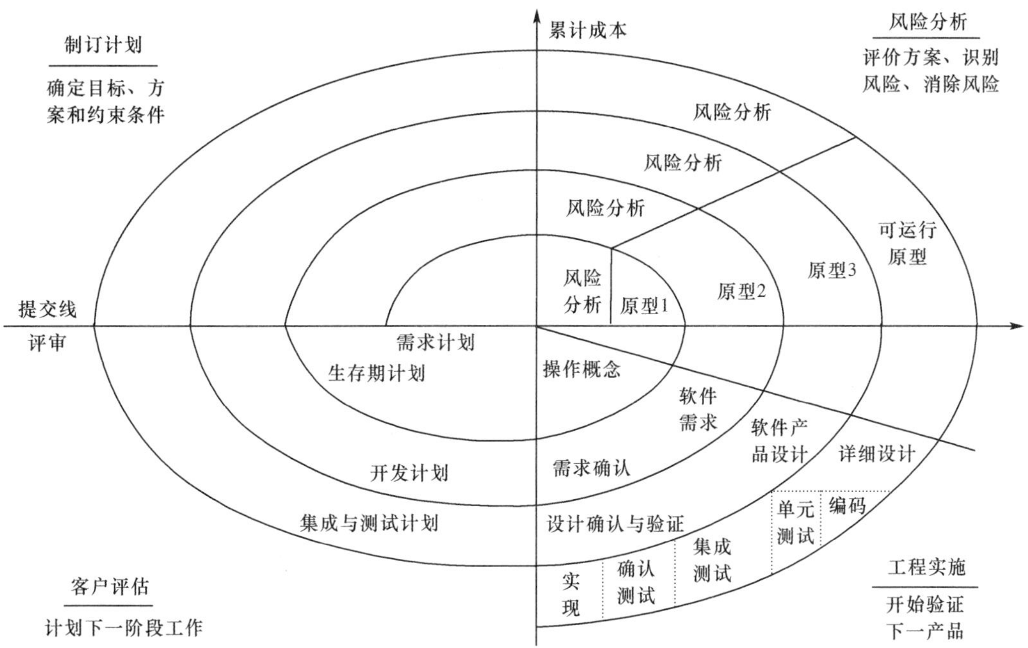

图 1-8　螺旋模型

在螺旋模型中,将软件过程表示为一个螺旋线,在螺旋线上的每一个循环表示过程的一个阶段。最内层的循环可以是处理系统可行性,下一层循环是研究系统需求,再下一层循环是研究系统设计,等等。整个过程的实现,按照“制订计划,风险分析,工程实施,客户评估”四个步骤循环实施。

(1)制订计划。用于选定完成本轮螺旋所定目标的策略,包括确定待开发系统的目标,选择方案,设定约束条件等。

(2)风险分析。评估本轮螺旋可能存在的风险,并努力排除各种潜在风险,必要时,可通过建立一个原型来确定风险的大小,然后据此决定是按原目标执行,还是修改目标或终止项目。

(3)工程实施。在排除风险后,建立一个原型来实现本轮螺旋的目标。

(4)客户评估。由用户评价前一步的结果,同时计划下一轮的工作。

实践证明,对于大型软件的开发,螺旋模型是最为实际的方法。它不但适用于面向规格说明、面向过程和面向对象的软件开发方法,也适用于几种开发方法的组合而产生的组合模型。

螺旋模型的缺点是要求开发人员必须具有丰富的风险评估经验和专门知识,否则将出现真正的风险。

表 1-3 给出了常用软件开发模型的主要特点。对于实际的软件开发,由于问题的复杂性,一般一种模型很难符合要求。通常把几种模型组合起来使用,以便取长补短。

表 1-3　常用软件开发模型的主要特点

开发模型	主要特点	适用场合
瀑布模型	线性模型,整体开发模型,文档驱动的模型,每一阶段必须完成指定的文档	需求明确的中、小型软件开发
快速原型模型	用户参与较早,通过迭代完善用户需求,应用快速开发工具	需求模糊的小型软件开发
渐增模型	每次迭代完成一个增量,可用于面向对象开发	容易分块的大型软件开发
喷泉模型	具有迭代和无间隙特性,各开发阶段间无明显边界	面向对象的软件开发
螺旋模型	典型迭代模型,是风险驱动模型,可用于面向对象开发	风险较大的大型软件开发

1.5 软件开发方法

软件开发方法是一种使用早已定义好的技术集及习惯表示符号来组织软件生产过程的方法。其方法一般表述成一系列的步骤,每一步骤都与相应的技术和符号相关。

软件开发的主要方法包括结构化方法、面向数据结构方法和面向对象方法等。

1.结构化方法

结构化方法又称传统方法、生存周期法、面向过程的方法、面向功能的方法、面向数据流的方法。该方法采用结构化分析、结构化设计和结构化程序设计等技术来完成软件开发。一般是先确定软件功能,再对功能进行分解,确定怎样开发软件,然后再实现软件功能。

所谓结构化分析,就是根据分解与抽象的原则,按照系统中数据处理的流程,用数据流图来建立系统的功能模型,从而完成需求分析。所谓结构化设计,就是根据模块独立性准则、软件结构准则,将数据流图转换为软件的体系结构,用软件结构图来建立系统的物理模型,实现系统的总体设计。所谓结构化程序设计,就是根据结构程序设计原理,将每个模块的功能用相应的标准控制结构表示出来,从而实现详细设计。

结构化方法总的指导思想是“自顶向下、逐步求精”。它的基本原则是功能的分解与抽象。它是软件工程中最早出现的开发方法,在面向对象方法之前,该方法一直是使用最广泛、历史悠久的软件工程方法,简单实用、技术成熟。

结构化方法适合于数据处理领域的问题,但对于规模大的项目及特别复杂的项目不太适应,该方法难于解决软件重用问题。

其主要缺点是在适应需求变化方面不够灵活。

2. 面向数据结构方法

面向数据结构方法，也称为 Jackson 方法，该方法从目标系统的输入、输出数据结构入手，导出程序框架结构，再补充其他细节，进而得到完整的程序结构图。这一方法以数据结构为驱动，其优点是通俗易懂，特别适合信息系统中数据层（数据库服务器）上的设计与实现，对输入、输出数据结构明确的中小型系统特别有效。其缺点是实现窗口界面较困难。该方法也可与其他方法结合，用于模块的详细设计。

3. 面向对象方法

面向对象方法是一种自底向上和自顶向下相结合的方法，该方法把对象作为数据和在数据上的操作（服务）相结合的软件构件。用对象分解取代结构化方法的功能分解。把所有对象都划分成类，把若干个相关的类组织成具有层次结构的系统，下层的类继承上层的类所定义的属性和服务。对象之间通过发送消息进行联系。使用面向对象方法开发软件时，可以重复使用对象和类等构件，从而降低了软件开发成本，所开发的软件能适应需求变化，稳定性好，可重用性好，可维护性好，对于大型、复杂及交互性比较强的系统，使用面向对象方法更有优势。

面向对象方法已经成为软件开发的主流技术。

1.6　软件工具与软件开发环境

1.6.1　软件工具

软件工具是指用来辅助计算机软件开发、维护和管理的软件。按照软件过程活动可将软件工具分为支持软件开发过程的工具、支持软件维护过程的工具、支持软件管理过程与支持过程的工具等。

支持软件开发过程的工具包括需求分析工具、设计工具、编码与排错工具和测试工具等；支持软件维护过程的工具包括版本控制工具、文档分析工具、开发信息库工具、逆向工程工具和再工程工具等；支持软件管理与软件支持的工具包括项目管理工具、配置管理工具和软件评价工具等。

1.6.2　软件开发环境

1. 计算机辅助软件工程

计算机辅助软件工程（Computer-Aided Software Engineering，CASE）将各种软件工具、开发机器和一个存放开发过程信息的工程数据库组合起来形成一个软件工程环境。在 CASE 工具辅助下进行软件开发，可提高开发效率，改善软件质量。

2. 集成化开发环境

集成化开发环境（Integrated-CASE，I-CASE）是一种把支持多种软件开发方法和过程模型的软件工具集成到一起的软件开发环境。它由软件工具集和环境集成机制组成。软件工具集应包括支持软件开发相关过程、活动、任务的软件工具，对软件开发提供全面支持;环境集成机制为工具集成和软件开发、维护和管理提供统一的支持,它通常包括数据集成、控制集成和界面集成。

3. 软件工程环境

软件工程环境(Software Engineering Environment,SEE)是指以软件工程为依据,支持典型软件生产的系统。包括三层含义:一组软件工具的集合;工具按一定方法或模型组织;工具支持整个生存周期各阶段或部分阶段。

1.7 项目实践:"图书管理系统"项目任务简介

图书、教材是学校专业建设和课程建设的重要资源之一。多年来,为了提高教师的专业知识水平,X学院X系,坚持每年购买一些专业书籍供教师备课和科研使用,图书数量逐年递增。近年来,各大出版社也每年为X系免费赠送大量样书,供教师订购教材选用,因此图书室藏书数量更是增长迅速。目前,X系图书室已初具规模,图书总量近1万册。图书主要供X系40多名教师和参加教师项目的少部分学生(大约80人)借阅,师生每天平均借还图书近20册。

目前,X系图书室由该系办公室一位教师兼职管理,其管理工具主要是两个本子和一堆书目单。一个本子记录学生的专业、班级、学号和姓名信息;一个本子记录哪一天、哪位读者借了或还了哪些书;书目单是购书时打印的图书清单,或是出版社赠送图书的清单,供师生检索。

由于是人工管理,借书的读者可能只借不还,或是借了很久才归还,影响了其他读者的共享使用,更为严重的是,图书总量也难于统计,丢失现象也时有发生。为了方便师生借、还图书,提高图书管理的工作效率,使图书室更好地为教学服务,X系特提出请学院计算机系教师带领学生,以创新项目形式立项,为其开发一个小型图书管理系统,尽快结束手工管理图书方式。

作为一名计算机相关专业的学生,您能否利用所学知识,完成此项开发任务?希望您能够带着这一任务开始本课程的学习,并通过理论和实践的结合,在教师的指导下在学期期末开发出一个能够实际应用的图书管理系统。

为了顺利完成这一项目开发任务,特提出以下建议供参考:

1. 进行业务调研,学习业务知识。许多院校都已经建立了图书管理软件系统,学生凭借书证可以完成图书借、还等工作,图书借、还流程学生比较熟悉。为了开发本系统,学生应以软件开发者的身份,对图书管理业务进行深入调研,可通过登录并使用网上图书管理子系统,或到图书馆借阅大厅的终端上进行图书查询操作,以了解系统的功能和数据处理内容。

2. 观摩和亲自操作一个实际的图书管理系统。本教材采用南昌北创科技发展有限公司开发的瑞天图书管理系统标准版作为教学案例,旨在使读者通过操作和使用该系统,首先建立对信息系统的感性认识,然后通过总结系统功能、剖析软件结构、借鉴用户界面,实施模仿式开发。学习和研究实际软件系统有助于培养读者软件系统分析、设计与开发能力。

本章小结

本章从软件的定义、特点和软件技术的发展史讲起，提出了软件危机的概念，进而引出了软件工程的概念，随后介绍了软件工程的重要组成部分：软件过程、软件开发方法和软件工具。

软件工程的主要内容是软件开发技术和软件工程管理。软件工程的目标是实现软件的优质高产。科学的软件工程思想是用来解决软件危机的有效途径。

软件生存周期是软件工程的一个重要的概念。把整个软件生存周期划分为较小的阶段，是实现软件生产工程化的重要步骤。给每个阶段赋予确定而且有限的任务，能够简化每一步工作的内容，从而使规模庞大、结构复杂和管理复杂的软件开发变得容易控制和管理。

软件开发模型是在软件生存周期基础上构造出的由软件开发全过程中的活动和任务组成的结构框架，主要有瀑布模型、快速原型模型、渐增模型、喷泉模型和螺旋模型等。

软件开发方法主要有结构化方法、面向数据结构方法和面向对象的方法等。

软件开发工具与环境可以为软件工程中的过程和方法提供自动或半自动的支持。

习　题

一、判断题

1. 软件的维护与硬件的维护本质上是相同的。（　　）
2. 软件在运行和使用中也存在退化问题。（　　）
3. 软件危机的产生主要是因为程序设计人员使用了不适当的程序设计语言。（　　）
4. 软件同其他事物一样，有孕育、诞生、成长、成熟和衰亡的生存过程。（　　）
5. 文字处理软件 Word 属于系统软件。（　　）
6. 原型是软件的一个早期可运行的版本，它反映最终系统的部分重要特性。（　　）
7. 软件开发过程中，一个错误发现得越晚，为改正它所付出的代价就越大。（　　）
8. 快速原型模型对软件开发人员的水平要求不高。（　　）
9. 喷泉模型适合于面向对象的软件开发。（　　）
10. 面向对象开发方法的主要缺点是在适应需求变化方面不够灵活。（　　）

二、选择题

1. 软件是一种（　　）。

A. 程序　　B. 数据　　C. 逻辑产品　　D. 物理产品

2. 软件开发方法是（　　）。

A. 指导软件开发的一系列规则和约定　　B. 软件开发的步骤

C. 软件开发的技术　　D. 软件开发的思想

3. 软件生存周期中花费最多的阶段是（　　）阶段。

A. 详细设计　　B. 编码　　C. 软件测试　　D. 软件维护

4. 软件工程的三要素不包括(   )。

A. 工具　B. 过程　C. 方法　D. 环境

5. 在软件生存周期中,能准确地确定“软件系统必须做什么”的阶段是(   )阶段。

A. 总体设计　B. 详细设计　C. 可行性研究　D. 需求分析

6. 瀑布模型本质上是一种(   )模型。

A. 线性顺序　B. 顺序迭代　C. 线性迭代　D. 能及早见到产品的

7. 瀑布模型突出的缺点是不适应(   )的变动。

A. 算法　B. 程序语言　C. 平台　D. 用户需求

8. 在软件开发模型中,提出最早、应用最广泛的模型是(   )。

A. 瀑布模型　B. 喷泉模型　C. 快速原型模型　D. 螺旋模型

9. 瀑布模型不适合用于(   )的软件开发。

A. 需求模糊不清　B. 用户不能参与开发

C. 用户对计算机不了解　D. 开发人员对业务知识不熟悉

10. 快速原型模型的主要优点不包括(   )。

A. 能让用户参与开发,给出反馈　B. 尽早把需求分析清楚,以降低风险

C. 尽早地发现问题,纠正错误　D. 对软件分析设计人员的素质要求较高

11. 快速原型模型的主要问题在于(   )。

A. 缺乏支持原型开发的软件工具　B. 要严格控制原型构造的迭代

C. 终端用户对原型不能理解　D. 软件的测试和文档更新困难

12. 螺旋模型是一种将瀑布模型和(   )结合起来的软件开发模型。

A. 增量模型　B. 快速原型模型　C. 喷泉模型　D. 变换模型

13. 在软件生产的程序系统时代由于软件规模扩大和软件复杂性提高等原因导致了(   )。

A. 软件危机　B. 软件工程

C. 程序设计革命　D. 结构化程序设计

14. 集成化开发环境中的环境集成机制不包括(   )。

A. 数据集成　B. 控制集成　C. 界面集成　D. 服务集成

15. 软件工程的出现是由于(   )。

A. 软件危机的出现　B. 计算机硬件技术的发展

C. 软件社会化的需要　D. 计算机软件技术的发展

三、简答题

1. 通过你自己使用计算机的经历和对计算机的认识分辨软件与程序的差别,指出区别的关键点。

2. 简述软件危机产生的原因以及避免的方法。

3. 简述软件工程在软件开发中的作用和意义。

4. 软件生存周期概念对软件的开发有哪些指导作用?

5. 分析瀑布模型和螺旋模型的异同,比较它们的适用场合。

四、任务驱动题

本题目贯穿本课程整个教学过程。要求学生采用“项目小组”的形式利用课外时间完成。

要求如下：

学生按项目小组进行分组，每组不得超过4人，每个项目小组要选出项目负责人（或称项目经理）。

由项目负责人召集项目组成员讨论、选定开发项目（以下给出两个参考题目，学生还可自行选题，但须经教师批准）。

项目研究中要注意将任务合理分工，任务要落实到人且规定该任务的起止日期和时间。

要按阶段提交设计文档（电子版）。设计文档应包括软件需求规格说明书、总体设计说明书、详细设计说明书、源程序代码和测试报告等。每一文档单独成册并要注明起草人和审核人。

参考题目：

1. 学生档案管理系统

X学院X系学生管理办公室现有5位教师，负责3个年级5个专业约500名学生的管理工作，主要职责如下：

(1)学生入学后基本信息的录入、修改和删除。

(2)学生各学期各门课程成绩的登记。

(3)学生宿舍信息的管理。

(4)学生党团关系的管理。

(5)学生职业证书的管理。

(6)学生各项奖惩情况的登记与管理。

(7)学生就业信息及毕业去向的跟踪与管理。

(8)学生各项信息的查询、统计和打印。

目前，学生办公室教师主要采用Excel电子表格管理学生档案，存在着工作强度大、效率低等问题。为了实现学生档案管理的信息化、规范化，由系学办提出申请拟开发学生档案管理系统。要求如下：

(1)确保学生各种通信方式正确无误，以便长期跟踪学生的职业发展。

(2)尽量与学院教务处的教务管理系统实现数据共享，减少数据的重复录入，保持数据的一致性。

(3)毕业生的档案信息要长期保存。

2. 工资发放管理系统

假设某高校共有教职工约1 000人，8个行政部门和7个系。每月21日前各个部门要将出勤情况上报人事处，23日前人事处将出勤工资、奖金及扣款清单送到财务处。财务处于每个月月底将教职工的工资表做好并将数据送银行。下个月6日将工资条发给每个单位。若有教职工调入或调出、校内调动、离退休等情况发生，则由人事处通知相关部门和财务处。

要求：

(1)数据存储至少包括：工资表、部门工资汇总表、扣税款表、银行发放表等。

(2)除人事处、财务处外，其他职能部门和系名称可以自行命名。

(3)工资、奖金、扣款项目及各项工资的计算方法自行定义。

(4)要尽量考虑工资项目录入的方便性(如统一批量录入等)，工资项目更改和工资计算方式更改的灵活性。

第2章 软件项目计划

教学提示

本章介绍软件项目计划时期的内容，包括软件项目的问题定义、可行性研究和项目开发计划等内容。本章重点是可行性研究的内容和步骤，难点是系统流程图的绘制。

教学要求

- 理解问题定义的内容与方法。
- 学会书写问题定义报告。
- 理解可行性研究的任务与步骤。
- 学会书写可行性研究报告。
- 学会绘制系统流程图。

项目任务

- 使用瑞天图书管理系统，增加、修改或删除读者类型、图书类别和出版社等基础数据。
- 使用瑞天图书管理系统，增加、修改或删除图书数据和读者数据。
- 分析瑞天图书管理系统中基础数据录入与更新的操作界面，分析其数据存储与处理过程，为进一步分析、设计并开发新的图书管理系统奠定基础。
- 通过调查研究，分析开发“图书管理系统”(教学项目)的必要性和可行性，撰写“图书管理系统”问题定义报告和可行性研究报告文档。
- 制订并撰写“图书管理系统”项目开发计划。

2.1 问题定义

软件项目计划时期是软件生存周期的第一个时期，也是软件开发的基础。根据软件开发的基本过程，这个时期可分为两个阶段：问题定义和可行性研究。这两个阶段的主要任务就是分析用户要求，在对用户要求充分了解的前提下，分析未来新系统(目标系统)的主要目标，分析开发系统的可行性。参加这个时期工作的人员有用户、项目负责人和系统分析员。

图 2-1 描述了这一时期的工作流程。

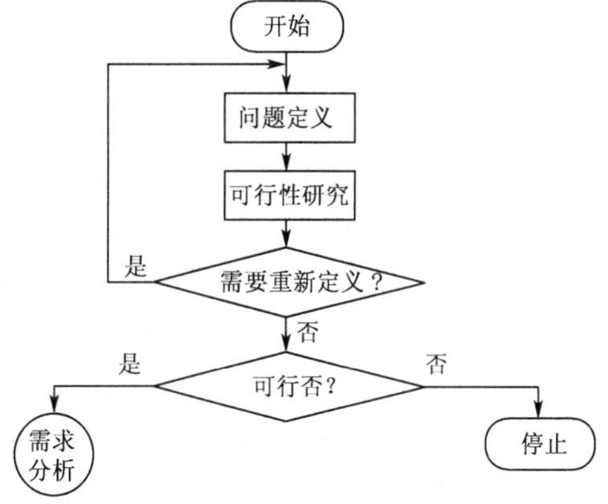

图 2-1 软件项目计划时期工作流程

2.1.1 问题定义的内容

在问题定义阶段，软件开发者必须弄清用户"需要计算机解决什么问题"。如果在问题尚未明确的情况下就试图解决这个问题，就会白白浪费时间和精力，结果也毫无意义。因此，问题定义在软件生存周期中占有重要的位置。

问题定义的主要内容有：

(1)问题的背景，弄清楚待开发系统现在处于什么状态，为什么要开发它，是否具备开发条件等问题。

(2)提出开发系统的问题要求以及总体要求。

(3)明确问题的性质、类型和范围。

(4)明确待开发系统要实现的目标、功能和规模。

(5)提出开发的条件要求和环境要求。

以上主要内容应写在问题定义报告(或称系统目标和范围说明书)中，作为这一阶段的"工作总结"。

2.1.2 问题定义的方法

在问题定义阶段，需要用户和系统分析员共同协作、紧密配合，方能圆满地完成问题定义报告。

具体步骤如下：

(1)系统分析员要针对用户的要求做详细的调查研究，认真听取用户对问题的介绍；阅读与问题有关的资料，必要时还要深入现场，亲自操作；调查开发系统的背景；了解用户对开发的要求。

(2)与用户反复讨论，以使问题进一步确定化。经过用户和系统分析员双方充分协商，确定问题定义的内容。

(3)写出双方均认可的问题定义报告。

2.2 可行性研究

可行性研究是在问题定义之后进行的，它是软件项目计划时期的第二个阶段。可行性研究是指在项目进行开发之前，根据项目发起文件(或称项目建议书)和实际情况，对该项目是否能在特定的资源、时间等制约条件下完成做出评估，并且确定该项目是否值得去开发。可行性研究的目的不在于如何解决问题，而在于确定问题"是否能够解决"和"是否值得解决"。其中的项目发起文件，是项目发起时，由发起人或单位递交给项目支持者或领导的书面材料，其作用是让项目支持者或领导明白项目的必要性和可行性。

之所以要进行可行性研究，是因为许多软件开发问题都不能在预期的时间范围内或资源限制下得到解决。如果开发人员没有尽早停止没有可行性解决方案的开发项目，就会造成时间、资金、人力、物力的浪费。

可行性研究的过程也就是项目论证过程，实质上是在较高层次上以抽象的方式进行系统分析和设计的过程，力求在最短的时间内以最小的代价确定问题能否解决。如果可以解决，就要考虑会有几种解决方案，并推荐最佳的方案。

可行性研究的结论有三种情况：

(1)可行，按计划进行项目开发。

(2)基本可行，需要对解决方案做出修改。

(3)不可行，终止项目。

作为可行性研究的成果，最后要写出可行性研究报告，并报告主管领导或单位，以获得项目的进一步审核，并得到他们的支持。

项目通过可行性研究并经主管部门批准后，将其列入项目计划的过程，称为项目立项。一个软件工程项目经过项目发起、项目论证、项目审核和项目立项四个过程后，才能正式启动。

2.2.1 可行性研究的任务

可行性研究的任务是对已提出的任何一种解决方案，都要从经济、技术、运行和法律等诸方面来研究其可行性，并做出明确的结论供用户参考。

1. 技术可行性

技术可行性从技术的角度去研究系统实现的可行性。主要包括风险、资源和技术分析。风险分析主要考虑在给定的约束条件下设计和实现系统的风险；资源分析是考虑技术资源的可行性，也就是参与人员的技术基础、基础硬件与软件的可用性和软件工具的实用性；技术分析是考虑技术解决方案的实用性，即所使用技术的实用化程度和技术解决方案的合理程度。

2. 经济可行性

经济可行性从经济角度评价开发一个新系统是否可行。主要任务是对软件开发项目进行成本估算、效益估算和成本/效益分析，分析实现这个系统有没有经济效益和社会效益。

3. 运行可行性(或称用户使用可行性)

运行可行性即判断为新系统规定的运行方式是否可行。首先要分析用户类型(如外行型、熟练型或专家型)，然后从操作习惯、使用单位的计算机使用情况和相关规章制度等方面进行分析，判断当系统交付使用后，使用单位是否有能力保证系统的正常运行和使用。

4. 法律可行性

研究新系统的开发在社会上和政治上会不会引起侵权和责任问题，如是否违反专利法、著作权法和软件保护条例等法律，是否涉及信息安全和个人隐私等问题。

运行可行性和法律可行性也可以统称为社会因素可行性或社会可行性。

可行性研究最根本的任务是对以后的行动方向提出建议。如果可行性研究的结果是问题没有可行的解，那么系统分析员应该建议停止这项工程的开发；如果可行性研究的结果是问题值得去解决，那么系统分析员应该推荐一个较好的解决方案，并且为工程制订一个初步的开发计划。

2.2.2 可行性研究的步骤

可行性研究的整个过程是从分析《系统目标和范围说明书》开始到新系统的推荐方案通过审查为止。在整个过程中，要经过以下步骤：

1. 审核系统的规模和目标

系统分析员应对《系统目标和范围说明书》进行再审查，确保将要解决的问题是用户所要求的。这一步要做的工作有：

(1)再次确认新系统的规模和目标。

(2)改正含糊不清或不确切的叙述。

(3)再次确认新系统的一切限制和约束。

进行以上工作，通常采用的方法是：多次访问关键人员；仔细阅读和分析有关资料；深入现场，熟悉处理流程。

2. 分析研究现行系统

现有的人工系统或计算机系统中的基本功能是新系统也要具备的，更重要的是去找出现行系统的不足之处，以便在新系统中加以改进。

可以从三方面对现行系统分析：系统组织结构定义、系统处理流程分析和系统数据流分析。系统组织结构可以用组织结构图来描述；系统处理流程分析的对象是各部门的业务流程，可以用系统流程图来描述；系统数据流分析与业务流程密切相关，可以用数据流图和数据词典来描述。

3. 设计新系统的高层逻辑模型

从较高层次设想新系统的逻辑模型，概括地描述开发人员对新系统的理解和设想。系统的逻辑模型通常用数据流图和数据词典共同描述。系统的物理模型通常用系统流程图来描述。

在可行性研究阶段，只需设计新系统的高层数据流图。数据流图的细化工作在需求分析阶段完成。

4. 获得并比较可行的方案

开发人员可根据新系统的高层逻辑模型提出实现此模型的不同方案。在设计方案的过程中，要从技术、经济等角度考虑各个方案的可行性。然后从多个方案中推荐一个最合适的方案。

5. 撰写可行性研究报告

可行性研究的最后一个步骤是撰写可行性研究(或分析)报告。该文档编制完成后，要请使用部门负责人和用户进行审查，以决定此项工程是否继续。

2.2.3 系统流程图

在进行可行性研究的过程中，需要用物理模型对当前物理系统和新物理系统进行描述，系统流程图是用来描述系统物理模型的一种传统工具。系统流程图的基本内容是：

(1)用图形符号以黑盒子形式描述系统内的每一个成分(例如：程序、文件、数据库、硬件设备、人工过程等)。

(2)用"→"表示信息在系统各个成分之间的流动情况(不要误认为"→"表示信息的加工和控制过程)。

系统流程图中的符号见表 2-1。

系统流程图示例

表 2-1　　系统流程图符号表

	符号	名称	说　明
基本符号		处理	能改变数据值或数据位置的加工或部件
		输入/输出	表示输入或输出(或既输入又输出),是一个广义的不指明具体设备的符号
		连接	指出转出图的另一部分或从图的另一部分转来,通常在同一页上
		换页连接	指出转到另一页图上或由另一页图转来
		人工操作	由人工完成处理
	→	数据流	用来连接其他符号,指明数据流动方向
扩充符号	磁带　磁鼓　磁盘 卡片　显示器或终端机　联机存储 文档　人工输入 脱机辅助操作　通信链路		

例 2-1　绘制"教师图书采购系统"的系统流程图。

某高校某系部为了方便教师备课学习,建立了专业教师图书室。图书室的图书可由教师个人采购,经系主任签字后报销。报销过程是:购书者将购书发票及小票粘贴在票据粘贴单上并填写报销信息产生报销单,然后持报销单及图书找系主任审查(审查教师是否为专业教师,图书专项资金是否有结余);审查通过后,教师带图书去图书室登记入库并取得入库证明,然后找系主任在报销单上签字,最后持签字批准后的报销单到财务处报销。

现在,要开发一个计算机管理系统代替某些人工操作,系统流程图如图 2-2 所示。

2.2.4　经济可行性

在可行性研究过程中,经济可行性研究占有重要地位,它从经济上衡量一个项目是否有开发价值。

经济可行性研究主要包括两个方面的内容:一是新系统成本的估计;二是新系统可能产生的效益。又称为成本/效益分析。如图 2-3 所示。

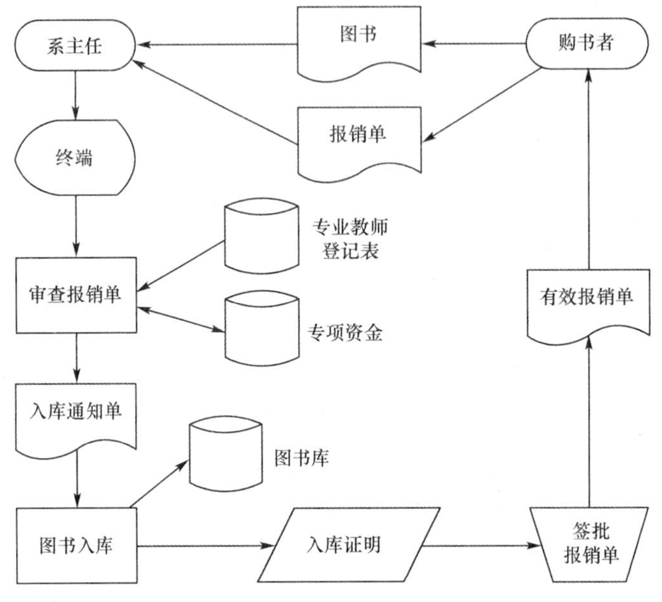

图 2-2 教师图书采购系统的系统流程图

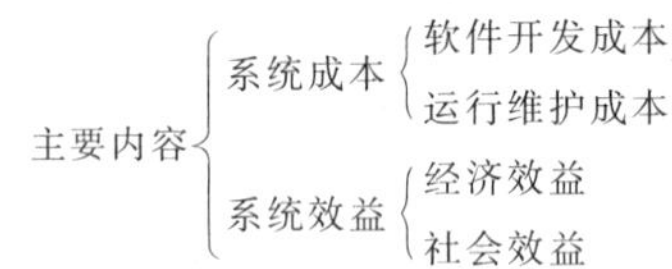

图 2-3 经济可行性研究的主要内容

系统成本包括软件开发成本和运行维护成本。人们通常采用代码行技术或任务分解技术对新系统估算开发成本。这种估算往往很不准确。因此，在实际应用中，常常是同时使用几种不同的成本估算技术，相互校验。新系统运行维护成本，应包括物资消耗、操作和维护工作占用的人员工资总额以及新系统使用人员的培训费等。

系统效益包括经济效益和社会效益。前者是有形的，后者是无形的。例如使用新系统节约了用户的时间，工作质量得到了提高就属于无形效益。系统的经济效益等于因使用新系统而增加的收入加上使用新系统可以节省的运行费用。人们往往采用货币的时间价值、投资回收期和纯收入等经济指标来度量效益。

2.2.5 可行性研究报告编制中应注意的问题及作用

可行性研究报告是可行性研究阶段结束后提交的文档，它是后续工作的基础。可行性研究报告包括项目简介、可行性研究过程和结论等内容，可行性研究报告的内容框架可参阅 GB/T 8567—2006《计算机软件文档编制规范》。

1. 可行性研究报告编制中应注意的问题

可行性研究报告编制中应注意以下几个方面的问题：

(1)坚持实事求是的原则，不要随意夸大新系统的功能和其他指标。

(2)任何一项内容的书写均要以科学分析的结果为依据，不能凭空想象。

(3)对每一项内容的描述必须反复推敲,一定要做到用词恰当、准确。

(4)从具体情况出发。可行性研究报告不一定面面俱到,但对于用户关心的部分或项目中重要的部分要重点阐明。

(5)书写形式要规范。

2. 可行性研究报告在软件开发中的作用

可行性研究报告在软件开发中起着重要的作用:

(1)可行性研究报告是可行性研究阶段的成果。

(2)可行性研究报告提出了软件开发的总体目标和范围,因此它是软件开发的行动指南。

(3)可行性研究报告是需求分析的基础和依据。

2.3　项目开发计划

在项目可行性研究报告通过之后,首先要任命项目经理(软件开发负责人),然后编制项目开发计划。软件项目开发计划是软件工程中的一种管理性文档,主要是对所开发的软件项目的费用、时间进度、人员组织、硬件设备的配置、软件开发环境和运行环境的配置等进行说明和规划,是项目管理人员对项目进行管理的依据,据此对项目的费用、进度和资源进行控制和管理。

项目开发计划的目的是提供一个框架,使得主管人员在项目开始后较短时间内就可以对资源、成本、进度进行合理的估计,而不必等到详细的需求分析完成之后。

项目开发计划有分析和估算两项任务。分析是对系统内各软件功能界限的划定,估算是指根据已有的定性数据和以往的经验对系统开发的资源、费用和进度进行定量的估计。项目复杂性越高、规模越大,估算的难度就越大,项目的结构化程度越高且估算人员的经验越丰富,估算就越准确。

项目开发计划的阅读者包括软件主管部门、用户和技术人员。

2.4　Microsoft Office Visio 2003

本节以"图书管理系统"中系统流程图绘制为案例,介绍 Microsoft Office Visio 绘图软件在软件工程建模过程中的应用。

2.4.1　Microsoft Office Visio 2003 简介

Microsoft Office Visio 是 Microsoft Office 办公软件家族中的一个绘图工具软件。它将强大的功能和简单的操作完美地结合,被广泛用于软件设计、办公自动化、项目管理、广告、企业管理、建筑、电子、机械、通信、科研和日常生活等众多领域。

Visio 提供了各种绘图模板，在软件工程建模过程中常用的模板有流程图、软件、数据库、网络、项目日程和组织结构图等。

1. 使用 Visio 的帮助

执行“帮助”菜单 →“入门教程”命令，即可打开 Visio 的入门教程。单击左侧需要学习或查看的题目，即可在窗口右侧显示相关内容。可以播放、暂停和停止动画演示，可单击【前进】按钮或【后退】按钮改变学习内容。

2. 新建绘图文件

可使用 Visio 模板或自定义模板创建某一类型的新绘图，也可以从头开始创建空白的绘图页。

(1)使用模板绘图。启动 Visio 后，在左侧“选择绘图类型”窗格的“类别”列表中单击绘图类型，再单击右侧的某一具体模板，或执行“文件”→“新建”命令，从弹出的子菜单中选择所需模板，均可进入绘图窗口。

(2)从头开始绘图。单击“常用”工具栏上的“新建”按钮可快速创建一个新的绘图文件，提供一个空白的、不带任何模具的、无比例的绘图页。用户可通过工具栏上的“形状”按钮选择所需的形状进行绘图。

3. 图件、模具与模板概念

①图件。图件也称为形状，是 Visio 的核心元素，用户可将某一形状拖动到绘图区进行绘图。

②模具。模具是指与当前图形有关的各种标准形状的集合，利用模具中的形状可以迅速生成相应的图形。一般模具位于绘图窗口的左侧，模具文件的扩展名是. vss。

③模板。模板是一组模具和绘图页的设置信息，是针对某种特定的绘图任务或样板而组织起来的一系列主控图形的集合。模板文件扩展名是. vst。一个模板中有多个模具，一个模具中有多个形状。在一个绘图文件中可以使用多个模具中的形状。

利用模板绘图的基本步骤是：选择绘图类型→选择具体模板→打开模具→选择形状并将其拖动到绘图区→调整各形状及位置→为各形状添加文本→连接形状、对齐或组合形状→保存绘图文件。

2.4.2 使用 Visio 绘制系统流程图

Visio 绘图软件的使用

下面以图 2-2“教师图书采购系统的系统流程图”为例说明使用 Visio 绘制系统流程图的步骤，所绘制的图形如图 2-4 所示。

1. 选择模板

打开 Visio 程序，在左侧窗口中选择绘图类型如“流程图”，然后在右侧的模板中单击某一个具体的模板图标，如“基本流程图”模板。或者执行“文件”菜单中的“新建”命令，从弹出的子菜单中选择所需的模板，均可进入绘图窗口。

2. 添加形状

从左侧窗口中选择某个形状如“数据”，将其拖动到右侧的绘图区。

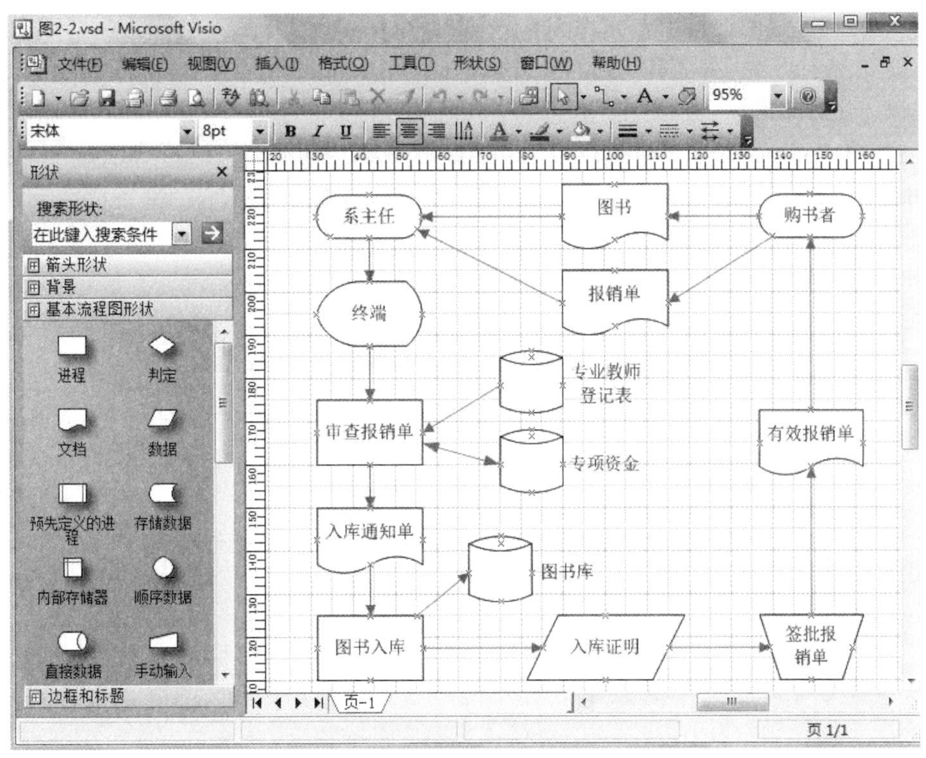

图 2-4　使用 Visio 绘制系统流程图

3. 调整大小和角度

当使用“常用”工具栏上的“指针工具”选择图形时，图形上会出现 8 个点(选择手柄)，可用鼠标拖动这些点来调整图形的大小，若要保持图形长宽比例，则拖动图形四个角的手柄；图形上方有个“旋转形状”手柄，可调整图形的角度，例如，可将“直接数据”圆柱体形状逆时针旋转 90°。

注意：使用常用工具栏上的“绘图工具”可以绘制直线、弧线、矩形和椭圆等，绘制正方形、正圆、水平或垂直线时加按 Shift 键。

4. 移动位置并输入文本

当鼠标放在形状上方时，鼠标会变成四个方向的箭头，这时拖动鼠标即可移动形状位置，如按住 Ctrl 键拖动则会复制形状。右击形状可以设置形状的格式，双击形状可以在形状上输入文本信息。

5. 连接形状

有两种连接线：形状到形状的连接和点到点的连接。本例中，“购书者”和“图书”形状之间可使用形状到形状的连接；而“审查报销单”和“专项资金”之间应使用点到点的连接。

(1)形状到形状的连接：单击“常用”工具栏“连接线工具”，将其放到“购书者”形状的中心上，当该形状的周围出现红色轮廓时，再向“图书”形状拖动，当“图书”形状周围也出现红色轮廓时松开鼠标，连接线的端点将变成红色，表示已黏附完毕。完成连接后，再单击“常用”工具栏“指针工具”结束连接操作。

在形状到形状的连接中，连接线将附着在两个图形间的距离最近的点上，因此移动图形时连接点会发生变化。

(2)点到点的连接：单击“连接线工具”，然后鼠标指向“审查报销单”形状右侧的连接点(蓝色×号)上，向“专项资金”形状左侧的连接点拖动，直到连接线的端点变成红色，说明已经黏附好。这种连接线，不论怎样安排各形状在绘图页上的位置，连接点的位置总保持不变。

注意：

①有三种连接线：直线连接线、直角连接线和曲线连接线，如果使用“连接线工具”在新的空白绘图中绘制连接线时，则默认采用直角连接线。如果需要更改连接线类型，右击单个或多个连接线形状，从弹出的快捷菜单中选择其他连接线类型。

②如果确定要绘制直线连接线，可以直接使用绘图工具栏中的“线条工具”，如果确定要绘制曲线连接线，可直接使用绘图工具栏中的“弧线工具”。许多 Visio 模具中都提供连接线图形。

③为连接线增加或去掉箭头。单击“连接线工具”，然后单击“格式”工具栏上的“线端”按钮右边的下三角按钮选择适合的线端。

④连接点的添加和删除。当要在图形之间绘制多条连接线时，图形中现有的连接点就不够用，这时需要添加连接点。方法是：单击“连接线工具”旁边的下三角按钮，再单击“连接点工具”，在按住 Ctrl 键的同时，单击图形边框上要添加连接点的位置，图形上出现的洋红色×号就是连接点。要删除多余连接点，先单击“连接点工具”，然后单击连接点(使之变为洋红色)，按 Delete 键删除。在本例中，需要在“审查报销单”和“图书入库”图形上添加连接点。

6. 输入文本

有两种方法为图形添加文本。

(1)在图形中输入文本。双击包括连接线在内的大多数形状即可为其添加文本。由于形状不同，文本框的位置也有所不同。有的文本框位于图形中央，有的却位于图形下方。这种与形状相关联的文本区域称文本块。如要将文本框放在形状之外的地方，或者为了旋转、移动文本块或调整文本块大小，就必须借助“文本块工具”。

单击“常用”工具栏中的“文本工具”旁边的下三角按钮，选择“文本块工具”按钮，然后将鼠标放在图形上方时会出现一个“移动文本框”小矩形，拖动鼠标可将文本移出图形或进行其他调整。

(2)在图形外添加文本。单击“常用”工具栏中的“文本工具”图标按钮，在合适位置拖动鼠标，然后输入文字。

7. 选择图形、对齐及排版

(1)选取单个图形，单击“常用”工具栏中的“指针工具”按钮，然后单击图形即可选择图形，再次单击该图形时，则取消对图形的选择。

(2)选取多个图形，可以按住 Shift 或 Ctrl 键的同时，逐个单击其他图形。所选图形的轮廓呈紫色，第一个被选中的图形以较粗的紫色边框线突出显示，其余选中的图形以较细的紫色边框线显示，Visio 会将所有选中的图形自动组合在一个区域中，并显示绿色的选择手柄。也可以使用“指针工具”下拉列表中的“多重选择”工具选择多个不连续图形。

选择某一页上全部图形，可以按“Ctrl＋A”组合键，或执行“编辑”→“全选”命令。选择特定类型的所有对象，执行“编辑”→“按类型选择”。

在本例中，可以使用“指针工具”选择若干个图形（从左上角到右下角拖动），然后一并移动位置，使图形整体大小适中。

可以按“Ctrl＋A”组合键选择所有图形，然后一并设置字形、字号等格式。

8. 保存文件

在“文件”菜单中执行“保存”或“另存为”命令保存文件，Visio 绘图文件默认的文件扩展名是.vsd，用户也可以从“保存类型”列表中选择合适的文件格式进行保存。

2.5 项目实践：“图书管理系统”可行性研究与项目开发计划

本节以“图书管理系统”教学项目为案例，介绍软件定义时期的主要工作。为了便于教学，对项目中各种报告文档做了简化。

2.5.1 “图书管理系统”问题定义报告

计算机系派出两名富有软件开发与项目管理经验的教师担任系统分析员。系统分析员利用 3～4 天的时间，通过到 X 系图书室现场考察，并与图书管理人员沟通交流，完成了系统的初步调查研究，提出了图书管理系统的《系统目标和范围说明书》（问题定义报告），内容如下：

系统目标和范围说明书

1. 项目名称：图书管理系统。

2. 背景：目前，X 系图书室仍采用手工方式管理图书，图书借阅、统计与查询等管理工作量大、手续烦琐，工作效率低。

3. 项目目标：建立一个高效率、无差错的计算机图书管理系统。

4. 项目范围：利用现有的校园网和图书室的计算机及外部设备，软件开发费用不超过 6 000 元。

5. 初步设想：建议在系统中完成读者管理、图书管理、读者借书、还书等主要功能。

6. 可行性研究：建议进行大约一周的可行性研究，研究费用不超过 200 元。

2.5.2 “图书管理系统”可行性研究报告

系统分析员经过近一周的调研工作，对开发图书管理系统的必要性、可行性进行了分析，写出了“图书管理系统”可行性研究报告，内容如下：

“图书管理系统”可行性研究报告

1. 引言

1.1 编写目的

编写本可行性研究报告的目的是研究图书管理系统的总体需求、实现方案，并分析开发本系统的可行性，为决策者提供是否开发本系统的依据和建议。

本文档预期的读者是软件管理人员、开发人员和维护人员。

1.2 背景

项目名称：图书管理系统。

项目用户：X学院X系图书室。

开发单位：X学院计算机系“图书管理系统”开发小组。

1.3 参考资料

①GB/T 8567—2006《计算机软件文档编制规范》。

②《实用软件文档写作》，肖刚、古辉、程振波、张元鸣编著，清华大学出版社。

③《信息系统应用与开发案例教程》，陈承欢主编，清华大学出版社。

2. 可行性研究的前提

本项目开发的基于互联网的图书管理系统。由于X系图书室的规模不断扩大，师生借阅流量不断增长，原来的人工管理方式不仅会造成办理时间和人力的浪费，而且会存在图书借阅信息难于查询，图书流通缓慢、共享利用程度低等问题。图书管理系统的开发与应用，可以提高图书管理的工作效率和管理水平。

图书管理系统应该界面友好，方便直观。既要方便图书管理员对读者信息、图书信息的添加、删除、修改和查询与统计管理，又要方便师生借阅图书业务的办理。

2.1 要求

(1)主要功能

①读者管理：图书管理员为每个读者(教师和部分学生)建立借阅帐户，并给读者发放不同类别的借书证。读者管理也包括读者类型管理和借书证管理。

②图书管理：图书管理员定期或不定期对图书信息进行添加、修改和删除等。图书管理也包括图书类别管理和出版社管理。

③借阅管理：读者可以通过图书管理员(作为读者的代理人与系统交互)进行借阅活动。借阅管理包括借书、还书、续借和预借等。

④数据查询：包括图书信息查询、读者信息查询和借阅信息查询。读者可通过互联网和图书室的查询终端进行信息查询和图书续借等操作。

(2)主要性能

可以方便快捷地完成借阅、查询各项操作，对所录入的数据提供完备的数据合法性检查，查询时间不超过5秒，能保证信息的正确和及时更新。

(3)可扩展性

能够适应应用要求的变化和修改，具有较好的可扩充性。

(4)安全性

具有较高的安全性。系统对不同用户应设置不同的权限。普通用户只能查询各类信息;图书管理员可以完成图书管理和借阅操作;只有系统管理员才能管理用户信息。

(5)完成期限

2018 年 11 月 30 日,共 3 个月。

2.2　目标

所建议系统的开发目标包括:

(1)减少人力资源与管理费用。

(2)提高信息准确度。

(3)改进管理与服务质量。

(4)建立高效的信息传输与服务平台,提高信息处理速度和利用率。

2.3　条件、假定和限定

(1)所建议软件系统运行寿命最小值:10 年。

(2)进行系统方案选择比较的时间:5 天。

(3)经费、投资方面的来源:X 学院划拨开发经费 6 000 元。

2.4　进行可行性研究的方法

本可行性研究按照软件工程的规范步骤进行。

(1)复查项目目标和规模,研究目前正在使用的系统,导出新系统的高层逻辑模型,重新定义问题。循环反复此过程。

(2)提出系统的实现方案,推荐最佳方案,对所推荐方案进行经济、技术、用户操作和法律的可行性分析,最后给出系统是否值得开发的结论,形成此文档。

3. 对现有系统的分析

经过调查与分析,得到目前手工方式图书管理的系统流程图,其中借书系统流程图如图 2-5 所示。还书系统流程图如图 2-6 所示。

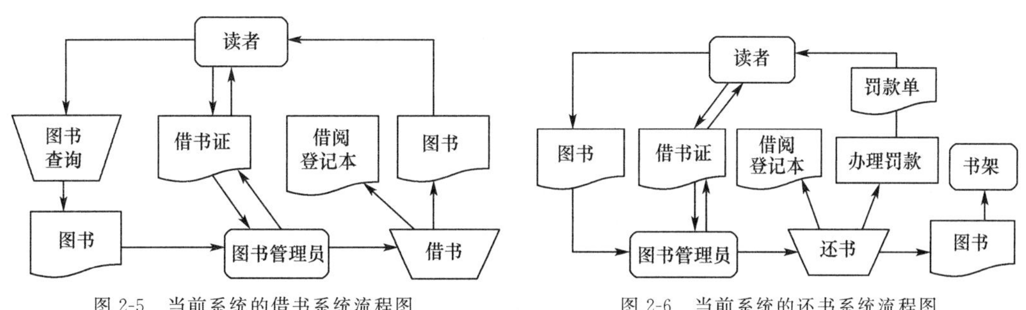

图 2-5　当前系统的借书系统流程图　　图 2-6　当前系统的还书系统流程图

借书业务流程如下:

①读者(学生需持借书证或学生证)到图书室查询图书目录,并在书架上查找所需图书。

②读者找到所需图书后,交给图书管理员,办理借阅登记。

③图书管理员登记读者借书数量。

④图书管理员登记借阅信息后,把图书和借书证交给读者。

还书业务流程如下：

①读者持借书证和所还图书到图书室，将其交给图书管理员。

②图书管理员登记还书信息，更改读者借书数量。

③如学生延期还书或损坏、遗失图书，则按规定办理罚款手续。

④将借书证还给读者。

⑤图书管理员将图书放回书架。

手工方式管理的图书借阅等工作，劳动强度大、处理速度慢，响应不及时，管理不规范，无法满足借阅要求。

4. 所建议的系统

4.1 处理流程和数据流程

所建议的系统是C/S和B/S模式的结合。读者管理、图书管理、借阅管理、系统管理等大部分功能通过图书室内的局域网系统实现，有利于提高系统的运行效率和数据安全性；图书信息查询、个人借阅情况查询、续借等功能可通过互联网进行，有利于提高系统的使用效率。系统实现方案如图2-7所示。

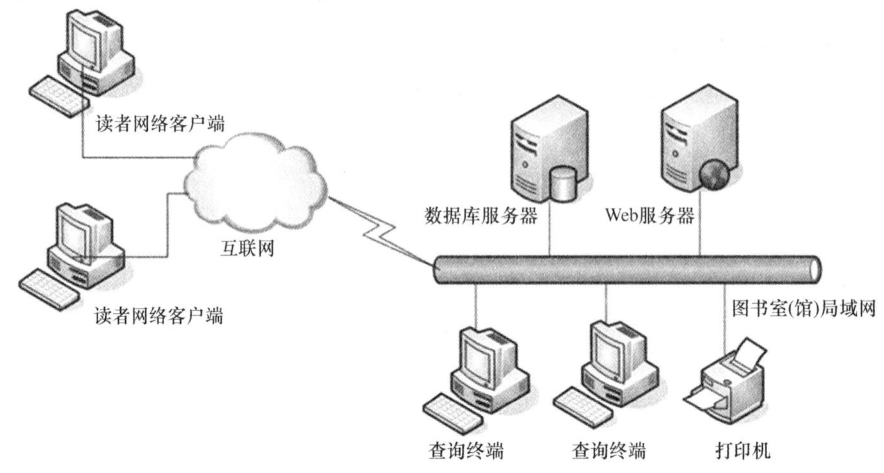

图2-7 系统实现方案图

4.2 处理流程和数据流程

经过调查研究，得到拟开发的计算机图书管理系统的系统流程图。其中借书系统流程图如图2-8所示。还书系统流程图如图2-9所示。

4.3 影响

建立本系统，预期会带来的影响包括以下几方面：

(1)对设备的影响

本系统基于局域网和互联网，基于Windows操作系统平台。所以需要配备良好的网络设备和计算机服务器硬件(性能良好的PC或PC服务器)。服务器上的数据要通过备份/恢复机制保证数据安全，因此服务器硬盘应有足够的用于数据备份的空间。

(2)对软件的影响

应确认本系统所使用的系统软件是正版软件，如果没有则需要购买。

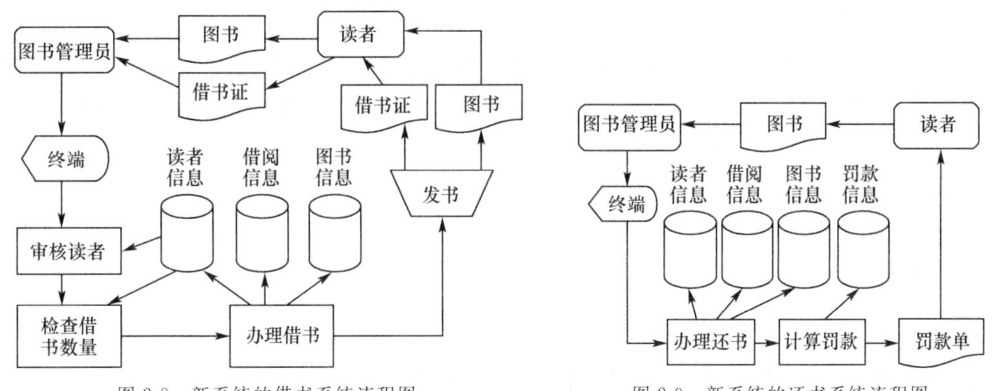

图 2-8　新系统的借书系统流程图　　　　图 2-9　新系统的还书系统流程图

(3)对用户单位机构的影响

使用本系统前应改进现行的图书管理流程与管理模式。

(4)对开发的影响

开发过程中需要用户积极配合与密切参与,尤其要准确地描述需求并进行充分确认测试。

(5)对经费的影响

除支付开发费用外,每年还需要支付一定的运行维护费用。

4.4　技术条件方面的可行性

从以上分析可知,该系统是一个小型的信息管理系统。目前,国内许多大专院校均已成功实现,开发技术成熟,并有成功经验借鉴。虽然,购买通用的商业化软件系统也能满足需要,但价格昂贵而且将来维护升级不便。鉴于学院计算机系教师有几十项管理信息系统成功开发经验,请学院教师带领学生开发此系统,既把握十足又节省费用。通过该项目开发,还能够为计算机系软件工程等课程改革提供实训教学案例,从而促进学院的专业建设、课程建设等教学改革工作。

总之,利用现有的技术,本系统的功能能够实现。开发人员的数量和能力满足开发要求。在规定期限内,本系统的开发能够完成。

5. 投资及效益分析

在此主要对本项目的经济可行性即成本效益进行分析。

成本估算:

硬件设备:主要有 PC 服务器 1 台,PC 3 台,打印机 1 台,交换机 1 台。除 PC 服务器需向学院申请购置外,其他设备均已具备。

软件开发费用 6 000 元。

效益分析:

本系统的开发与应用,可以极大地节约教职工/学生的借还书时间,提高图书的流通率和利用率,提高图书室的管理水平和学院的整体形象,因此具有很好的社会效益。

6. 社会因素方面的可行性

(1)法律可行性

本系统的开发与应用不涉及侵犯专利权、侵犯版权等方面的问题。

(2)操作可行性

计算机图书管理系统是人工系统的优化,操作步骤更为简单。图书管理员只需短期培训即可掌握软件的使用。本系统的开发与应用与用户单位的行政管理、工作制度没有冲突,员工素质能够满足软件系统的要求。

7. 结论

由于本项目具有经济可行性、技术可行性及操作可行性,因此,该计算机图书管理系统的项目开发是可行的。

2.5.3 "图书管理系统"项目开发计划

在用户通过了《图书管理系统可行性研究报告》,并决定进行该项目开发后,系统分析员(两名教师)制订了"图书管理系统"项目开发计划,内容如下:

"图书管理系统"项目开发计划

1. 引言

编写本文档的目的是对图书管理系统进行软件定义,包括资源要求、工作分解、开发团队及人员安排、进度安排等内容。本文档是项目管理的依据。

本文档预期的读者是软件项目管理人员、开发人员和项目评审人员。

1.2 背景

项目名称:图书管理系统。

项目用户:X学院X系图书室。

开发单位:X学院计算机系。

1.3 参考资料

①GB/T 8567—2006《计算机软件文档编制规范》。

②《实用软件文档写作》,肖刚、古辉、程振波、张元鸣编著,清华大学出版社。

③《信息系统应用与开发案例教程》,陈承欢主编,清华大学出版社。

2. 项目概述

2.1 工作内容

本项目开发过程中需要进行的主要工作为:开发符合用户需求的图书管理系统软件,并编制相关文档。

2.2 产品

(1)程序

程序名称:图书管理系统。

(2)文档

软件文档主要包括:

①可行性研究报告。

②项目开发计划。

③软件需求规格说明书。

④软件概要设计说明书。

⑤软件详细设计说明书。

(3)服务

培训：软件安装及使用，时间为1天。

软件支持：略。

(4)验收标准

验收标准是经用户和开发小组负责人双方签字的“图书管理系统软件需求规格说明书”。重点确认软件的可靠性、易使用性和功能完整性。

3. 实施计划

3.1　阶段划分

本项目工作主要分为四个阶段：

第一阶段：需求分析，主要对项目用户的需求进行收集、理解和分析，并编写需求规格说明书和初步用户手册等文档。

第二阶段：软件设计，包括软件的概要设计和详细设计，并编写概要设计说明书和详细设计说明书。

第三阶段：编码，进行程序代码编写、单元测试及调试。

第四阶段：测试，对软件进行集成测试和确认测试，并写出测试分析报告、项目开发总结报告。

在3个月内，建立一个小型的图书管理系统。

3.2　人员组成

图书管理人员1名。由X系图书室安排1名对图书管理业务熟悉的人员参与需求分析和测试阶段工作。

分析与设计人员2名。由计算机系2名教师负责需求分析、概要设计及测试阶段的工作。

编码人员2名。由计算机系教师和学生各1名负责详细设计、编码和测试阶段的工作。

3.3　费用预算

设备费用由学校解决。软件开发费用为6 000元人民币。其中：

可行性研究阶段200元。

需求分析阶段800元。

软件设计阶段2 000元。

编码及单元测试阶段1 000元。

总体测试及维护阶段2 000元。

3.4　进度安排(见表2-2)

表2-2　　进度安排

阶段	人数	工作量/人月	时间/月	起止日期
需求分析	3	0.17	0.5	2018.9.1—2018.9.15

(续表)

阶段	人数	工作量/人月	时间/月	起止日期
软件设计	2	0.5	1	2018.9.16—2018.10.15
编码	2	0.25	0.5	2018.10.16—2018.10.31
测试	3	0.3	1	2018.11.1—2018.11.30

4. 支持条件

(1)硬件资源

PC 服务器 1 台，PC 3 台，打印机 1 台，交换机 1 台。

(2)软件资源

操作系统：Windows Server 2003 等。

开发工具：Visual Basic .NET 或 C# .NET；ASP.NET、JSP、PHP 等。

数据库管理系统：Access、SQL Server 或 MySQL 等。

5. 专题计划要点

(略)

本章小结

软件项目计划是软件生存周期的第一个阶段。在问题定义阶段主要是确定系统名称、目标、功能和规模。可行性研究的目的是弄清待开发项目是不是可能实现和值得进行。可行性研究要从技术可行性、经济可行性、运行可行性和法律可行性四方面进行。

数据流图是描述系统逻辑模型的常用工具，而系统流程图则是描述系统物理模型的常用工具。

在可行性研究中，经济可行性是一项重要内容。使用部门往往从经济的角度考虑是否投资于这项工程。

"可行性研究报告"是软件项目计划时期所产生的重要文档之一。

习 题

一、选择题

1. 在软件项目计划时期，参与工作的人员不包括(　　)。

A. 用户　　B. 项目负责人　　C. 系统分析员　　D. 程序员

2. 软件可行性研究的目的是(　　)。

A. 证明软件开发项目可行　　B. 证明软件开发项目不可行

C. 阐述软件开发项目值得或不值得做　　D. 为了确定软件开发项目要不要做

3. 技术可行性研究要解决的问题是(　　)。

A. 从技术方面说明项目是否可行　　B. 从技术上定义项目要解决的问题

C. 给出项目开发可行的技术路线　　D. 给出精简的项目需求设计报告

4. 可行性研究的步骤首先是(　　)。

A. 确定项目目标,即对要解决的问题进行定义

B. 研究项目需求

C. 对项目目标进行可行性分析

D. 给出可行的解决方案

5. 可行性研究的任务不包括(　　)。

A. 技术可行性　　B. 经济可行性

C. 法律可行性　　D. 政治可行性

6. 系统流程图是描述(　　)的工具。

A. 物理系统　　B. 逻辑系统　　C. 体系结构　　D. 程序系统

7. 可行性研究实质上是要进行一次(　　)需求分析、设计过程。

A. 简化、压缩的　　B. 详细的　　C. 彻底的　　D. 深入的

8. 系统流程图的符号不包括(　　)。

A.　　B. 　　C. 　　D. 

二、简答题

1. 软件开发的早期,为什么要进行可行性研究?目标系统的可行性研究有几个方面?

2. 简述可行性研究的步骤。

3. 某航空公司为了方便旅客,拟开发一个机票预订系统。将旅客的信息(姓名、性别、工作单位、身份证号、旅行时间、旅行目的地等)输入该系统后,系统自动为旅客安排航班,打印出取票通知和票务账单。旅客可在航行的前一天凭取票通知和账单交款取票。系统校对无误后即打印出机票给旅客。要求:

(1)提出问题定义。

(2)分析此系统的可行性。

(3)画出系统流程图。

第3章 需求分析

教学提示

本章介绍需求分析的一些基本概念，分别对需求分析的任务、需求获取的方法、需求分析的步骤、需求分析的结果及其描述进行讨论。重点是结构化需求分析方法，难点是数据流图的绘制和数据词典的编写。

教学要求

- 理解需求分析的任务。
- 熟悉需求分析的步骤。
- 理解结构化需求分析的基本思想。
- 掌握数据流图和数据词典的用法。

项目任务

- 使用瑞天图书管理系统，完成图书借出、归还、预借和续借等操作。
- 使用瑞天图书管理系统，完成图书过期归还、遗失或损坏等罚款操作和图书资料盘点操作。
- 分析瑞天图书管理系统中图书借出、归还、预借和续借功能的操作界面，分析其数据存储与处理过程，为进一步分析、设计并开发新的图书管理系统奠定基础。
- 运用结构化需求分析方法完成图书管理系统需求分析。
- 编写图书管理系统软件需求说明书。

3.1 需求分析的任务

需求分析的任务是准确地定义新系统的目标，准确地回答"系统必须做什么"的问题，并用需求规格说明书规范的形式准确地表达用户的需求。

需求分析是理解、分析和表达"系统必须做什么"的过程。

虽然在可行性研究阶段，对用户需求有了初步了解，但对需求的了解是概括的、粗略的，许多细节被忽略了。可行性研究是决定"做还是不做"，而不是对需求进行定义。而需求分析阶段则需要充分理解用户需求，通过分析得出对新系统完整、准确、清晰、具体的要求。

需求分析的结果是否正确，关系到软件开发的成败和软件产品的质量，正确的需求分析是整个系统开发的基础。

用户和系统分析员在软件需求分析阶段均充当着重要角色。

需求分析实际上分两个阶段：需求理解获取阶段和需求表达阶段。前一个阶段在充分了解需求的基础上，建立起系统的逻辑模型；后一个阶段把需求文档化，用软件需求规格说明书的方式把需求表达出来。

3.2 需求获取的方法

在需求分析过程中，需求获取阶段是开发人员和用户交往最多的阶段。一般情况下，用户并不熟悉计算机的相关知识，更不懂得需求分析方法，所以他们不知道如何全面而又准确无误地表达自己的需求。而软件开发人员对相关的业务领域也不甚了解，用户与开发人员之间对同一问题理解的差异和习惯用语的不同往往会给需求分析带来很大困难。所以，开发人员与用户之间要进行充分和有效的沟通，需要采取科学的需求获取方法与技巧，恰当地启发引导用户表达自己的需求，以减少后期重复修改需求的次数。

3.2.1 需求获取的基本原则

1. 深入浅出

需求获取要尽可能全面、细致。调研获取的需求是个全集，而目标系统真正实现的是个子集。分析时的调研内容并不一定都要纳入新系统中，但全面、细致的调研既有利于弄清系统全局，又有利于以后的扩充。

2. 以流程为主线

在与用户交流的过程中，应该用流程将所有的内容串起来，如单据、信息、组织结构和处理规则等，这样便于交流沟通。流程的描述既要有宏观描述，也要有微观描述。

3.2.2 需求获取的途径和方法

1. 问卷调查

采用让用户填写问卷的形式了解用户对系统的看法。问题应该是循序渐进的，并且可选答案不能太局限，以免限制用户的思维。回收问卷后，要进行汇总、统计和分析，从而得到一些有用的信息。采用该方法时问卷的设计很重要，要合理控制开放式问题和封闭式问题（预先设定答案，由用户从中选择）的比例。

2. 访谈和会议

通过开发人员与特定用户代表进行个别座谈或小组会议的形式而了解用户需求，这是最直接的需求获取方法。访谈前，开发人员要首先确定访谈目的，预先准备好访谈问题。访谈过程中，开发人员要态度诚恳、虚心求教，还要对重点问题深入讨论，要根据用户的不同身份，提出不同的问题，这样的访谈才更有效。

3. 市场调查

了解市场对待开发软件有什么要求，市场上有无与待开发软件类似的系统，如果有，在功能上、性能上、价格上情况如何。

4. 实地操作

考察现场，跟踪现场业务流程是一种行之有效的需求获取方法。如果开发人员能够以用户的身份参与到现有系统的使用过程中，那么在亲身实践的基础上，开发人员就能直接体会到现有系统的弊端以及新系统应该解决的问题。

5. 建立原型

为了进一步挖掘潜在的用户需求，开发人员有时还可采用建立原型系统的方法。所谓原型，就是目标系统的一个可操作的模型。在原型系统中，用户更容易表达自己的需求。

3.2.3 需求调研的步骤

要获取用户需求，就需要深入企业现场调研，需求调研的步骤如下：

(1)调研用户领域的组织结构、岗位设置和职责定义，从功能上区分有多少个子系统，划分系统的大致范围，明确系统的目标。

(2)调研每个子系统所需的工作流程、功能与处理规则，收集单据、报表和账本等原始资料，分析物流、资金流和信息流三者的关系，以及如何用数据流来表示这三者的关系。

(3)对调研的内容事先准备，针对不同管理层次的用户询问不同的问题，列出问题清单。将操作层、管理层和决策层的需求既联系又区分开来，形成一个金字塔，使下层满足上层的需求。

(4)对与用户沟通的情况及时总结归纳，整理调研结果，找出新的疑点，初步构成需求基线。(注：基线是业已经过正式审核与同意，可用作下一步开发的基础，并且只有通过正式的修改管理步骤方能加以修改的规格说明或产品)

(5)若需求基线符合要求，则需求分析完毕；反之，则返回到前面某一步。如此循环多次，直到需求分析使双方满意为止。

3.3 需求分析的步骤

一般来说，需求分析分为需求获取、分析建模、需求描述、需求验证四个步骤，如图 3-1 所示。

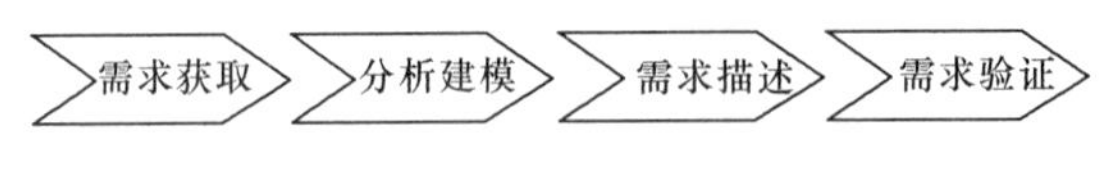

图 3-1 需求分析的步骤

3.3.1 需求获取

此阶段的工作是需求获取、问题识别，即收集并明确用户需求的过程。

首先，系统分析员要研究可行性研究报告和软件项目实施计划。主要是从系统的角度来理解软件，确定对目标系统的综合要求，即软件的需求。还要提出这些需求实现的条件，以及需求应达到的标准。也就是解决待开发系统需要“做什么”“做到什么程度”的问题。这些需求包括：

(1)功能需求：提出目标系统在职能上应该做什么。这是最主要的需求。

(2)性能需求：给出目标系统的技术性能指标，包括存储容量限制、运行时间限制等。

(3)环境需求:给出目标系统运行时所需的环境要求。例如,在硬件方面,采用的机型、外部设备、数据通信接口等。在软件方面,支持系统运行的系统软件(操作系统、网络软件、数据库管理系统等)。在使用方面,使用部门的制度和操作人员的技术水平应具备的条件等。

(4)可靠性需求:不同的软件在运行时,失效的影响各不相同。在需求分析时应对目标系统投入运行后不发生故障的概率按实际的运行环境提出要求。对于重要系统,或是运行失效会造成严重后果的系统,应提出较高的可靠性要求。

(5)安全保密性需求:不同用户对系统的安全、保密的要求也不相同。应当对用户这方面的需求恰当地做出规定,以便给待开发系统以特殊的设计,使其在运行中其安全保密方面的性能得到必要的保证。

(6)用户界面需求:如果用户界面友好,用户就能够方便、有效、愉快地使用该系统。从市场角度看,具有友好用户界面的软件系统有很强的竞争力。因此,在需求分析时,必须为用户界面细致地规定应达到的要求。

(7)资源使用需求:这是指对目标系统运行时所需的数据、软件、内存空间等各项资源的要求。另外,软件开发时所需要的人力、支撑软件、开发设备等都属于软件开发的资源,需要在需求分析时加以确定。

(8)软件成本消耗与开发进度需求:在软件项目立项后,要根据合同规定,对软件开发的进度和各步骤的费用提出要求,作为开发管理的依据。

(9)预计系统可达到的目标:在开发过程中,可为系统将来可能的扩充与修改作准备。一旦需要时,就比较容易进行补充和修改。

在问题识别的过程中,分析员必须与用户、软件开发机构的管理人员、软件开发小组的人员建立联系。项目负责人在此过程中起协调作用。分析员与各方面人员反复商讨,以便能够按照用户的要求去识别问题的基本内容。

3.3.2 分析建模

获取到需求后,要把来自用户的信息加以分析,通过“抽象”建立待开发的系统逻辑模型。模型是为了理解事物而对事物做出的一种抽象,通常由一组符号和组织这些符号的规则组成。为待开发系统建立模型,有助于人们更好地理解问题,常用的建模方法有数据流图、实体联系图(E-R图)、状态转换图、用例图、类图、对象图等。

系统分析员根据目标系统的模型,从信息流和信息结构出发,逐步细化所有的软件功能,找出系统各元素之间的联系、接口特性和对设计的限制,剔除需求中不合理的成分,增加需要的部分,最终把各项需求组织起来,提交目标系统的详细逻辑模型。

3.3.3 需求描述

需求描述就是指编制需求分析阶段的文档。即将已经过分析的需求清晰、全面、系统、准确地描述成正式的文档——软件需求规格说明书。

软件需求规格说明书以开发人员的角度，对开发系统的业务模型、功能模型、数据模型等内容进行描述，明确地表达了用户与系统分析员对软件系统的共同理解，将作为概要设计和详细设计的基线。

对于复杂的软件系统，此阶段除产生软件需求规格说明书（软件需求文档，主要描述软件部分的需求）外，还要产生系统定义文档（用户需求报告）和系统需求文档（系统需求规格说明书）。

3.3.4 需求验证

需求验证就是验证（复查）需求分析的成果，也称为综合评审。需求验证就是对需求的正确性进行严格的验证，确保需求的一致性、完整性、清晰性、现实性和有效性，确保设计与实现过程中的需求可回溯性，并进行需求变更管理。

一般情况下，需求验证以用户、系统分析员、系统设计人员和管理人员共同参与的会议形式进行，最后由评审负责人签字。

3.4 结构化需求分析方法

常用的结构化需求分析方法有：面向数据流的结构化分析（Structured Analysis，SA）方法、面向数据结构的 Jackson（JSD）方法、面向数据结构的结构化数据系统开发（DSSD）方法、面向对象的分析（OOA）方法等，本节将介绍面向数据流的结构化分析方法。

3.4.1 结构化分析方法概述

1. 分析策略

结构化分析方法是 20 世纪 70 年代由 E. Yourdon 等人提出的一种面向数据流的分析方法，适用于大型的数据处理系统。由于利用图形来表达需求会使文档清晰、简明、易于学习和掌握，所以软件分析人员仍在广泛使用这种传统的分析方法。

结构化分析方法总的指导思想是“自顶向下，逐步求精”，它的两个基本原则是“抽象”和“分解”，即按照功能分解的原则，对系统进行逐层分解，直到找到所有满足功能要求的可实现软件元素为止。

“分解”是指对于一个复杂系统，为了将问题的复杂性降低到人们可以掌握的程度，把一个复杂问题分解为若干个小问题，然后再分别解决。图 3-2 所示为对目标系统进行自顶向下的逐层分解。

最顶层描述了整个系统 X，可以把它划分为若干个（如 3 个）子系统，若 0 层的子系统仍很复杂，再分解为下一层子系统 2.1、2.2、3.1、3.2 等，直到子系统都能够被清楚地理解为止。

可见，在逐层分解的过程中，先关注问题最本质的属性，并不考虑细节性问题，先形成问题的高层概念，随着分解自顶向下的进行，然后再逐渐添加越来越具体的细节。这种使用最本质的属性来表示软件系统的方法就是“抽象”。

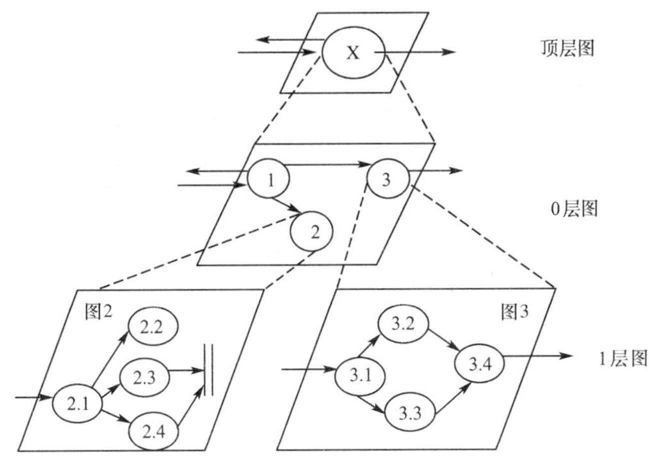

图 3-2　系统分层数据流图

2. 描述工具

结构化分析方法利用图形等半形式化的描述表达需求，用它们形成需求规格说明书的主要部分，主要工具有：

(1)数据流图(Data Flow Diagram，DFD)。描述系统的分解，即描述系统由哪几部分组成，各部分之间有什么联系等。

(2)数据词典(Data Dictionary，DD)。明确定义数据流图中的数据和加工。它是数据流条目、数据存储条目、数据项条目和基本加工条目的汇集。

(3)结构化语言、判定表和判定树。用于详细描述数据流图中不能再分解的每一个基本加工的处理逻辑。

3. 分析步骤

(1)建立当前系统的具体模型即"物理模型"。该模型是现实环境的真实写照，反映了系统"怎么做"的具体过程，其表达完全对应于当前系统，因此用户易于理解。

(2)抽象出当前系统的逻辑模型。分析当前系统的物理模型，排除次要因素，抽象出其本质的因素，获得当前系统的"逻辑模型"，它反映了当前系统"做什么"的功能。

(3)建立目标系统的逻辑模型。比较目标系统与当前系统逻辑上的差别，找出要改变的部分，从而进一步明确目标系统"做什么"，建立目标系统的"逻辑模型"。

(4)对目标系统补充和优化，并考虑人机界面和其他一些问题。

分析与建模的过程如图 3-3 所示。

3.4.2　数据流图

数据流图是用于表示系统逻辑模型的一种工具。从数据传递和加工的角度，以图形的方式描述数据在系统中流动和处理过程。表示了系统内部信息的流向以及系统的逻辑处理功能。由于只反映系统必须完成的逻辑功能，因此，数据流图是一种功能模型。

1. 数据流图的基本符号

数据流图中的基本图形符号有四种，见表 3-1。

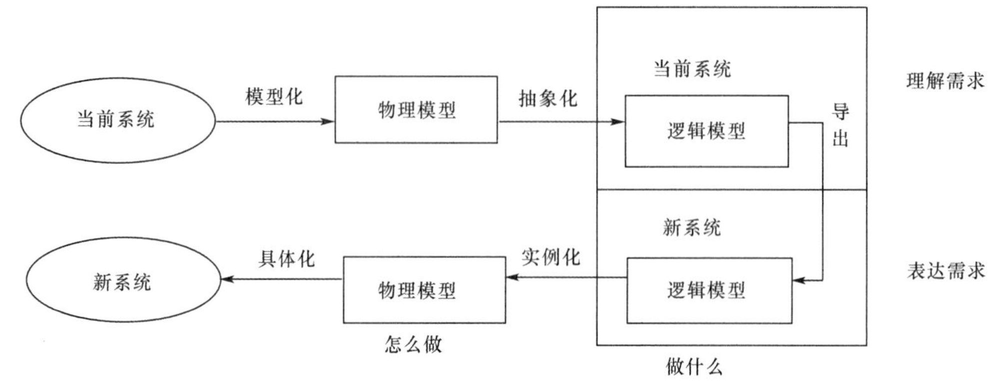

图 3-3 分析与建模的过程

表 3-1 数据流图中的基本图形符号

符号	说明
○	圆或椭圆。表示加工，也称为数据处理，它对数据流进行某些操作或变换。应在圆圈内写上加工名称（一般为动词短语），在分层数据流图中，加工还应编号
□	矩形。表示数据流的源点和终点，是软件系统外部环境中的实体（包括人员、组织或其他软件系统），统称外部实体。应在方框内写上相应的名称
═	双线。表示文件或称数据存储，暂时保存数据，它可以是数据库文件或任何形式的数据组织。指向存储的数据可理解为写入，从存储引出的数据可理解为读出。要用名词或名词短语进行命名
→	箭头线。表示数据流，由一组成分固定的数据项组成。数据流必须有流向，箭头表示数据流动的方向，即在加工之间、加工与源点/终点之间、加工与数据存储之间流动。除与数据存储之间的数据流不用命名外，其他数据流均需用名词或名词短语命名

2. 数据流图的绘制步骤

（1）画顶层数据流图

列出系统的全部数据源点和终点，将系统加工处理过程作为一个整体，就可能得到顶层图。具体说就是：画一个圆，在其中写上系统名称，然后在圆的外围画上系统的输入和输出，这一步工作实际上是决定研究的内容和系统的范围。

（2）画各层数据流图

对系统处理过程自顶向下，逐步分解，画出各层的数据流图。

（3）画总的数据流图

这一步对了解整个系统很有好处，但也要根据实际情况来决定总图的布局，不要把数据流图画得太复杂。

绘制数据流图

例 3-1 “教师图书采购系统”的数据流图。

第 1 步：根据第 2 章例 2-1 中的问题陈述，把整个数据处理过程看作一个加工过程，它的输入数据和输出数据实际上反映了本系统与外界环境的接口。系统顶层图如图 3-4 所示。

第 2 步：对问题细化，该系统中要对报销申请审查，如果教师是专业教师，而且系部图书经费还有结余，则予以报销。此时要产生入库通知单并办理图书入库手续，读者凭已经系主任签字的报销单到财务部门报销书费。细化后的数据流图如图 3-5 所示。

图 3-4　“教师图书采购系统”数据流图顶层图

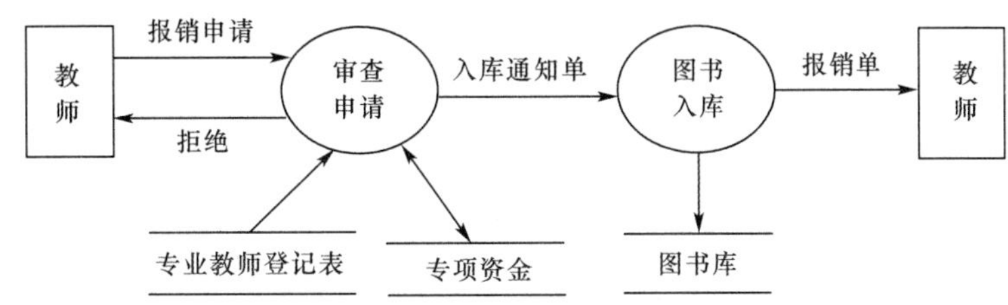

图 3-5　“教师图书采购系统”数据流图

3. 数据流图中的命名规则

参考图 3-5，下面详细介绍数据流图中各种成分及命名方法。

(1)数据流

数据流表明数据和数据流向，它通常由一组数据项组成。如图 3-5 中“入库通知单”。

数据流可以从加工流向加工。如图 3-5 中从“审查申请”到“图书入库”。

两个加工之间可以有多个数据流，这些数据流之间没有任何联系。数据流图中也不表明它们的先后次序。

流向文件的数据流可以是写入文件或查询文件，从文件流出的数据流可以是从文件读出的数据或得到的查询结果。

在加工之间传输的数据流必须有一个合适的名称，而在文件和加工之间传输的数据流可以不命名。因为可以从“加工”和“文件”的名称弄清数据流的含义。数据流命名时应注意以下几点：

①数据流名是名词或名词词组，它代表整个数据流(或数据存储)的内容。

②不要使用意义空洞的名词，如“信息”和“数据”等。

③尽量使用当前系统中已有的名称。

④不要把控制流当作数据流。

⑤如果在对某个数据流(或数据存储)命名时遇到了困难，这很可能是因为对数据流图分解不恰当造成的，应该试着重新分解。

(2)加工

加工是对数据的某种操作或变换。“加工”的名称通常是动词短语，它应简明扼要地表明完成什么加工。注意事项如下：

①通常先为数据流命名，然后再为与之相关联的加工命名。这样命名比较容易，而且体现了人类习惯的“由表及里”的思考过程。

②名称应该反映整个处理的功能，而不是它的一部分功能。

③名称最好由一个具体的及物动词加上一个具体的宾语组成。不要使用“加工”和“处理”等空洞笼统的名称。

④通常名称中仅包括一个动词,如果必须用两个动词才能描述整个加工的功能,则把这个加工分解成两个加工可能更恰当些。

⑤如果在为某个加工命名时遇到困难,则很可能是分解不当所致,应考虑重新分解。

(3)文件

文件起暂时保存数据的作用。文件的命名方法与数据流的命名方法相同。文件的名称可以写在两条直线中间或双线旁边。

(4)数据源点和终点

数据源点和终点是数据的始发点和终止点,是软件系统外部环境中的实体(包括人员、组织或其他软件系统),统称外部实体。在实际问题中,它们可以是人员、计算机外部设备或其他装置,不需要对它进行软件设计和实现。它们是为了帮助理解系统界面而引入的,一般只出现在数据流图的顶层图中,表示系统中数据的来源和去处。

有时为了增加数据流图的清晰性,防止数据流的箭头线太长,在一张图上可重复画同名的源点/终点(如某个外部实体既是源点也是终点),可以在表示外部实体的方框符号的右下角画一条斜线来表示图中的多个实体是同一个实体,例如教师。

4. 数据流图中分层技术

对于比较复杂的实际问题,在数据流图上常常出现十几个乃至几十个、上百个加工,这样的数据流图复杂而且难以理解。为了避免这种情况出现,可以采用数据流图的分层技术。分层技术的基本思想是,不是在一个数据流图中一次引入太多的细节,而是有控制地逐步增加细节,实现从抽象到具体的逐步过渡。

一套分层的数据流图由顶层、底层和中间层组成。顶层图即系统环境图说明了系统的边界,底层图由一些足够简单、不能再分解的基本加工组成。中间层的数据流图描述了某个加工的分解,而它的组成部分又要进一步被分解。

如果一张数据流图中的某个加工分解成另一张数据流图,则上层图为父图,直接下层图为子图。分层数据流图的这种关系可用图 3-6 所示的树形结构来表示。

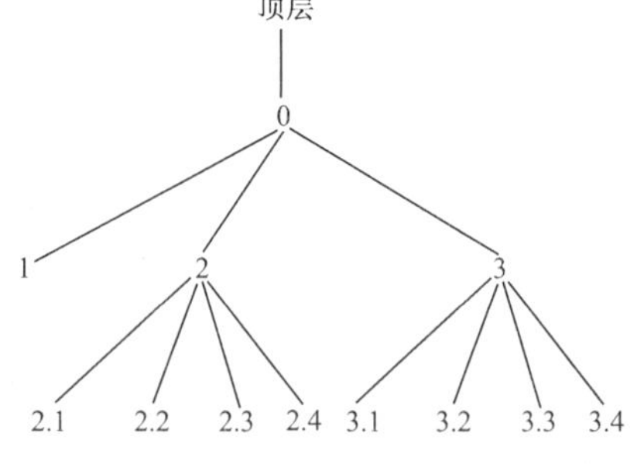

图 3-6 各数据流图之间的关系

为了便于管理,分层数据流图中的所有子图应编号,子图上的所有加工也应编号。编号规则如下:

(1)子图的编号规则:顶层图和 0 层图都只有 1 张,不需要编号;从 1 层图开始,要对子图编号,子图的编号就是其父图中相应加工的编号。如:图 1、图 2、图 2.1、图 2.2 等。

(2)加工的编号规则:顶层图只有一个加工,不需要编号;0 层图的加工编号为 1、2、3…;从 1 层图开始,加工的编号由子图号、小数点和局部加工编号连接而成。加工编号中有几个小数点,就说明该图是第几层图。

5. 绘制数据流图的注意事项

(1)自外向内、自顶向下、逐层细化、完善求精。

(2)保持父图与子图平衡。父图中某加工的输入输出数据流必须与它的子图的输入输出数据流一致。所谓一致，可能是父图和子图的数据流在数量和名称上完全相同，也可能是子图的数据流由父图数据流分解所造成。

(3)保持数据守恒。也就是说，一个加工所有输出数据流中的数据必须能从该加工的输入数据流中直接获得，或者是通过该加工能产生数据。

(4)加工细节隐蔽，局部数据存储。根据抽象原则，在画父图时，只需要画出加工和加工之间的关系，而不必画出各个加工内部的细节。同时，对于某个加工用到的局部文件，可以等到该文件在用作某些加工的数据接口或输入输出时，再行画出。

(5)简化加工间关系。在数据流图中，加工间的数据流越少，各个加工就相对独立，所以应尽量减少加工间输入输出数据流的数目。

(6)均匀分解。一个数据流图中的各个加工的分解层次应该大致相同。避免出现某些加工已是基本加工，而另一些加工还需分解好几层的情况。

(7)适当命名。要适当地为数据流、加工、文件、数据源点和终点命名。

(8)忽略枝节。只考虑系统正常、稳定状态，而暂不考虑一些例外情况、出错处理等枝节性的问题。

(9)画数据流、不画控制流、少画物质流。数据流图与程序流程图不同，数据流图中的箭头表示数据流，而程序流程图中的箭头表示控制流。

在数据流图中尽量不画物质流，如图书、机票、人民币等，不画类似"交款"等人工行为。

(10)每个加工必须至少有一个输入数据流和一个输出数据流，以此反映出该加工的数据来源与加工结果的去向。凡是数据流的组成或值发生变化时就应该画出加工。

经过细化的数据流图，并没有对数据和加工详细说明。因此，我们还必须在数据词典中完成以下工作：

(1)定义各层数据流图中所包含的数据流和数据存储。

(2)定义最底层数据流图中的所有加工。

3.4.3　数据词典

数据词典是结构化分析方法中的另一个有力工具，它针对数据流图出现的所有数据元素给出逻辑定义。有了数据词典，数据流图中的数据流、加工和文件都能得到确切的解释。

数据词典的条目主要分为四大类，即数据流、文件、数据项和加工条目。这些数据元素的定义通常以定义式的形式给出。

数据流图和数据词典共同构成系统的逻辑模型。

1. 数据词典的内容

(1)数据流条目，主要说明数据流由哪些数据项组成，数据在单位时间内的流量，以及数据的来源和去向等。

(2)文件条目，主要说明文件由哪些数据项组成，以及文件的存储方式和存取频率等。

(3)数据项条目，主要说明数据项的类型、长度、取值范围等，它是数据的最小单位。

(4)加工条目,也称为加工说明或小说明,主要说明加工的输入数据、输出数据及加工逻辑等,加工逻辑是加工说明的主体,它描述把输入数据转换为输出数据的策略。

与数据流图的层次概念相似,一个数据词典的定义不宜包含过多的项,可以采用逐级定义形式,使得一些复杂的数据元素自顶向下进行多层定义,直到最后给出无须定义的基本数据元素。

2. 数据词典中使用的符号

数据词典中的常用符号见表 3-2。

表 3-2 **数据词典中的常用符号**

符 号	含 义	举例及说明
=	定义为	
+	与,连接	$x = a + b$ 表示 x 由 a 和 b 组成
[… | …]	选择	$x = [a \mid b \mid c]$ 表示 x 由 a 或 b 或 c 组成,如:性别 = [男 | 女],表示性别是"男"或"女"之一
{…}	重复	$x = \{a\}$ 表示 x 由 0 个或多个 a 组成,如:姓名 = 1{汉字}4,表示姓名为 1 至 4 个汉字;又如:1{字母},表示至少 1 个字母;{字母},表示 0 至任意个字母
(…)	可选	$x = (a)$ 表示 a 可在 x 中出现,也可不出现
..	连接符	$x = 1..9$ 表示 x 可取 1 到 9 任意一个值
* … *	注释	表示两个 * 之间的内容是对条目的注释

3. 数据词典书写实例

例 3-2 图 3-5 数据流图中部分数据词典的定义。

(1)"入库通知单"数据流的定义:

数据流名称:入库通知单
数据流来源:"审查申请"加工
数据流去向:"图书入库"加工
组成:采购者+采购者部门+{图书详情+数量}

(2)"入库通知单"数据流中的"图书详情"数据结构的定义:

名称:图书详情
组成:书名+作者+出版社+单价+购书日期

(3)"入库通知单"数据流中的"数量"数据项的定义:

数据项名:数量
别名:无
取值范围:正整数

(4)数据存储"图书库"的定义:

名称:图书库
组成:{图书编号+图书详情+目前库存量}
组织方式:按图书编号从小到大排列

(5)外部实体“教师”的定义：

名称：教师
简述：向教师图书室提供图书的教师
从外部实体输入：报销申请 向外部实体输出：拒绝信息、报销单

(6)“审查申请”加工的定义：

名称：审查申请
输入：报销申请、专业教师登记表、专项资金
输出：拒绝信息或入库通知单
加工逻辑：IF 报销人员是专业教师且专项资金未用完 THEN 可以报销 ELSE 拒绝报销

对于非基本加工(有分解子图的)可不必写小说明，即使书写，也只需说明该加工的组成(分解成哪几个较小的加工)，不需要书写加工逻辑；对于基本加工(没有分解子图的)要对其加工逻辑详细描述，常用结构化语言、判定树和判定表等进行描述，详见 3.4.4。

4. 数据词典的实现

通常，实现数据词典有三种途径：

(1)人工方法：人工方法实现时，每一词典条目(每一个数据定义或每一个加工逻辑说明)写在一张卡片上，由专人管理和维护。为了便于搜索，所有卡片按数据名称排序。人工方法的优点是容易实现。

(2)自动方法：把词典存在计算机中，用计算机对它搜索和维护。现有多种“词典管理程序”，如 PLS/PSA。用计算机管理词典质量高，搜索、维护方便。

(3)人工和自动混合的方法：在人工过程中可借助正文编写程序、报告生成程序等工具辅助完成。

不论通过哪种途径实现的数据词典都应尽量做到以下几点：

(1)没有冗余：主要指数据定义不能重复。在规格说明书的其他组成部分中已出现的信息不能重复。

(2)查阅方便：通过名称可以方便地查阅数据词典中的每个定义。

(3)定义的书写方法简单、方便、严谨，而且可读性强。

(4)建议采用卡片形式书写。

3.4.4　加工逻辑的描述

通常采用结构化语言、判定表或判定树等工具来描述加工逻辑。

1. 结构化语言

结构化语言是在自然语言基础上加上一定的限制语句得到的语言，介于自然语言与程序设计语言之间。

结构化程序有顺序、选择、循环等三种控制结构。选择和循环常用书写形式及含义见表 3-3。

表 3-3　选择和循环常用书写形式及含义

结构	书写格式	含义
选择结构	IF〈条件〉 THEN〈策略〉	如果〈条件〉 则〈策略〉
	IF〈条件〉 THEN〈策略 1〉 ELSE〈策略 2〉 按下列条件选择策略 CASE〈条件 1〉〈策略 1〉 CASE〈条件 2〉〈策略 2〉 … CASE〈条件 N〉〈策略 N〉	如果〈条件〉 则〈策略 1〉 否则〈策略 2〉 按下列条件选择策略 情况〈条件 1〉〈策略 1〉 情况〈条件 2〉〈策略 2〉 … 情况〈条件 N〉〈策略 N〉
循环结构	WHILE〈条件〉DO 〈策略〉 END DO	每当〈条件〉成立则 〈策略〉 返回
	REPEAT 〈策略〉 UNTIL〈条件〉	重复以下操作 〈策略〉 直到〈条件〉

2. 判定表

在一些数据处理中，数据流图的加工需要经过多个逻辑条件组合的取值而确定，此时用自然语言或结构化语言难以描述，而运用判定表描述就比较清晰明了。

例 3-3　某图书销售系统数据流图中“图书优惠政策”加工的小说明。

某图书销售系统中需要考虑对顾客的优先照顾问题，其条件是顾客的营业额大于或等于 1 000 元的就考虑优先照顾，但大于或等于 1 000 元的不一定都照顾，还要求客户信用好，或虽然信用不好但是 20 年以上(含)的老顾客。

这段叙述使人不能很快地看懂该加工的动作，而用判定表就易于表达。

判定表由 4 部分组成，其结构如图 3-7 所示，用双线分割 4 个区域，各部分功能如下：

条件	条件取值的组合
动作	相应条件组合下应执行的动作

图 3-7　判定表的结构

左上部：列出所有条件。

左下部：列出所有可能做的动作。

右上部：列出各种可能的条件组合。

右下部：列出与每一种条件组合所对应的动作。

判定表与判定树

画判定表的一般步骤如下：

(1)提取问题中的条件。

(2)如果必要，标识每个条件的取值(可用符号代替)。

(3)计算所有条件的组合数 N，N 的值是每个条件取值个数之积。

(4)提取目标动作。

(5)绘制判定表。

(6)完善判定表。

在本例中，条件为营业额、信用和年限，每个条件均有两种取值，因此条件的组合数＝2×2×2＝8 种。目标动作有优先处理和普通处理两种。初始判定表见表 3-4。

表 3-4　“图书优惠政策”判定表(初始表)

编号	1	2	3	4	5	6	7	8
营业额＞＝1 000 元	Y	Y	Y	Y	N	N	N	N
信用好	Y	Y	N	N	Y	Y	N	N
＞＝20 年	Y	N	Y	N	Y	N	Y	N
优先处理	√	√	√					
普通处理				√	√	√	√	√

初始判定表可能不完善，表现在两个方面。第一，缺少判定表中应采取的动作，例如，某一列没有可选取的动作，这时应向用户说明并将其补充完整。第二，有冗余的判定列，即两个或多个列中，具有相同的动作，而与它所对应的各个条件组合中有取值无关的条件，表 3-4 中的第 1 列和第 2 列，第 5 列和第 6 列，第 7 列和第 8 列，都与第三个条件“＞＝20 年”无关，因此可将它们分别合并。合并后的列还可以进一步合并，合并化简后的判定表见表 3-5，表中的“—”表示与取值无关。

表 3-5　“图书优惠政策”判定表

编号	1,2	3	4	5～8
营业额＞＝1 000 元	Y	Y	Y	N
信用好	Y	N	N	—
＞＝20 年	—	Y	N	—
优先处理	√	√		
普通处理			√	√

3. 判定树

判定树也是用来表达加工逻辑的工具，它是判定表的变形，有时比判定表更直观，更易于理解和使用。图书优惠政策的判定树如图 3-8 所示。以上三种描述加工逻辑的工具各有优缺点，对于顺序执行和循环执行的动作，用结构化语言描述；对于存在多个条件取值组合的判断问题，用判定表和判定树。判定树比判定表直观易读，而判定表进行逻辑验证较为严格，可以把所有可能的情况全部考虑到。一般情况下，先完成判定表，并以此为基础生成判定树。在画判定树时，应把重要的条件优先画出，这样的判定树更加简明和清晰，将来的编程算法也比较优化。

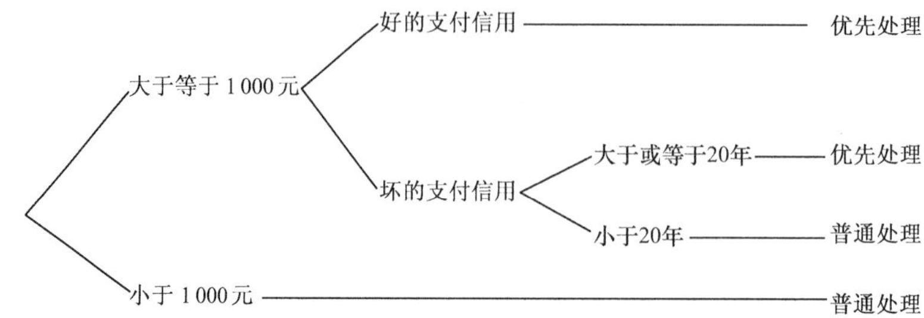

图 3-8　图书优惠政策判定树

例 3-4　“教师课时津贴发放”加工的判定表和判定树。

运用三种加工逻辑说明描述“教师课时津贴发放”。发放规则为:专职教师的教授每课时 40 元,副教授每课时 35 元,讲师每课时 30 元,助教每课时 25 元;非专职教师的教授每课时 35 元,副教授每课时 30 元,讲师每课时 25 元,助教每课时 20 元。

①运用结构化语言

```
if 是专职教师 then
    switch(职称){
        case:教授    课时津贴为 40
        case:副教授  课时津贴为 35
        case:讲师    课时津贴为 30
        case:助教    课时津贴为 25
    }
else
    switch(职称){
        case:教授    课时津贴为 35
        case:副教授  课时津贴为 30
        case:讲师    课时津贴为 25
        case:助教    课时津贴为 20
    }
```

②运用判定表

为绘制判定表方便,用符号代替条件的取值,条件取值表见表 3-6。

表 3-6　“教师课时津贴发放”的条件取值表

条件名	取值	符号	取值数
职称	教授	A	4
	副教授	B	
	讲师	C	
	助教	D	
专职	是	Y	2
	否	N	

条件的组合数=4×2=8 种。

判定表见表 3-7。

表 3-7　　“教师课时津贴发放”的判定表

编号	1	2	3	4	5	6	7	8
职称	A	A	B	B	C	C	D	D
专职	Y	N	Y	N	Y	N	Y	N
40	√							
35		√	√					
30				√	√			
25						√	√	
20								√

其中,编号 1～8 为每一列规则的序号,“√”表示选取的动作。

对于有多个动作,且每一列规则只有一个动作时,也可以采用表 3-8 样式的判定表。

表 3-8　　“教师课时津贴发放”的判定表

编号	1	2	3	4	5	6	7	8
职称	A	A	B	B	C	C	D	D
专职	Y	N	Y	N	Y	N	Y	N
课时津贴	40	35	35	30	30	25	25	20

③运用判定树(如图 3-9 所示)

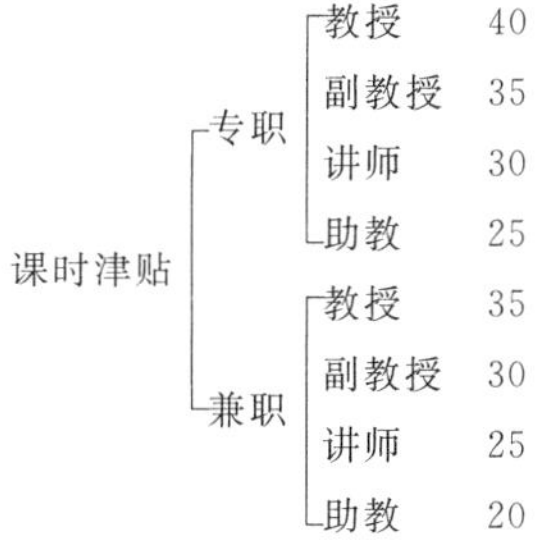

图 3-9　“教师课时津贴发放”判定树

3.5　需求规格说明书的编写与评审

1.需求规格说明书的编写内容

需求分析阶段应交付的主要文档是需求规格说明书。它提供了用户与开发人员对开发软件的共同理解,其作用相当于用户与开发单位之间的技术合同,是后续设计和编码的基础,是测试和验收的依据。

需求规格说明书的内容框架可参阅 GB/T 8567—2006《计算机软件文档编制规范》。

在编写需求规格说明书时应注意以下几个问题:

(1)说明书中的每一部分都非常重要,因此要慎重对待。

(2)问题的描述要做到准确无误,没有二义性。

(3)说明书的书写形式要规范。

(4)允许用户根据项目的具体情况适当的将书写内容进行调整和筛选。

2. 需求分析的评审

在需求分析规格说明书编写完成后，必须进行需求评审，以验证需求的正确性。如果在评审过程中发现说明书存在错误或缺陷，应及时进行更改或弥补，重新进行相应部分的需求分析、需求建模、修改需求规格说明书，并再行评审。

需求分析评审的主要内容如下：

(1)一致性。所有需求必须是一致的，任何一条需求不能和其他需求相矛盾。

(2)完整性。需求必须是完整的，规格说明书应该包括用户需要的每一个功能或性能。

(3)现实性。指定的需求应该是用现有的软、硬件技术基本上可以实现的。对硬件技术的进步可以预测，对软件技术的进步则很难预测，只能从现有技术水平判断需求的现实性。

(4)有效性。必须证明需求是正确而有效的，确实能解决用户所面对的问题。

需求规格说明书必须将分析后获得的每项需求与用户的原始需求联系起来，并为后续开发和其他文档引用这些需求项提供便利。

为保证软件需求定义的质量，评审应以专门指定的人员负责，并按规程严格进行。评审结束应有评审负责人的结论性意见及签字。除分析员之外，用户/需求者、开发部门的管理者，以及软件设计、实现、测试人员都应当参加评审工作。一般情况下，评审的结果都包含了一些修改意见，待修改完后再经评审通过，才可进入设计阶段。

3.6 项目实践："图书管理系统"软件需求分析

下面以第2章的"图书管理系统"为例，说明面向数据流的结构化分析方法及软件需求说明书的编写内容。

在X系图书室负责人和计算机系的技术人员通过了"图书管理系统"项目开发计划后，项目组随即进入了项目开发阶段，计算机系教师与图书室相关业务人员紧密合作，经过15天的工作，形成了"图书管理系统"软件需求说明书如下：

"图书管理系统"软件需求说明书

1. 引言

1.1 编写目的

本文档将对图书管理系统的设计需求进行描述，旨在明确系统的目标和功能，为业务人员和设计开发人员提供对图书管理系统的统一理解，为图书管理系统的设计、实现和验收提供依据。

本文档的读者是该软件的设计人员、代码编写人员、测试人员、维护人员和该项目的审核验收人员。

1.2 背景

①待开发的软件系统名称：图书管理系统。

②本项目的任务提出者：X学院X系图书室。

③项目开发者：X学院计算机系。

④用户单位：X学院X系图书室。

1.3　参考资料

①GB/T 8567—2006《计算机软件文档编制规范》。

②《"图书管理系统"可行性研究报告》。

③《信息系统应用与开发案例教程》，陈承欢主编，清华大学出版社。

2. 任务概述

(1)项目目标

在3个月内，建立一个小型的图书管理系统，以减轻图书管理人员管理图书的劳动强度，提高工作效率；为读者借阅图书提供便利。具体目标如下：

①高效地进行图书管理，减少图书重复采购费用，防止图书丢失现象发生。

②为读者提供快捷、方便的图书查询和借阅服务。

③规范图书管理流程，提高图书的利用率。

(2)用户的特点

本软件的最终用户是X系办公室的教工(兼图书管理员)，网络用户包括X系全体教师及部分学生。他们都有较好的计算机基础，能够较熟练地使用软件系统。系统维护员由计算机系负责本系统开发的教师担任。

(3)假定和约束(略)

3. 需求规定

3.1　数据描述

(1)数据流图

经过分析，该系统的分层数据流图如图3-10所示。

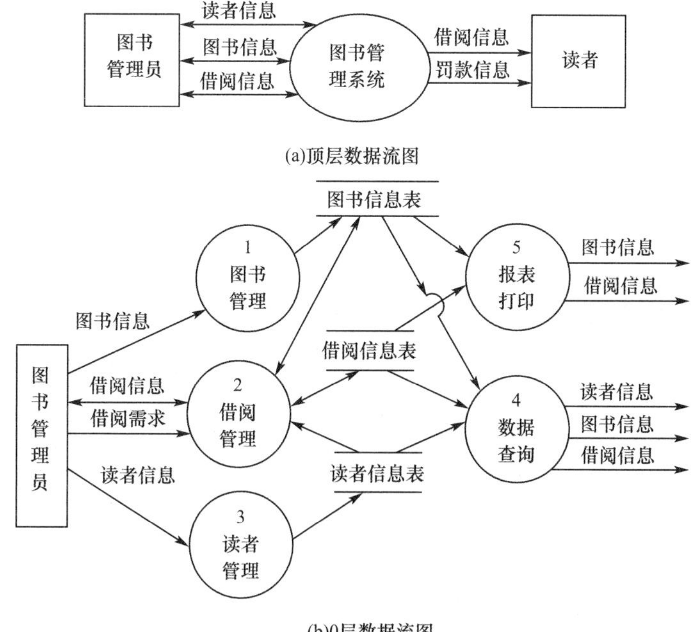

图3-10　图书管理系统数据流图

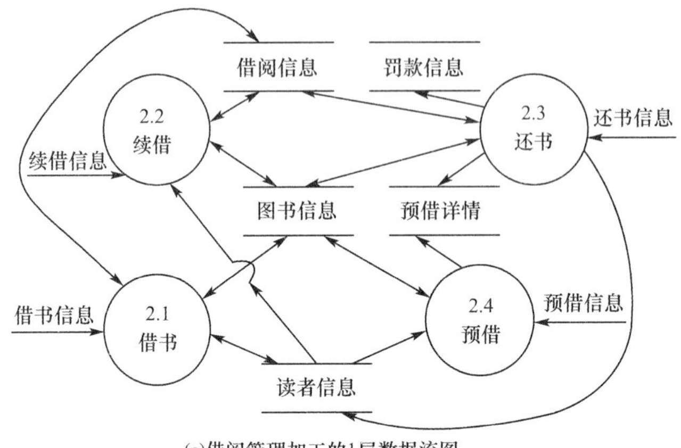

(c)借阅管理加工的1层数据流图

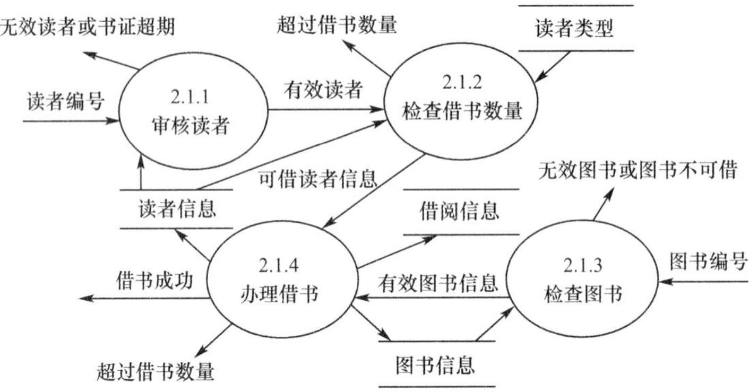

(d)借阅管理加工的2层数据流图(借书)

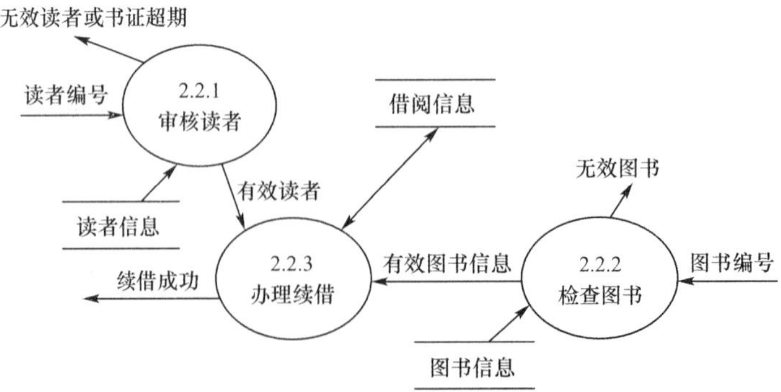

(e)借阅管理加工的2层数据流图(续借)

续图 3-10

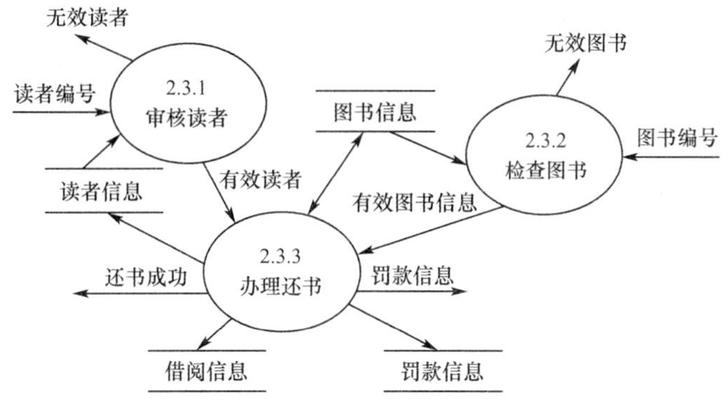

(f)借阅管理加工的2层数据流图(还书)

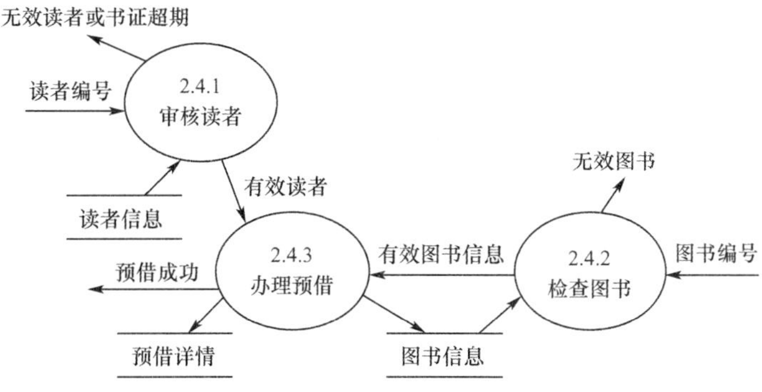

(g)借阅管理加工的2层数据流图(预借)

续图 3-10

(2)数据词典

1)数据流

①读者信息＝读者编号＋读者姓名＋读者类型＋读者卡号＋已借数量＋读者状态＋读者有效期截止日期＋无限期＋照片

读者编号＝1{字符}

无限期＝[是|否]

②图书信息＝图书编号＋图书名称＋作者信息＋图书类别＋书架位置＋出版社名＋价格＋总藏书量＋馆内剩余＋ISBN＋中图分类号＋书籍状态＋不允许外借

图书编号＝1{字符}

书架位置＝1{0-9 | A-Z | / | .}

书籍状态＝[在库可借 | 借出 | 预约 | 注销 | 下架]

不允许外借＝[是|否]

③借阅需求＝[借书信息＋还书信息＋续借信息＋预借信息]

④借书信息＝读者编号＋读者姓名＋图书编号＋图书名称＋借阅数量＋借阅日期＋还书日期＋续借次数

⑤还书信息＝读者编号＋读者姓名＋图书编号＋图书名称＋还书日期

⑥预借信息＝读者编号＋读者姓名＋图书编号＋图书名称＋预借数量＋预借日期

⑦罚款信息＝罚款编号＋读者编号＋读者姓名＋图书编号＋图书名称＋收款原因＋支付方法＋罚款金额＋借出日期＋应还日期＋实还日期＋是否已罚＋操作用户

收款原因＝[过期归还|资料丢失|资料损坏|租金支付]

支付方法＝[扣除押金|支付现金]

是否已罚＝[已交罚款|未交罚款]

注：

- 读者编号是读者的标识，每个读者可以办理一个借书证，其上有一个读者条码，标识读者类型（如：教师/学生）等信息。
- 图书编号是图书的标识，即图书的流水编号。每本图书上可以张贴一个图书条码，对应图书编号。每一本书有唯一的图书编号。
- 同一图书有多个副本时，每本图书的图书编号（或图书条码）不同。为了方便管理，每本图书的“总藏书量”均为1本，“馆内剩余”取值1或0。“总藏书量”并不统计同一书籍所有副本的总数量。
- 书架位置即索书号，由中图分类号和种次号组成，中图分类号是书架位置的一部分。

2）数据存储（文件）

①文件名：读者信息表

组成：{读者编号＋读者姓名＋读者类型＋读者卡号＋已借数量＋读者状态＋读者有效期截止日期＋无限期＋照片}

组织：按读者编号递增顺序排列

注：读者类型是对读者等级的划分，不同类型读者有不同的借阅规则，即借书限额（册数）和借阅限期（天数）等项目不同。

②文件名：图书信息表

组成：{图书编号＋图书名称＋作者信息＋图书类别＋书架位置＋出版社名＋价格＋总藏书量＋馆内剩余＋ISBN＋中图分类号＋书籍状态＋不允许外借}

组织：按图书编号递增顺序排列

③文件名：借阅信息表

组成：{读者编号＋读者姓名＋图书编号＋图书名称＋借阅数量＋借阅日期＋还书日期＋续借次数}

组织：按借阅日期递增顺序排列

④文件名：读者类型表

组成：{读者类型编号＋读者类型＋允借册数＋最多借书册数＋无限制＋备注}

组织：按读者类型编号递增顺序排列

读者类型描述＝[教师|学生]

⑤文件名：罚款信息表

组成：{罚款编号＋读者编号＋读者姓名＋图书编号＋图书名称＋收款原因＋支付方法＋借出日期＋应还日期＋实还日期＋罚款金额}

组织：按读者编号递增顺序排列

收款原因＝［过期归还｜资料丢失｜资料损坏｜租金支付］

3)加工逻辑小说明

数据流图中基本加工处理逻辑简述：

①加工编号：2.1.1

加工名：审核读者

输入流：读者编号，读者信息文件

输出流：有效读者，无效读者或书证超期

加工逻辑：

```
输入读者编号。
在“读者信息表”中查找所输入的“读者编号”。
IF 找不到 THEN
    提示“无效读者或书证超期”。
ELSE
    IF 读者“无限期”字段＝“是”OR“读者有效期限截止日期”>＝系统日期 THEN
        有效读者，转向加工 2.1.2“检查借书数量”。
    ELSE
        提示“无效读者或书证超期”。
    ENDIF
ENDIF
```

②加工编号：2.1.2

加工号：检查借书数量

输入流：有效读者，读者信息文件，读者类型文件

输出流：可借读者信息，超过借书数量

加工逻辑：

```
从“读者类型表”中查找该读者的类型，得到读者最多借书册数。
从“读者信息表”中得到读者已借数量。
IF 读者已借数量>＝读者最多借书册数 THEN
    提示“超过借书数量”。
ELSE
    可借读者信息，转向加工 2.1.4“办理借书”。
ENDIF
```

③加工编号：2.1.3

加工号：检查图书

输入流：图书编号，图书信息文件

输出流：有效图书信息，无效图书或图书不可借

加工逻辑：

```
从“图书信息表”中查找该“图书编号”。
IF 找到 AND 书籍状态＝“在库可借” THEN
    有效图书信息，转向加工 2.1.4“办理借书”。
```

```
ELSE
    提示"无效图书或图书不可借"。
ENDIF
```

④加工编号:2.1.4

加工号:办理借书

输入流:可借读者信息,有效图书信息

输出流:借书成功信息,超过借书数量,读者信息文件,借阅信息文件,图书信息文件

加工逻辑:

```
对于读者选择的每一本书执行以下操作:
根据系统当前日期和由读者类型得到的"最长借出天数"计算还书日期。
WHILE 待借图书列表不空 DO
    读取图书编号。
    IF "已借数量"超过"最多借书册数" THEN
        提示"超过借书数量"信息。
        结束借书过程。
    ELSE
        "图书信息表"中该图书"馆内剩余"-1。
        修改书籍状态为"借出"。
        在"借阅信息表"增加一条借阅记录,写入借阅信息。
        在"借还日志表"中增加一条借阅记录,写入借阅信息(操作类别为"借出操作")。
        "读者信息表"中"已借数量"+1。
    ENDIF
    继续下一本书的借书操作。
ENDDO
提示"借书成功";
```

⑤加工编号:2.2.3

加工名:办理续借

输入流:有效读者,有效图书信息,借阅信息文件

输出流:借阅信息文件,续借成功信息,不能续借的提示信息

加工逻辑:

```
在"借阅信息表"中按"读者编号"和"图书编号"定位记录。
IF 借阅信息表中"续借次数"=0 THEN
    修改借阅信息表中的"还书日期"。
    将借阅信息表中的"续借次数"+1。
    在"借还日志表"中增加一条借阅记录,写入借阅信息(操作类别为"续借操作")。
    提示"续借成功"信息。
ELSE
    提示"不能再续借此图书"信息。
ENDIF
```

⑥加工编号:2.3.3

加工名:办理还书

输入流：有效读者，有效图书信息

输出流：读者信息文件，借阅信息文件，图书信息文件，罚款信息文件，还书成功信息，罚款单

加工逻辑：

```
IF 图书丢失或者损坏 THEN
    计算罚款金额。
    在罚款信息表新增罚款记录。
ENDIF
IF 还书日期＞当前系统日期 THEN
    根据还书逾期天数，计算罚款金额。
    将罚款信息写入罚款文件，输出罚款信息。
ENDIF
删除“借阅信息表”中的借书记录。
“读者信息表”中“已借数量”－1。
“图书信息表”中“馆内剩余”＋1。
在“图书信息表”中更改“书籍状态”为“在库可借”。
在“借还日志表”中增加一条借阅记录，写入借阅信息(操作类别为“归还操作”)。
提示“还书成功”；
```

⑦加工编号：2.4.3

加工名：办理预借

输入流：有效读者，有效图书信息

输出流：预借详情文件，图书信息文件，预借成功信息

加工逻辑：

```
在“预借详情表”中新增记录，写入预借信息。
在“图书信息”表中更改“书籍状态”为“预约”。
在“借还日志表”中增加一条借阅记录，写入借阅信息(操作类别为“预借操作”)。
提示“预借成功”；
```

3.2　功能需求

本系统有图书管理、读者管理、借阅管理、数据查询、报表打印、系统管理等六大功能。每项功能有若干项子功能。

(1)图书管理

①图书类别管理

②图书信息管理

③图书库存管理

(2)读者管理

①读者类型管理

②读者信息管理

③借书证管理

(3)借阅管理

①图书借阅

②图书续借

③图书归还

④图书预借

(4)数据查询

①图书信息查询

②读者信息查询

③借阅信息查询

(5)报表打印

①打印图书借阅信息

②打印读者借阅信息

(6)系统管理

①罚款处理

②数据备份

③数据恢复

④数据导出

⑤数据导入

⑥系统参数

⑦用户管理

3.3 性能需求

本系统使用频度高,因此性能要求也比较高。为防止对信息资料和管理程序的恶意破坏,要求有较为可靠的安全性能。总之,要求稳定、安全、便捷、易于管理和操作。

(1)查询时间:不超过 5 s。

(2)其他所有交互功能的反应时间:不超过 3 s。

(3)可靠性:平均故障间隔时间:不低于 200 h。

(4)数据库中数据一致性和完整性强、数据安全性好。

(5)方便用户使用,具有较高的用户友好性。

(6)具有较强的可维护性。

3.3 运行需求(略)

3.4 其他需求

能快速恢复系统和故障处理,方便系统升级和扩充,故障恢复时间不超过 5 h。

4. 运行环境规定

(1)硬件平台

硬件要求:PC 服务器,2 核心,主频 2 500 MHz,内存 8 GB 以上,硬盘 100 GB 以上。

(2)软件平台

①服务器端

操作系统:Windows 2003 Server。

数据库管理系统:Access、SQL Server 或 MySQL 等。

Web 服务器:IIS、Tomcat、Apache 等。

②客户端

操作系统:Windows 7 等。

Web 浏览器:IE 8.0 及以上。

③开发环境

桌面系统:Visual Basic .NET 或 C# .NET 等。

网站系统:ASP. NET、JSP、PHP 等。

本章小结

需求分析是软件生存周期的一个重要阶段,需求分析就是要回答"系统必须做什么"这个问题。

一般来说,需求分析分为需求获取、分析建模、需求描述和需求验证四个步骤。此阶段主要有两大任务,一是建立目标系统的逻辑模型,二是将需求文档化。结构化分析方法总的指导思想是"自顶向下、逐步求精",它的两个基本原则是"抽象"和"分解"。主要通过数据流图、数据词典、结构化语言、判定表和判定树等工具来描述系统的逻辑模型。

需求分析的结果是软件开发的基础。软件需求规格说明书是需求分析阶段所产生的最重要文档之一。

习　题

一、判断题

1. 软件需求分析阶段要确定软件系统要"做什么"。(　　)
2. 软件需求规格说明书可作为可行性研究的依据。(　　)
3. 需求分析员可以参加最后的需求评审工作。(　　)
4. 画数据流图时可以加少量的控制流,使加工之间有时序的关系。(　　)
5. 结构化分析模型的核心是数据词典。(　　)
6. 在数据流图中,带有箭头的线段表示的是控制流。(　　)
7. 在软件生产过程中,需求信息的来源是项目经理。(　　)
8. 需求分析阶段的任务是确定软件的功能。(　　)

二、选择题

1. 需求分析最终结果是产生(　　)。

A. 项目开发计划　　B. 需求规格说明书

C. 设计说明书　　D. 可行性分析报告

2. 数据流图(DFD)是(　　)方法中用于表示系统的逻辑模型的一种图形工具。

A. SA　　B. SD　　C. SP　　D. SC

3. 需求规格说明书的作用不包括(　　)。

A. 软件验收的依据

B. 用户与开发人员对软件要做什么的共同理解

C. 软件可行性研究的依据

D. 软件设计的依据

4. 数据词典是用来定义(　　)中的各个成分的具体含义的。

A. 流程图　　B. 功能结构图　　C. 结构图　　D. 数据流图

5. 结构化分析方法(SA)是一种面向(　　)的分析方法。

A. 数据结构　　B. 数据流

C. 结构化数据系统　　D. 对象

6. 在数据词典中,以下哪一项表示允许重复 0 至任意次(　　)。

A. {}　　B. 0{}　　C. 0{}n　　D. {}n

7. 以下数据流图符号中哪一个表示加工(　　)。

A. □　　B. ○　　C. ➡　　D. ═

8. 软件开发的需求活动,其主要任务是(　　)。

A. 给出软件解决方案　　B. 给出系统模块结构

C. 定义模块算法　　D. 定义需求并建立系统模型

9. 结构化分析的核心是(　　)。

A. 自顶向下的分解　　B. 用 DFD 建模

C. 用 DD 描述数据需求　　D. 自底向上的抽象

10. 需求分析的任务是(　　)。

A. 正确说明让软件"做什么"　　B. 用 DFD 建模

C. 用 DD 建立数学模型　　D. 给出需求规格说明书

11. 对于分层的 DFD,父图与子图的平衡是指(　　)。

A. 父图与子图的输入输出数据流必须相同

B. 子图必须继承父图的输入与输出流

C. 父图与子图相应的输入输出数据流名称保持一致

D. 子图可以自己的输入输出数据流

12. DFD 的每个加工都必须有(　　)。

A. 一个输入和输出数据流　　B. 一个输入数据流

C. 一个输出数据流　　D. 一个输入或输出数据流

13. 需求分析是分析员经了解用户的要求,认真细致地调研、分析,最终建立目标系统的逻辑模型并写出(　　)的过程。

A. 模块说明书　　B. 软件规格说明

C. 项目开发计划　　D. 合同文档

14. 结构化分析方法是以数据流图、(　　)和加工说明等描述工具,即用直观的图和简洁的语言来描述软件系统模型。

A. DFD 图　　B. PAD 图　　C. IPO 图　　D. DD

15. 软件需求分析阶段的工作,可以分为四个方面:需求获取、需求分析、编写需求规格说明书以及(　　)。

A. 阶段性报告　　B. 需求评审　　C. 总结　　D. 都不正确

16. 数据流图用于抽象描述一个软件的逻辑模型,数据流图由一些特定的图符构成。下列图符名标识的图符不属于数据流图合法图符的是(　　)。

A. 控制流　　B. 加工　　C. 数据存储　　D. 源点和终点

17. DFD 用于描述系统的(　　)。

A. 数据结构　　B. 控制流程　　C. 基本加工　　D. 软件功能

18. 数据词典不包括的条目是(　　)。

A. 数据项　　B. 数据流　　C. 数据类型　　D. 数据加工

19. 软件需求分析一般应确定的是用户对软件的(　　)。

A. 功能需求　　B. 非功能需求

C. 性能需求　　D. 功能需求和非功能需求

20. 在数据流图中,有名称和方向的成分是(　　)。

A. 信息流　　B. 数据流　　C. 控制流　　D. 信号流

三、简答题

1. 需求分析的任务是什么?怎样理解“做什么”和“怎么做”?

2. 怎样建立目标系统的逻辑模型?

3. 数据流图的作用是什么?它有哪些基本成分?

4. 数据词典的作用是什么?它包括哪些内容?

四、应用题

1. 用 SA 方法对“学生档案管理系统”进行分析,画出分层 DFD 图,并建立相应的数据词典。

2. 某录取统分子系统有如下功能:

(1)计算标准分:根据考生原始分计算出标准分,并将其存入考生分数文件。

(2)计算录取线分:根据标准分、招生计划文件中的招生人数,计算录取线分,并存入录取线文件。试根据要求画出该子系统的数据流程图。

3. 某考务中心准备开发一个考务管理系统,其需求如下:

(1)考生填写考试报名表,经检查合格后在系统中登记注册,并发给学生准考证。

(2)学生按照准考证要求进入考场考试。考试完后将试卷交给阅卷站。

(3)阅卷站阅卷后把成绩表(包括每个考试科目、每个考生的分项成绩)交给本系统并输入计算机。

(4)考试中心负责管理成绩评定标准,并将其交给阅卷站。

(5)系统把考试成绩通知考生,把考试成绩的统计结果交给考试中心。

(6)系统向考生提供按准考证号、考生姓名的考生成绩查询,将按科目的历年考试成绩统计分析和评分标准提供给考试中心。

(7)考生对考试成绩质疑时,系统根据准考证号、姓名可以查询考生某科目的各分项成绩,必要时可查阅阅卷站的试卷。

(8)系统保存并可查询历年每门科目的评分标准。

(9)根据考试成绩统计系统可以向考试中心提供试题难度分析。

请画出系统的数据流程图(顶层图和0层图)。

4.某单位人事部门拟对职工工作进行调整,细则如下:

年龄满40岁以上人员,初中或高中文化,若是男性当修理工,若是女性当清洁工;大专文化当技术员。

年龄满25岁至40岁,初中或高中文化,若是男性当钳工,若是女性当车工;大专文化当技术员。

年龄不满25岁,初中文化脱产学习,高中文化当电工;大专文化当技术员。

请根据以上叙述运用三种加工逻辑说明写出它们的逻辑组合的关系。

5.下面是一项货运收费政策:

“航空运费”,重量小于或等于20 kg的货物,每千克6元,若重量大于20 kg,超重部分每千克6.5元,航空运费的最低起价是12元。这项标准适用于国内航线,如果是国际航线,运费加倍。请用判定树、判定表表达。

6.下面是中国邮政电子汇兑系统中汇兑资费计算加工中资费计算的方法:

无论是本埠(县)还是外埠资费计算方法相同。每汇款1元(以元为单位计算)收费0.01元,每笔汇款最低汇费为2元,最高汇费为50元。请用判定树、判定表表达。

第4章 概要设计

教学提示

本章介绍软件设计的概念与原则、概要设计的内容与步骤、结构化设计方法、概要设计文档的编写与评审等内容。本章难点是软件设计原则、内聚与耦合、系统结构图。

教学要求

• 掌握软件设计的概念与原则。

• 理解软件设计的任务。

• 掌握概要设计的内容与步骤。

• 掌握结构化设计方法。

• 了解概要设计说明书的内容。

项目任务

• 了解瑞天图书管理系统的开发与运行环境。

• 认真分析瑞天图书系统的程序界面，研究各类基础数据与图书借出、归还、预借和续借等操作之间的关系，确定拟开发的图书管理系统的软件结构和数据库表结构。

• 运用结构化设计方法完成图书管理系统软件结构设计和数据结构设计。

• 编写图书管理系统软件概要设计说明书。

4.1 软件设计概述

4.1.1 软件设计的概念与重要性

软件设计是软件工程的重要阶段，是一个将软件需求转换为软件表示的过程。软件设计的基本目标是用比较抽象概括的方式确定目标系统如何完成预定的任务，即确定系统的物理模型，解决软件系统"怎么做"的问题。

软件设计不同于程序设计，程序设计是软件设计的编码实现过程。软件设计的重要性有以下几点：

(1)软件设计在软件开发过程中处于核心地位，它是保证软件质量的关键步骤。

(2)软件设计是开发阶段最重要的步骤，是将用户需求准确地转化为最终的软件产品的唯一途径。

(3)软件设计做出的决策，最终将直接影响软件实现的成败。

(4)软件设计是软件工程和软件维护的基础。

4.1.2 软件设计的任务

从工程管理的角度来看，可以将软件设计分为两个阶段：概要设计（又称为总体设计）阶段和详细设计（又称为过程设计）阶段。概要设计阶段得到软件系统的基本框架，详细设计阶段明确系统内部的实现细节。

从技术的角度来看，软件设计可分为体系结构设计、接口设计、数据设计和过程设计。

对软件设计阶段及设计内容的认识，可以用图 4-1 表示。

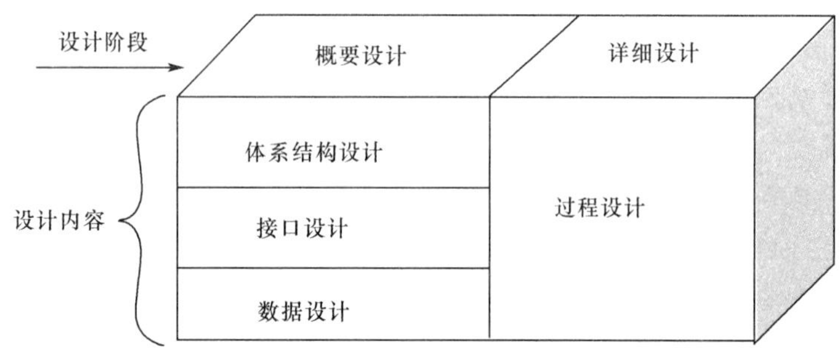

图 4-1 设计阶段及设计内容

(1)体系结构设计：为我们提供软件的整体视图，定义了软件系统各主要成分之间的关系。软件体系结构是系统的一个或多个结构，它包括软件的组成元素（组件），这些元素（组件）的外部可见性，以及这些元素（组件）的相互关系。

(2)接口设计：包括外部接口设计和内部接口设计。主要描述软件内部、软件和相关系统之间以及软件与人之间是如何通信的。

(3)数据设计：将分析时创建的模型转化为数据结构的定义。

(4)过程设计：把系统结构部件转换为软件的过程性描述。即确定软件各个组成部分内的算法及内部数据结构，并选用某种表达形式来描述各种算法。

软件设计的一般过程是：先进行高层次的体系结构设计；后进行低层次的过程设计；穿插进行数据设计和接口设计。这是个迭代的过程。

4.2 概要设计的任务与步骤

4.2.1 概要设计的任务

概要设计的基本任务是：

(1)设计软件系统结构。

(2)数据结构及数据库设计。

(3)编写概要设计文档。

(4)评审概要设计文档。

4.2.2　概要设计的步骤

概要设计的一般步骤如下：

1. 选定体系结构

仔细阅读需求规格说明书，理解系统建设目标、业务现状、现有系统、用户需求的各功能说明，选定体系结构——B/S（浏览器/服务器）还是 C/S（客户机/服务器）结构等。

2. 确定设计方案

需求分析阶段得到的逻辑模型是概要设计的基础。如把数据流图中的某些处理逻辑进行组合，不同的组合可能就是不同的实现方案。系统分析员首先设计出供选择的方案，推荐最佳的方案，并为所推荐方案制订详细的进度计划。

用户和有关专家认真审查系统分析员所提供的方案，确认最佳方案，经用户单位负责人审批后，进入下一步骤。

3. 设计软件结构

此阶段确定系统由哪些模块组成，并确定模块之间的相互关系。具体内容是：

（1）采用某种设计方法，将一个复杂的系统按功能划分成模块。

（2）确定每个模块的功能。

（3）确定模块之间的调用关系。

（4）确定模块之间的接口，即模块之间传递的信息。

（5）评价模块结构的质量。

4. 数据结构及数据库设计

确定软件涉及的文件系统的结构以及数据库的模式、子模式，进行数据完整性和安全性的设计。

（1）数据结构设计。数据结构设计常采用逐步细化方法。在需求分析阶段，用数据词典对数据的组成、操作约束以及数据之间的关系等进行描述；在概要设计阶段，可使用抽象的数据类型（如队列、栈等）来描述；在详细设计阶段应规定具体的实现细节（如确定用顺序表还是链表来实现队列或栈的操作）。

（2）数据库设计。数据库设计主要是数据库结构设计。对于管理信息系统，通常用数据库存储数据。需求分析阶段产生的 E-R 模型是数据库设计的主要依据。数据库设计还需考虑数据库的完整性、安全性、一致性以及数据库优化等问题。

5. 制订测试计划

为保证软件的可测试性，在概要设计阶段就要考虑软件测试方案问题。测试计划包括测试策略、测试方案、预期的测试结果和测试进度计划等。在概要设计阶段，测试方案主要根据系统功能来设计。

6. 编写概要设计文档

概要设计文档主要有以下几种：

（1）概要设计说明书。给出系统目标、总体设计、数据设计、处理方式设计、运行设计、出错设计等。

（2）数据库/数据结构设计说明书。给出所使用的数据库管理系统的简介、数据模式设计、物理设计等。

(3)用户手册。对需求分析阶段编写的用户手册进行补充和修订。

(4)集成测试计划等。对测试策略、方法和步骤提出明确的要求。

7. 概要设计文档评审

在概要设计阶段,对设计部分是否完整地实现了需求中规定的功能、性能要求,设计方案的可行性、关键的处理和内、外部接口定义的正确性、有效性,各部分之间的一致性等都要进行评审。

4.3 概要设计的原则

软件概要设计中一般应遵循以下原则:模块化、抽象与分解、信息隐蔽与局部化、模块独立性、复用性设计等。

1. 模块化

模块化是“分而治之”策略的具体表现。模块化就是将整体软件划分成独立命名且可独立访问的模块,不同的模块通常具有不同的功能或职责。每个模块可独立地开发、测试,最后组装成完整的软件。在结构化方法中,函数、过程和子程序等都可作为模块;在面向对象方法中,对象、对象内的方法也是模块。模块是构成软件的基本构件。

模块分解可以简化要解决的问题,但模块分解并不是越小越好。如图 4-2 所示,当模块数目增加时,每个模块的规模将减小,单个模块的开发成本也就降低;但是,随着模块数目的增加,模块之间的复杂程度也会增加,设计模块间接口的成本也将增加。因此,存在一个模块个数区间 M,它使得总的开发成本达到最小。最佳模块个数区间 M 与实际开发的系统有关。而一个模块的规模应当由它的功能和用途决定。

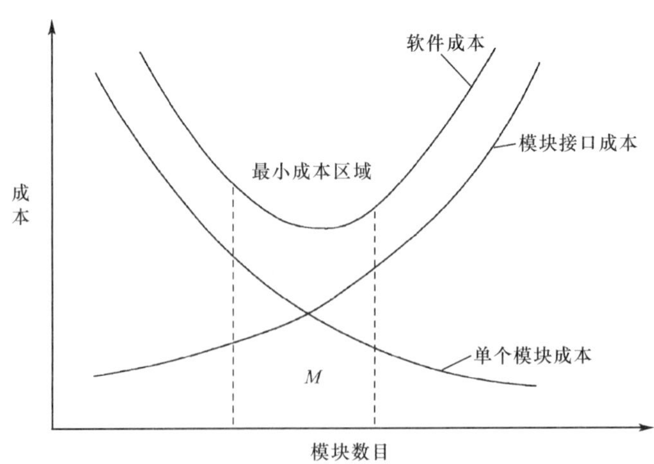

图 4-2 模块化与软件成本

2. 抽象与分解

抽象是指忽视一个主题中与当前目标无关的方面,以便更充分地注意与当前目标有关的方面。抽象可以分成若干级别,级别越高,细节越少。其实整个软件的开发过程就是一个从抽象到具体的过程:需求分析时,使用问题域语言来概括性地描述解决方案,抽象级别最高;软件设计时,同时使用面向问题域和面向实现的两种术语描述解决方案,抽象级别次之;在编码时,使用直接实现的方式(源程序代码)来描述解决方案,抽象级别最低。在软件设计中,过程抽象和数据抽象是两种常用的抽象手段。

过程抽象也称为功能抽象,是指任何一个完成明确定义功能的操作都可以被使用者看成单个实体,尽管该操作实际上是由一系列更低级的操作来完成的。例如,一个具有特定功能的指令系列,在高层抽象级别中可能只是一个函数名,通过这个名称就可以思考问题。随着抽象级别降低,函数中的具体指令系列会越来越清楚。

数据抽象是指定义数据类型和施加于该类型数据对象的操作,并限定了数据对象的取值范围,只能通过这些操作修改或观察数据。在高层抽象级别,只用一个名称描述数据对象,随着抽象级别的降低,细节会越来越多,从而使设计者按不同的详细程度去理解和表示数据对象。

与抽象互补的一个概念是分解,其主要思想是将某个宏观功能不断分解,逐步确定具体的过程细节,直至用程序设计语言描述的算法实现为止。抽象使得设计者能够描述过程和数据而忽略低层细节,分解有助于设计者在设计过程中不断揭示低层细节。抽象和分解概念是软件工程中最为核心的思维方式,能够帮助设计者更容易地建立起完整的设计模型。

3. 信息隐蔽与局部化

信息隐蔽是指模块所包含的信息,不允许其他不需要这些信息的模块访问,独立的模块间仅仅交换为完成系统功能而必须交换的信息。信息隐蔽的目的是提高模块的独立性,减小修改或维护时的影响面。

局部化就是把关系密切的软件元素物理地放得彼此靠近。其优点是可维护性、可靠性和可理解性好。

4. 模块独立性

模块独立性概括了把软件划分为模块时要遵守的准则,也是判断模块构造是否合理的标准。模块独立性好的软件接口简单、容易开发,独立的模块也容易测试和维护。因此,模块独立性是软件质量的关键。具体内容见 4.4 节。

5. 复用性设计

复用是指同一事物不做修改或稍加修改就可以多次重复使用。将复用思想用于软件开发称为软件复用,将软件的重用部分称为软构件。也就是说,在构造软件系统时不必从零做起,可通过直接使用或加以修改已有软构件来组装成新系统。

软件复用可提高软件的生产率。由于软构件是经过反复使用验证的,自身具有较高的质量,因此由软构件组成的新系统也具有较高的质量。软件复用并不局限于软件代码,其范围也可扩展到软件开发各个阶段,包括需求模型和规格说明、设计模型、文档、测试用例等。

在软件设计阶段就要考虑软件复用问题,并进行复用性设计。复用性设计有两个含义:一是尽量使用已有的构件;二是在需要创建新构件时,应该考虑将来的可重复使用性。

4.4 模块独立性

模块独立性是指软件系统中每个模块只涉及软件要求的具体的子功能，而与软件系统中其他模块的接口是简单的。模块独立性取决于模块的内部和外部特征。一般用耦合和内聚两个定性的指标来度量。

耦合是模块之间相互依赖的紧密程度的度量，内聚是一个模块内部各个元素之间彼此结合的紧密程度的度量。一个模块内部各个元素之间的联系越紧密，则模块的内聚度就越高，相对地，它与其他模块之间的耦合就越低，模块的独立性就越强。一个优秀的软件设计，应尽量做到高内聚、低耦合，从而提高模块的独立性。

4.4.1 耦合性

微课

模块的耦合性

耦合是模块之间相互连接的紧密程度的度量。耦合强弱取决于模块间接口的复杂程度、进入或访问一个模块的点以及通过接口的数据。模块之间的连接越紧密，联系越多，耦合性就越高，而其模块独立性就越弱。通常希望一个软件系统具有较低的耦合性。图 4-3 列出了常见的七种耦合类型，并以 10 分为基础，给出了每种耦合的评价，分值越高耦合性越低。

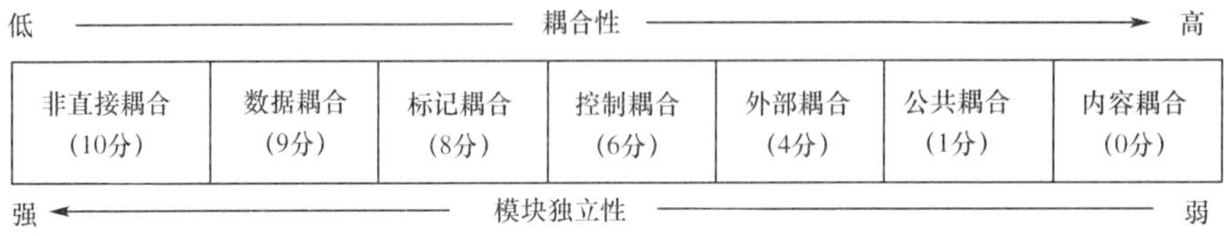

图 4-3 模块间的耦合类型

1. 非直接耦合

两个模块间没有直接关系，它们之间的联系完全是通过主模块的控制和调用来实现的。耦合度最弱，模块独立性最强。

2. 数据耦合

调用模块和被调用模块之间只传递简单的数据项参数。相当于高级语言中的值传递。

如图 4-4 所示，“开发票”模块向“计算水费”模块传递单价和数量，“计算水费”模块将金额传回“开发票”模块。单价、数量和金额都是简单得不能再分解的数据。

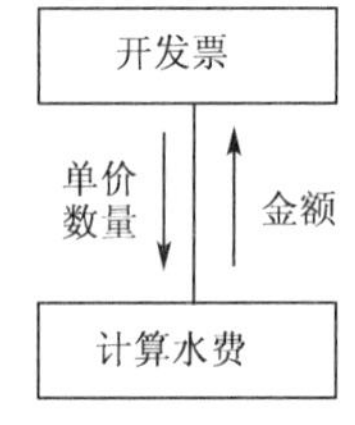

图 4-4 数据耦合

3. 标记耦合

调用模块和被调用模块之间传递数据结构而不是简单数据，也称为特征耦合。

标记耦合的模块间传递的不是简单变量，而是像高级语言中的数组名、记录名和文件名等数据结构，这些名称即标记，其实传递的是地址。

如图 4-5(a)所示，“住户情况”是一个数据结构(包含姓名、地址、本月用水量、本月用电量等)，模块 A 与 B、A 与 C、B 与 C 都与“住户情况”有关。但实际上，模块 B 只需要本月用水量，模块 C 只需要本月用电量。

一般情况下，标记耦合可以改造为数据耦合，如图 4-5(b)所示。

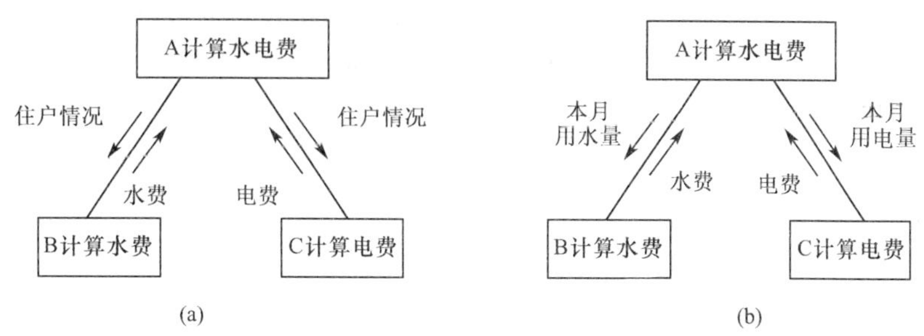

图 4-5　标记耦合

4. 控制耦合

模块之间传递的不是数据信息，而是控制信息如标志、开关量，一个模块控制了另一模块的功能。

如图 4-6(a)所示，模块 B 具有两个功能：计算平均成绩或最高成绩，而究竟执行哪一个功能，需由 A 模块传递给它的控制信息“平均/最高”(如 1 表示平均成绩，0 表示最高成绩)来决定。编写 A 模块时需了解 B 模块的内部逻辑，编写 B 模块时需了解 A 模块传递给它的控制量，模块间耦合比较紧密，降低了模块的独立性。

多数情况下，可将控制耦合改造为数据耦合。如图 4-6(b)所示，将 B 模块分解为功能单一的模块 B1 和 B2，A 模块根据需要直接调用模块 B1 或 B2，模块 A 和 B1 之间，模块 A 和 B2 之间都是数据耦合。

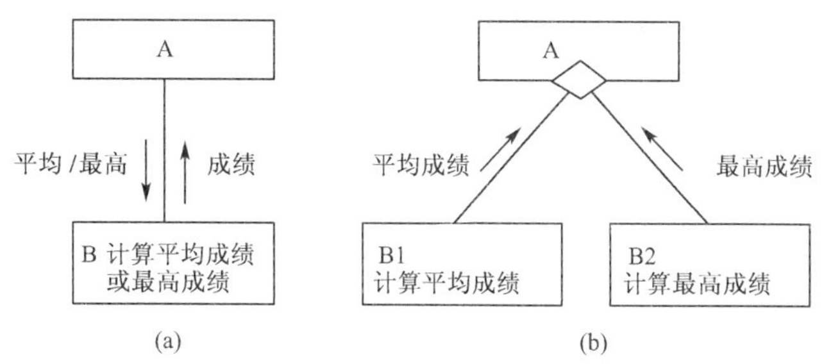

图 4-6　控制耦合

5. 外部耦合

一组模块都访问同一全局简单变量，而且不通过参数表传递该全局变量的信息，则称之为外部耦合。

6. 公共耦合

若一组模块都访问同一全局数据结构，则称之为公共耦合。公共数据环境可以是全局数据结构、共享的通信区、内存的公共覆盖区等。

如果模块只是向公共数据环境输入数据，或是只从公共数据环境取出数据，则属于比较松散的公共耦合；如果模块既向公共数据环境输入数据又从公共数据环境取出数据，则属于较紧密的公共耦合。公共耦合会引起以下问题：

(1)无法控制各个模块对公共数据的存取,严重影响了软件模块的可靠性和适应性。

(2)使软件的可维护性变差。若一个模块修改了公共数据,则会影响相关模块。

(3)降低了软件的可理解性。不容易搞明白哪些数据被哪些模块所共享,排错困难。

一般情况下,仅当模块间共享的数据很多且通过参数传递很不方便时,才使用公共耦合。

7. 内容耦合

一个模块直接访问另一模块的内容,则称这两个模块为内容耦合。

若在程序中出现下列情况之一,则说明两个模块之间发生了内容耦合:

(1)一个模块直接访问另一个模块的内部数据。

(2)一个模块不通过正常入口而直接转入另一个模块的内部。

(3)两个模块有一部分代码重叠(该部分代码具有一定的独立功能)。

(4)一个模块有多个入口。

内容耦合可能在汇编语言中出现。大多数高级语言都已设计成不允许出现内容耦合。这种耦合最强,模块独立性最弱。

为提高模块的独立性,应建立模块间尽可能松散的系统,应尽量使用数据耦合,少用控制耦合,慎用或有控制地使用公共耦合、并限制公共耦合的范围,坚决避免内容耦合。

4.4.2 内聚性

模块的内聚性

一个模块内各个元素彼此结合的紧密程度用内聚(或称聚合)来度量。一个理想的模块只完成一个功能,模块设计的目标之一是尽可能高内聚。

图 4-7 列出了常见的 7 种内聚类型,并以 10 分为基础,给出了每种内聚的评价,分值越高则内聚性越高。

高 ← 内聚性 → 低

功能内聚 (10分)	顺序内聚 (9分)	通信内聚 (7分)	过程内聚 (5分)	时间内聚 (3分)	逻辑内聚 (1分)	偶然内聚 (0分)

强 ← 模块独立性 → 弱

图 4-7 模块的内聚类型

1. 偶然内聚

一个模块内的各成分无实质性的联系,只是偶然地被凑到一起。这种模块也称为巧合内聚,内聚程度最低。

如图 4-8 所示,A、B、C 三个模块中都有一组相同的语句,程序员为了缩短程序长度,把这组语句抽出来组成一个新模块 M,而这组语句间并没有任何联系,模块 M 没有确切的功能,甚至连名称都不好起。

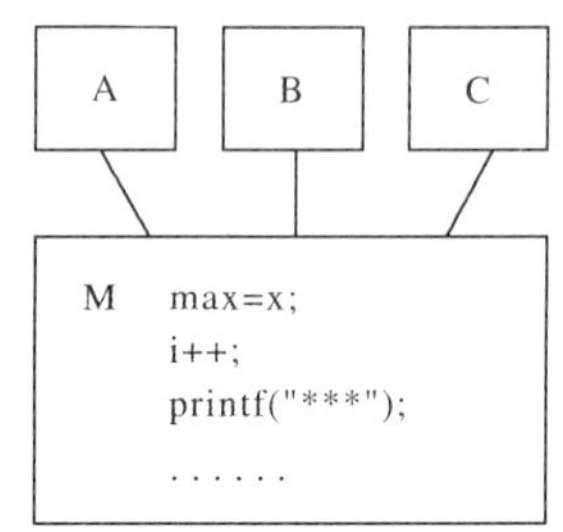

图 4-8 偶然内聚

2. 逻辑内聚

模块内部各组成部分的处理动作在逻辑上相似,但功能却彼此不同或无关。

逻辑内聚的形成过程及其内部逻辑如图 4-9 所示。在图 4-9(a)中,模块 A 调用 D,

B 调用 E,C 调用 F,由于模块 D、E、F 逻辑相似,所以将它们合并为新模块 DEF。DEF 模块的内部逻辑如图 4-9(b)所示,该模块有三个功能,模块中除了公用代码外,一定会存在分支结构,究竟执行哪一个分支,需由模块 A、B、C 传给它的控制变量而决定。

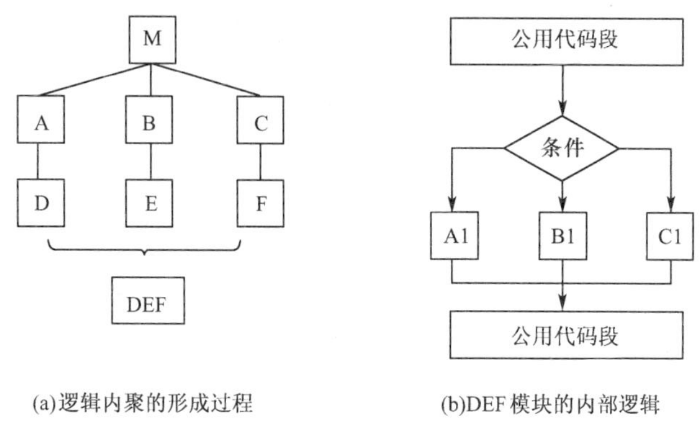

图 4-9　逻辑内聚的形成过程及其内部逻辑

逻辑内聚和偶然内聚一样,都是为了节省空间而把没有联系的元素放在一个模块中,这种模块的内聚度很低。逻辑内聚必然会造成模块间的控制耦合。

3. 时间内聚

将若干个在同一时间段内进行的工作集中在一个模块内,但这些工作彼此无关。

时间内聚模块中的功能成分只因时间因素关联在一起,各成分之间没有共用数据,而且一般情况下各部分可以以任意次序执行。例如初始化模块、系统结束模块等。时间内聚会给维护带来困难。

4. 过程内聚

模块内部包含的各个成分按照某种确定的顺序进行,但所做工作没什么关系。

如图 4-10 所示,"读入并审查成绩单"模块和"统计并打印成绩单"模块都是过程内聚。

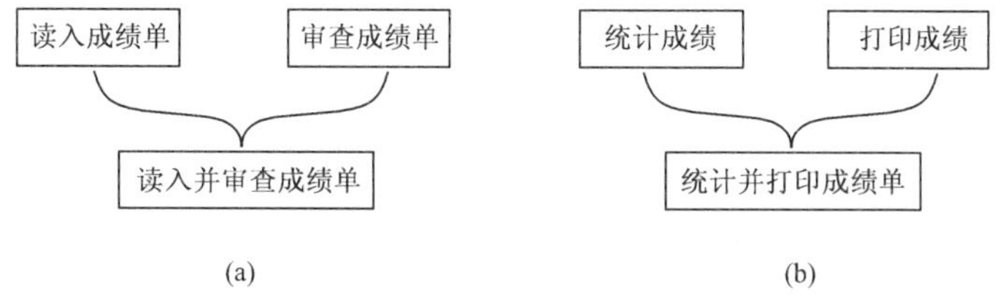

图 4-10　过程内聚

5. 通信内聚

模块内所有处理功能都通过公用数据而发生关系。即模块内各个组成部分都使用相同的输入数据或产生相同的输出结果。

例如:在图 4-11 中,方框所示模块的功能是生成工资报表并计算平均工资,两部分功能都使用"工资记录"这一相同的输入,这两个功能仅仅是由于它们使用了相同的输入数据才联系在一起的。因此这个模块是通信内聚。

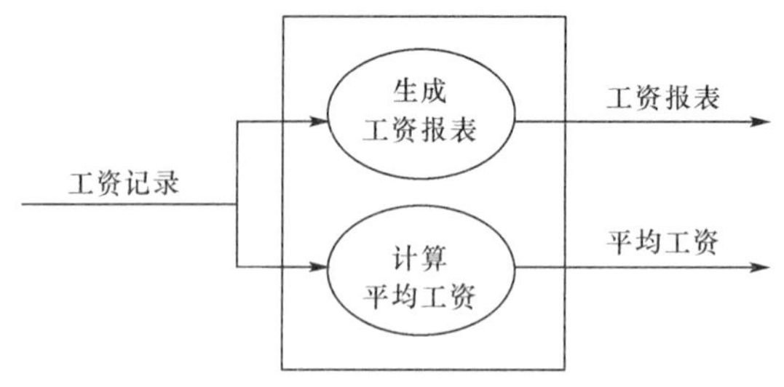

图 4-11 通信内聚

6. 顺序内聚

一个模块中各个组成部分和同一个功能密切相关，而且各个组成部分必须顺序执行，通常前一个成分的输出就是后一个成分的输入。

例如，某模块完成求工业产值的功能，前一个功能元素求总产值，随后的功能元素求平均产值，显然，该模块内两部分紧密相关。

顺序内聚的内聚度比较高，但缺点是不如功能内聚易于维护。

7. 功能内聚

模块内的各个组成部分全部都为完成同一个功能而存在，共同完成一个单一的功能，并且只完成一个功能，模块已不可再分。即模块仅包括为完成某个功能所必需的所有成分，这些成分紧密联系、缺一不可。

功能内聚是最强的内聚，其优点是功能明确。判断一个模块是不是功能内聚，一般从模块名称就能看出。如果模块名称只有一个动词和一个特定的目标(单数名词)，一般来说就是功能内聚，例如“计算水费”和“求平方根”等模块。功能内聚一般出现在软件结构图的较低层次上。

功能内聚模块的一个重要特点是：它是一个“暗盒”，对于该模块的调用者来说，只需知道这个模块能做什么，而不必知道这个模块是如何做的。在模块划分时，要遵守“一个模块，一个功能”原则，尽可能使模块达到功能内聚。

4.4.3 软件结构优化准则

人们在长期的软件开发实践过程中积累了一些经验，总结这些经验可得到一些设计规则，设计软件结构时遵守这些规则往往有助于提高软件质量。

1. 模块功能的完善化

一个完整的功能模块，应当有三部分内容：一是执行规定的功能；二是具有出错处理部分；三是如果需要返回一系列数据，在完成数据加工或结束时，应当给它的调用者返回一个“结束标志”。一个模块的这些有机组成部分，不应分离到其他模块中去。

2. 消除重复功能，改善软件结构

如图 4-12(a)所示。假如模块 A 和 B 在结构上完全相似，可能只是在数据类型上不一致，那么可以采取完全合并的方法，将 A 和 B 合并为一个模块，如图 4-12(b)所示。

假如模块 A 和 B 只是局部相似，如将其像图 4-12(b)那样简单合并，势必会将模块 A＋B 的内聚降低到逻辑内聚。正确的做法是：找出 A 和 B 中的完全相同部分，将其抽出来构成一个新的下层模块，即图 4-12(c)～图 4-12(e)中的“公共”模块，由 A 和 B 中剩余的部分调用这个“公共”模块，如果 A 和 B 中剩余的部分较小，也可以将其与它的上级模块合并。

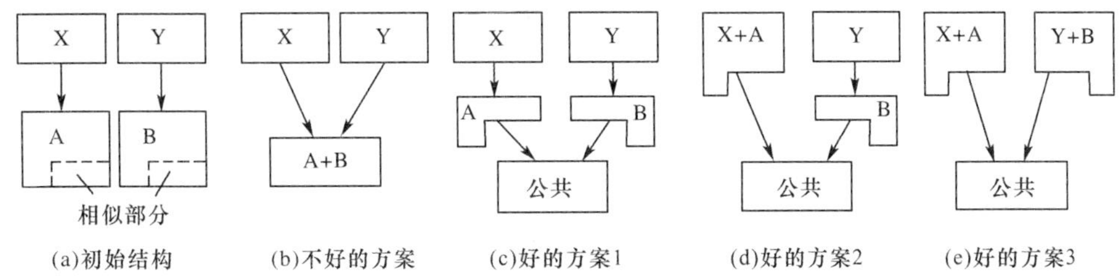

图 4-12　相似模块的合并方案

3. 模块规模应适中

模块过大，会使设计、调试和维护困难；模块过小，会使模块间关系增强，影响模块独立性，因此模块大小要适中。

模块的大小可以用模块中语句的数量来衡量。通常规定其语句行数在 50～100 行，或保持在 1～2 页纸内，或最多不超过 500 行等，但这些都是参考数字，没有统一的标准。在进行模块设计时，关键要保证模块的独立性，以模块易于理解、便于控制为标准。

4. 模块的深度、宽度、扇出和扇入都应适当

模块的深度是指软件结构中模块的层数，它标志一个系统的大小和复杂程度。在图 4-13 中，软件结构的深度为 4。如果深度过大(层数太多)则应考虑是否有的模块过于简单，应适当将其合并。

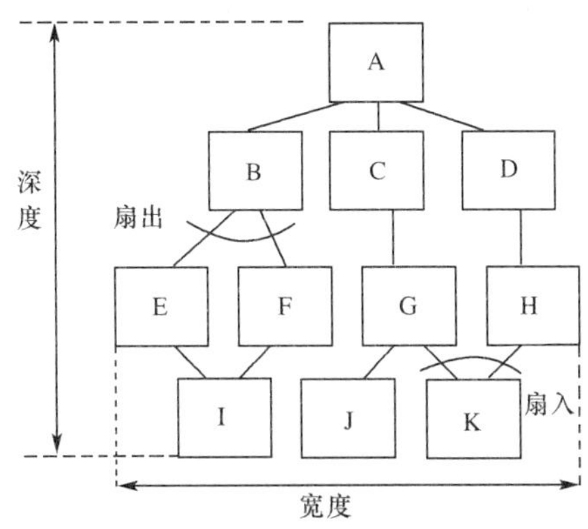

图 4-13　模块结构的相关术语

模块的宽度是指同一层次的模块数的最大值，一般来说，宽度越大，系统越复杂。在图 4-13 中，软件结构的宽度为 4。

模块的扇出是指一个模块所调用的模块个数。在图 4-13 中，A 的扇出是 3，B 的扇出是 2，I 的扇出是 0。扇出过大意味着模块过于复杂，这时应适当增加中间层次；扇出太小则可以把下级模块进一步分解成若干个子功能模块，或者将它合并到上级模块中。软件结构中平均扇出应为 3～4，扇出的上限经验值是 7～9。

模块的扇入是指有多少上级模块调用它。在图 4-13 中，A 的扇入是 0，I 和 K 的扇入是 2，其他模块的扇入全是 1。扇入越大，则共享该模块的上级模块数目越多，这是有好处的，但不能违背模块独立性单纯追求高扇入。如果一个模块扇入数太大，如超过 8，而它又不是公用模块，则说明该模块可能有多个功能，此时应对它进一步按功能分解。

经验表明，好的软件结构通常是顶层高扇出，中间扇出较少，底层高扇入。同时，设计人员也应该注意，不要为了单纯追求深度、宽度、扇出与扇入的理想化而违背模块的独立性原则。

5. 模块的作用范围应在控制范围之内

模块的作用范围是指受该模块内一个判定影响的所有模块的集合。模块的控制范围是指该模块本身以及所有直接或间接从属于它的模块的集合。控制范围是从结构方面考虑的，而作用范围是从功能方面考虑的。在一个结构良好的系统中，所有受某个判定影响的模块应该都从属于做出判定的那个模块，最好局限于做出判定的那个模块本身以及它的直属下级模块。

在图 4-14 中，符号◇表示模块内有判定功能，阴影表示模块的作用范围。图 4-14(a) 中，模块 C 的作用范围是 B、C、D、E，而 C 的控制范围是 C、D、E，作用范围超过了控制范围，是差的结构；图 4-14(b) 中，作用范围在控制范围之内，但判定所在模块距受影响模块位置太远，存在额外的数据传递，这种结构不理想；图 4-14(c) 是理想的结构。

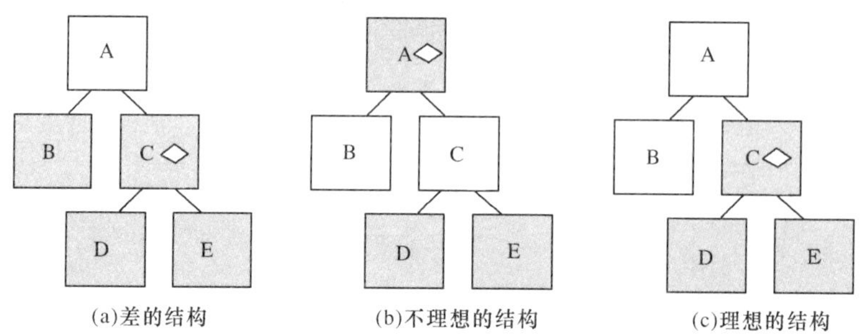

图 4-14 模块的作用范围与控制范围

对于那些不满足此规则的软件结构，修改的方法是：将判定点上移到足够的高度，或者将受判定影响的模块下移到控制范围内。

6. 力争降低模块接口的复杂程度

模块接口复杂是软件发生错误的主要原因之一。应仔细设计模块接口，使得信息传递简单并且和模块的功能一致。例如，某模块的功能是求一元二次方程的根，要求输入方程的三个系数 a、b 和 c，计算根 x1 和 x2，基于 C 语言的模块名称和参数如下：

```
void  quad_root(double a, double b, double c, double *x1, double *x2)
```

这样的模块接口既简单又与模块的功能一致。应尽量设计这样的模块接口，以降低模块接口的复杂程度。

7. 设计单入口、单出口的模块

单入口、单出口模块不会使模块间出现内容耦合。当从顶部进入模块并且从底部退出来时，模块容易理解和维护。

8. 模块功能应该可以预测

如果一个模块可以被当作一个“黑盒”，也就是不考虑模块的内部结构和处理过程，输入相同的数据，总能产生同样的输出，则这个模块的功能就是可以预测的。

4.5　软件结构设计的图形工具

概要设计的任务是确定软件系统的组成结构、各模块功能及模块间的联系（接口）。表示软件结构的图形工具有层次图、IPO 图和结构图等。

4.5.1　层次图

层次图也称为 H 图，用于表示软件的层次结构，特别适合于在自顶向下设计时使用，如图 4-15 所示，图中用一个方框表示一个模块，方框之间的连线表示调用关系。除顶层外，也可以在每个方框内增加编号，如 1.0、2.0、1.1、1.2、1.1.1 等。

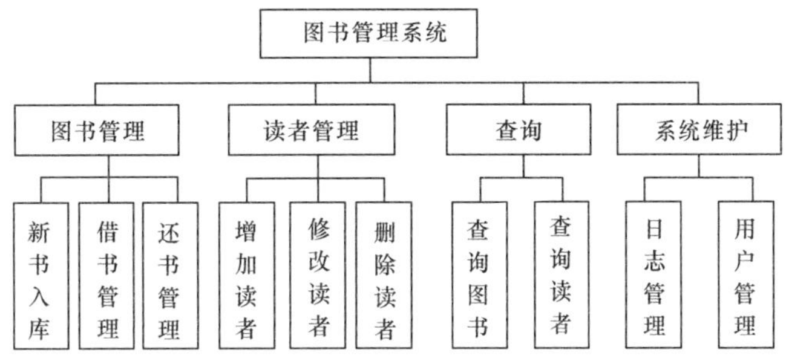

图 4-15　图书管理系统层次图

4.5.2　IPO 图

IPO 图是输入/处理/输出图，其基本形式是三个方框，左边框列出所有的输入数据，中间框列出主要的处理，右边框列出输出数据。三个框中间用粗箭头指出数据通信情况。图 4-16 为某系统中“文件更新”模块的 IPO 图。

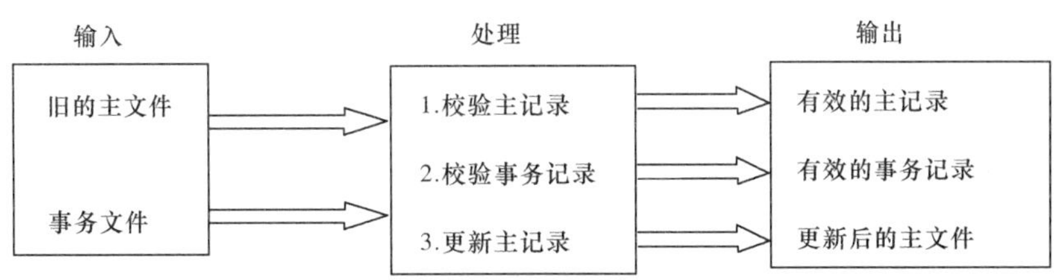

图 4-16　“文件更新”模块的 IPO 图

在实际项目中，通常使用改进的 IPO 图（或称 IPO 表），如图 4-17 所示。H 图和 IPO 图合起来称为 HIPO 图。其中的 H 图描述整个系统的设计结构及各类模块之间的关系，IPO 图描述某个特定模块内部的处理过程和输入/输出关系。

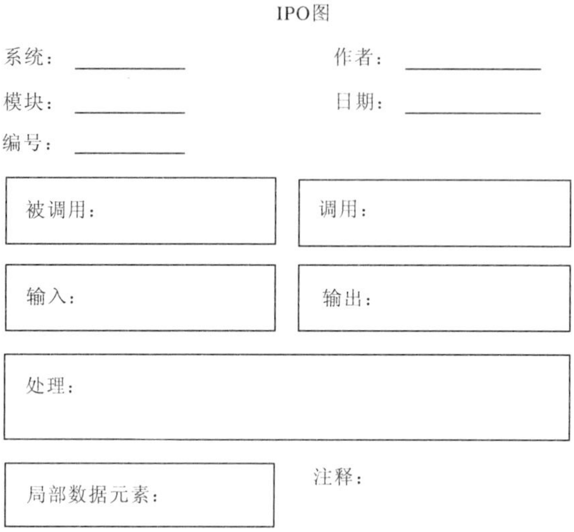

IPO图

系统：________　　作者：________

模块：________　　日期：________

编号：________

被调用：	调用：
输入：	输出：

处理：

局部数据元素：	注释：

图 4-17　改进的 IPO 图

4.5.3　结构图

结构图也称为 SC 图，用于表示软件系统的层次分解关系、模块调用关系、模块之间数据流和控制信息流的传递关系，是描述软件系统物理模型、进行概要设计的主要工具，也是软件文档的一部分。SC 图的基本符号如图 4-18 所示。

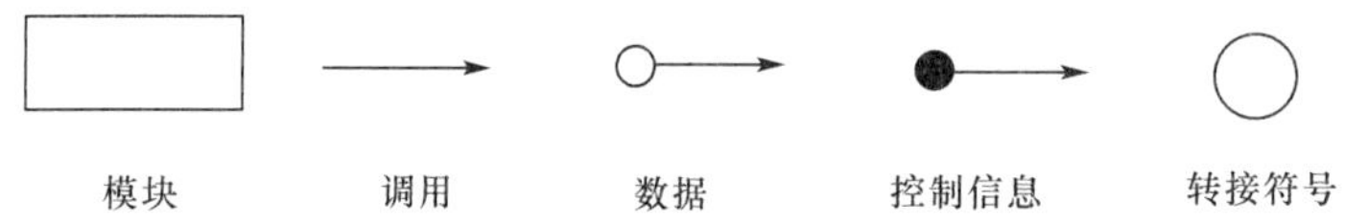

图 4-18　结构图的基本符号

(1)模块。用方框表示，方框中可写入模块的名称。

(2)调用。用箭头表示，箭头由调用模块指向被调用模块。当模块是上下关系时，一般表示上面的模块调用下面的，此时可只画直线而不画箭头。

(3)数据。用尾端带有空心圆的短箭头表示数据，并在箭头旁边标上数据名。

(4)控制信息。用尾端带有实心圆的短箭头表示控制信息。

(5)转接符号。当模块结构图在一张纸画不下时，需要转接到另一张纸上，或者为了避免图上线条交叉时，都可以使用转接符号(在圆圈内加上标号)。

(6)扩展符号。菱形符号表示有选择地调用下层模块；弧形箭头表示循环调用下层模块。SC 图中模块的调用(直接调用)、判断调用和循环调用如图 4-19 所示。

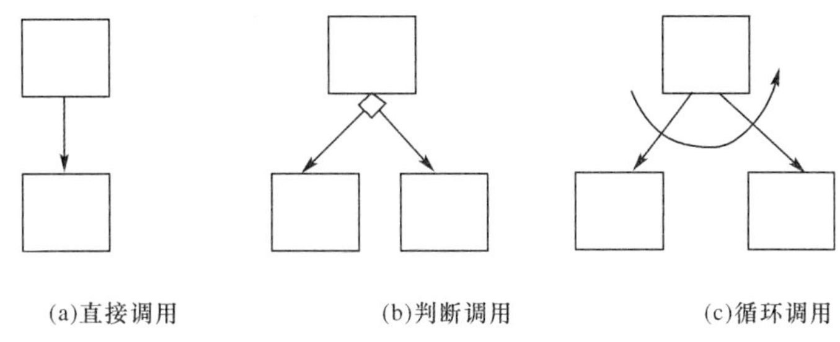

图 4-19　模块调用示例

4.6　结构化设计方法

结构化设计方法是面向数据流的设计方法，它以数据流图为基础，定义了将数据流图映射为软件结构图(DFD→SC)的方法，而数据流的类型决定了映射的方法。数据流分为变换流和事务流两种，因此由数据流组成的数据流图也分为变换型数据流图和事务型数据流图两种类型。由变换型数据流图向结构图的映射称变换分析，由事务型数据流图向结构图的映射称事务分析。

1. 数据流图的类型

(1)变换流

变换型数据流的特征是可以把它看成由输入、变换和输出三部分组成，这样的数据流图称为变换型数据流图。如图 4-20 所示。

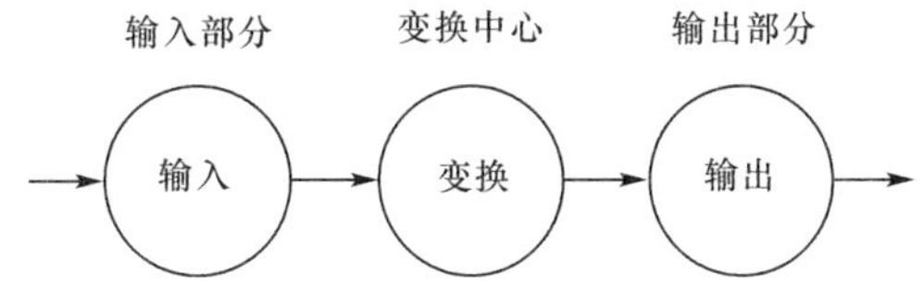

图 4-20　变换流示意图

(2)事务流

事务型数据流的特征是可以把它看成具有在多种事务中选择执行某类事务的能力。这样的数据流图称为事务型数据流图，如图 4-21 所示。该种数据流图由至少一条接受路径、一个事务中心与若干条动作路径组成，事务流有明显的事务中心，各活动流以事务中心为起点呈辐射状流出。

应该说明的是，在大型系统的数据流图中，变换型和事务型结构往往是共存的。

2. 结构化设计过程

面向数据流的结构化方法的设计过程如图 4-22 所示。大致可描述为：

(1)精化 DFD。

(2)确定 DFD 类型。

(3)把 DFD 映射到系统模块结构，设计模块结构的上层。

(4)基于 DFD 逐步分解高层模块，设计出下层模块。

(5)根据模块独立性原理，精化模块结构。

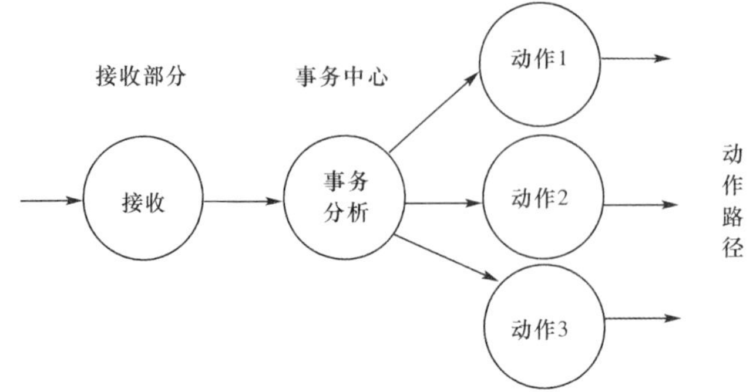

图 4-21 事务流示意图

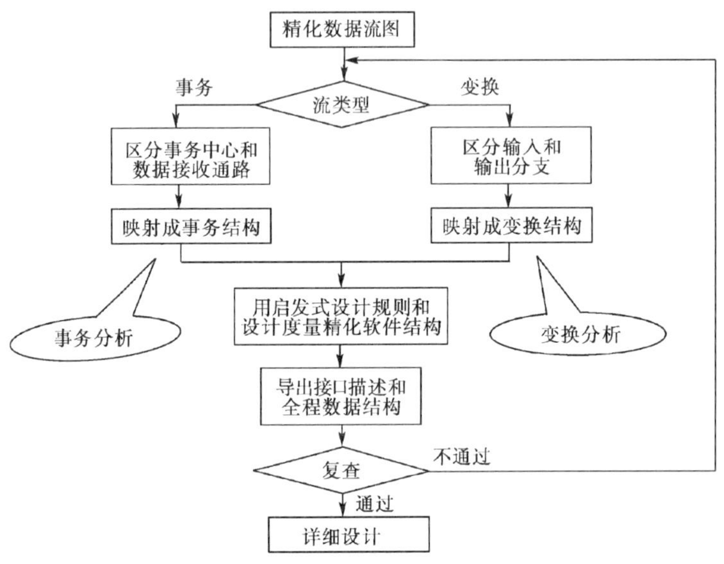

图 4-22 面向数据流方法的设计过程

(6)描述模块接口。

两种映射方法都是先映射出初始软件结构图。图 4-23(a)、图 4-23(b)分别对应图 4-20 和图 4-21。

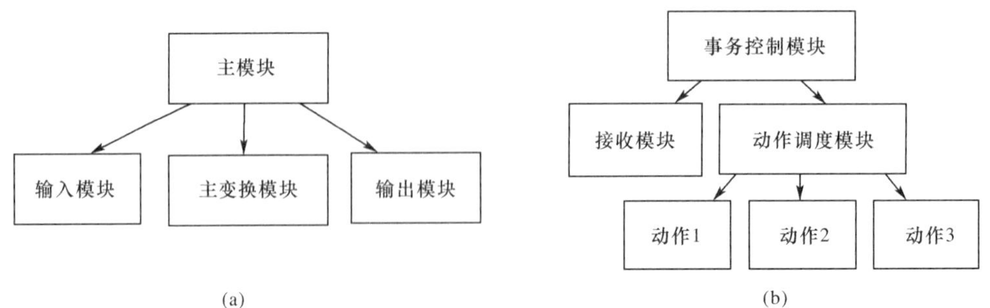

图 4-23 两种基本初始软件结构

3. 变换分析

变换分析是一系列设计步骤的总称，通过执行这些步骤，将具有变换流特点的数据流图按预先确定的模式映射成软件结构。采用变换分析方法开发出的软件结构图，其一般方式为："输入—处理—输出"。

变换分析方法的设计步骤如下：

第一步，复查基本系统模型。以确定输入数据和输出数据是否与实际相符。

第二步，复查并精化数据流图。完成对需求分析阶段得出的数据流图的复查和精化。

第三步，判断数据流图具有变换特性还是事务特性。根据数据流图中占优势的属性是事务的还是变换的，来确定数据流的全局属性。

第四步，确定输入流和输出流的边界，从而将变换中心划分出来。

第五步，完成"第一级分解"。分配控制的过程，划分顶层模块和从属模块。

第六步，完成"第二级分解"。就是把数据流图中的每个处理映射成软件结构中一个适当的模块。

第七步，采用启发式设计规则和设计度量对得到的软件结构进行精化。

以上七个步骤主要是为了完成软件的整体表示和软件的整体复查，并完成软件的评价和软件结构的精化。这些工作有利于后期软件维护的顺利开展。

4. 事务分析

事务分析的设计步骤和变换分析的设计步骤基本类似，主要差别在于数据流图到软件结构的映射方法不同。在事务分析的设计中，由数据流图映射到软件结构时，从事务中心边界开始，把接收通路映射成一个模块，在发送通路设立一个控制模块，用以控制由不同发送通路映射成的分支模块。

4.7　概要设计文档与评审

4.7.1　概要设计说明书的编写内容

软件设计规格说明书是软件设计阶段要完成的文档，作为设计任务的最终成果。概要设计、详细设计、数据设计规格说明书可根据项目的大小分别编写或合并为一份设计规格说明书。我国国家标准 GB/T 8567－2006《计算机软件文档编制规范》都给出了设计说明书的内容框架，可以选择使用。本章 4.8 节给出的"图书管理系统"《软件概要设计说明书》可供读者参考。

4.7.2　概要设计评审

设计评审就是对设计文档的评审。目的是尽早发现软件的欠缺并尽早纠正，因此评审对于项目的成功是绝对必要的。

(1)评审的指导原则

概要设计评审和详细设计评审应分开进行，不可合并为一次评审。

概要设计评审应邀请用户代表和有关领域专家到会,详细设计评审则不需要。

评审是为了提前揭露错误,参加评审的设计人员应该欢迎别人提出批评和建议,不要掩盖设计的缺陷。评审的对象是设计文档而不是设计者。

评审中提出的问题应详细记录,但不谋求当场解决。

评审结束前应做出本次评审能否通过的结论。

(2)评审的主要内容

概要设计评审应该把重点放在系统的总体结构、模块划分、内外接口等方面。如软件结构能否满足需求;结构形态是否合理;层次是否清晰;模块划分是否符合优化原则;人机界面、内外部接口和出错处理是否合理等。

参加概要设计评审的人员应包括结构设计负责人、设计文档的作者、课题负责人、行政负责人、对开发任务进行技术监督的软件工程师、技术专家和其他方面代表。

(3)评审的方式

评审分为正式和非正式两种方式。

非正式评审参加人数少,且均为软件人员,带有同行讨论性质,不拘泥于时间和形式,适宜详细设计评审。

正式评审除软件开发人员外,还应邀请用户代表和有关领域专家参加。通常采用答辩方式,与会者提前审阅文档资料,设计人员使用幻灯片等方式对设计方案详细说明之后,回答与会者的问题并记录各种重要的评审意见。正式评审是概要设计评审的常用方式。

4.8 项目实践:"图书管理系统"概要设计

下面以第2章的"图书管理系统"为例,说明软件概要设计说明书的编写内容。

"图书管理系统"软件概要设计说明书如下:

"图书管理系统"软件概要设计说明书

1.引言

1.1 编写目的

本文档将概要描述图书管理系统的软件功能和软件结构,包括总体设计、接口设计、系统数据结构设计和系统出错处理设计等。该文档的读者是系统设计人员、软件开发人员和项目评审人员。

1.2 背景

①待开发的软件系统名称:图书管理系统。

②本项目的任务提出者:X学院X系图书室。

③开发者:X学院计算机系。

④用户:X学院X系图书室。

1.3 参考资料

①GB/T 8567—2006《计算机软件文档编制规范》。

②《"图书管理系统"软件需求说明书》。

2.总体设计

2.1　需求规定

本系统完成图书室图书的管理工作,系统功能见表4-1。

表4-1　图书管理系统内容

系统名称	模　块	功　能
图书管理系统	图书管理	图书类别管理、图书信息管理、图书库存管理
	读者管理	读者类型管理、读者信息管理、借书证管理
	借阅管理	图书借阅、图书续借、图书归还、图书预借
	数据查询	图书信息查询、读者信息查询、借阅信息查询
	报表打印	图书借阅信息、读者借阅信息
	系统管理	罚款处理、数据备份、数据恢复、数据导出、数据导入、系统参数、用户管理

2.2　运行环境

(1)硬件平台

硬件要求:PC服务器,2核心,主频2 500 MHz,内存8 GB以上,硬盘100 GB以上。

(2)软件平台

①服务器端

操作系统:Windows 2003 Server。

数据库管理系统:Access、SQL Server或MySQL等。

Web服务器:IIS、Tomcat、Apache等。

②客户端

操作系统:Windows 7等。

Web浏览器:IE 8.0及以上。

③开发环境

桌面系统:Visual Basic .NET或C# .NET等。

网站系统:ASP.NET、JSP、PHP等。

2.3　结构

图书管理系统的总体结构如图4-24所示。

本系统主要功能模块如下:

(1)图书管理

图书类别管理:新增图书大类及其细分的子类,分为增加同级类别和下级类别两种。

图书信息管理:新增图书,图书购入后由图书室管理人员将书籍编码(产生图书编号),并将其具体信息录入图书信息表;图书信息录入错误时,可进行修改。

图书库存管理:用于统计、显示或打印图书库存信息,包括各类图书的总数量、当前剩余量以及偏差数量等信息。

(2)借阅管理

包括图书借阅、图书续借、图书归还和图书预借四项子功能。

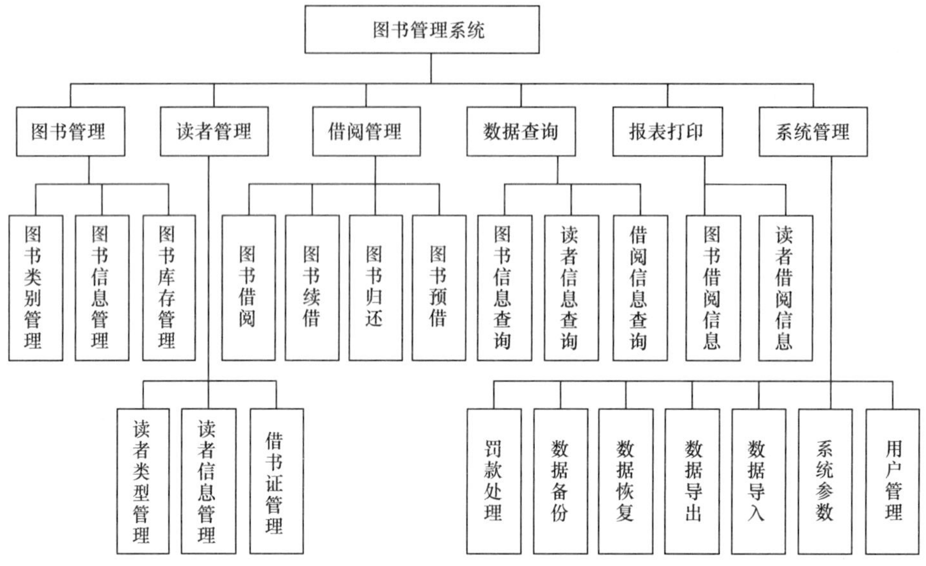

图 4-24 图书管理系统总体结构图

图书借阅：根据读者编号（或借书证号）和图书编号进行借书登记。在借阅信息表中插入一条借书记录，记录读者信息、图书信息、借书日期和还书日期等信息；同时更新图书信息表，将图书剩余数量减 1。一个读者可以同时借阅多本图书。

图书续借：根据读者编号（或借书证号）或者图书编号进行续借操作。更新借阅信息表中相应的借书记录（延长还书日期，增加续借次数）；一个读者可以同时续借多本图书。一般只允许读者对同一本书续借 1 次。

图书归还：根据读者编号（或借书证号）或者图书编号进行还书操作。删除借阅信息表中相应的借书记录；同时更新图书信息表，将图书剩余数量加 1。一个读者可以同时归还多本图书。归还图书时，要根据图书归还日期是否超期、图书是否丢失或损坏进行罚款并登记罚款信息。

图书预借：根据读者编号（或借书证号）或者图书编号进行预借操作。在预借详情表中增加记录，登记预借读者编号、图书编号、预借日期等信息；更改图书信息表中的图书状态为“预约”。一个读者可以同时预借多本图书。

(3)读者管理

读者类型管理：包括新增、删除和修改读者类型信息。读者类型信息包括读者类型编号、读者类型名称、最长借出天数、最多借书册数等。

读者信息管理：包括录入、修改和删除读者信息。

借书证管理：办理借书证或借阅卡，包括新办卡、更新卡和注销卡等操作。

(4)数据查询

图书信息查询：查询所有图书信息；查询已部分或全部借出的图书信息；按图书编号、图书名称、书名首拼或 ISBN 查询图书信息。

读者信息查询：查询所有读者信息；查询已借图书的读者；查询有过期未还图书的读者；按读者编号、读者名称、读者姓名首拼或读者卡号查询读者信息。

借阅信息查询：查询所有借阅记录；查询今日借阅记录；查询今日到期记录；查询已经过期的记录；按图书名称、图书首拼或图书编号查询；按读者姓名、读者首拼或读者编号查询。

(5)报表打印

图书借阅信息：打印图书借阅信息。

读者借阅信息：打印读者借阅信息。

(6)用户管理

为使用本系统的用户设置帐号、口令和权限信息。主要功能包括增加用户、删除用户、修改用户、修改口令、切换用户等。只有系统管理员权限的用户才能增加、删除用户和修改用户信息。

2.4 功能需求与程序的关系

功能需求与程序模块的关系见表4-2。

表4-2 功能需求与程序的关系

功能需求	程序单元模块
图书类别管理	增加同级类别、增加下级类别、修改当前类别、删除当前类别
图书信息管理	添加图书、修改图书、删除图书、图书筛选
图书库存管理	图书盘点
读者类型管理	类型新增、类型修改、类型删除、类型筛选
读者信息管理	增加读者、删除读者、修改读者、读者筛选
图书借阅	审核读者、检查借书数量、检查图书、办理借书
图书续借	审核读者、检查图书、办理续借
图书归还	审核读者、检查图书、办理还书、罚款处理
图书预借	审核读者、检查图书、办理预借
图书信息查询	查询所有图书信息、查询已部分或全部借出的图书信息
读者信息查询	查询所有读者信息、查询已借图书的读者、查询有过期未还图书的读者
借阅信息查询	查询所有借阅记录、查询今日借阅记录、查询今日到期记录、查询已经过期的记录
图书借阅信息	打印图书借阅信息
读者借阅信息	打印读者借阅信息
数据备份	数据备份
数据恢复	数据恢复
数据导出	数据导出
数据导入	数据导入
系统参数	设置系统参数
用户管理	增加用户、删除用户、修改用户、修改口令、切换用户

3. 接口设计

3.1 用户接口

本系统采用图形用户接口，以鼠标、键盘和条码扫描仪作为用户接口，方便用户对图书数据的操作。该系统的界面清晰，用户通过输入合法的用户名及口令即可进入此系统。

3.2 外部接口

本系统提供基于数据库表的数据导入和导出功能，方便系统数据的备份和恢复，以及与其他系统的数据交换。

3.3 内部接口

系统基于C/S+B/S混合模式开发，通过共用动态更新的数据库实现模块之间的联系。

4. 系统数据结构设计

(1)数据库总体结构：本系统采用 Access 关系数据库，主要数据库表有共 12 个。

(2)数据库表结构，见表 4-3～表 4-14。

表 4-3 读者信息表

序 号	字段名称	字段类型	字段长度	字段约束	备 注
1	读者编号	文本	20	主键，必须输入	
2	读者姓名	文本	20	必须输入	
3	读者性别	文本	2		取值：男、女
4	出生日期	日期/时间			
5	读者类型编号	文本	2	外键，必须输入	参照“读者类型表”中的“读者类型编号”，可得到“读者类型”
6	读者类型	文本	20		如：教师、学生等
7	办证日期	日期/时间			
8	读者卡号	文本	20		如未办卡，输入“未办卡”
9	身份证号	文本	20		
10	押金金额	整型			
11	读者状态	文本	20		如：正常、停用、挂失等
12	已借数量	整型			
13	读者学校	文本	20		
14	读者系别	文本	20		
15	读者年级	文本	20		
16	读者专业	文本	20		
17	邮政编码	文本	6		
18	联系地址	文本	20		
19	电子邮件	文本	20		
20	备注信息	文本	20		
21	读者有效期截止日期	日期/时间			
22	无限期	是/否			
23	照片	OLE 对象			
24	姓名首拼	文本	20		由系统自动产生

表 4-4 图书信息表

序 号	字段名称	字段类型	字段长度	字段约束	备 注
1	图书编号	文本	20	主键,必须输入	用户自定义,唯一标识图书
2	图书名称	文本	50	必须输入	
3	作者信息	文本	20		
4	图书类别编号	文本	20	外键,必须输入	参照"图书类别表"中的"图书类别编号",可得到"图书类别"名称
5	图书类别	文本	50		
6	书架位置	文本	20		即索书号,如 TP39/1
7	出版社名	文本	30		如:大连理工大学出版社
8	出版地点	文本	20		对应出版社信息表的"出版社地址",如:大连
9	出版日期	日期/时间			
10	书籍页数	整型			
11	价格	单精度型			
12	总藏书量	整型			本图书的数量,由于每本图书的编号是唯一的,因此取值为 0 或 1。有图书时值为 1,没图书时值为 0
13	馆内剩余	整型			本图书的剩余量,取值 0 或 1。有图书时值为 1,没图书时值为 0
14	入库日期	日期/时间			
15	书籍开本	文本	20		如:64 开、32 开、16 开、8 开、4 开等
16	书籍版次	文本	20		
17	ISBN	文本	20		
18	印刷版面	文本	20		如:平装、精装
19	所属语种	文本	20		如:中文版、英文版、法文版、德文版、日文版、俄文版等
20	中图分类号	文本	20		如:TP391
21	配给物品	文本	20		如:光盘
22	书籍状态	文本	20		如:在库可借、借出、预约、注销、下架等
23	书名拼音	文本	20		由系统自动产生
24	卷册号	文本	20		
25	获得方式	文本	20		如:购买、交换、捐赠、自编等
26	备注	文本	50		
27	不允许外错	是/否			

表 4-5 借阅信息表

序　号	字段名称	字段类型	字段长度	字段约束	备　注
1	读者编号	文本	20	主键,必须输入	
2	读者姓名	文本	20		
3	图书编号	文本	20	主键,必须输入	
4	图书名称	文本	50	主键,必须输入	
5	图书价格	单精度型			
6	借阅数量	整型			
7	合计金额	单精度型			
8	借阅日期	日期/时间			
9	还书日期	日期/时间			还书日期＞＝借阅日期
10	续借次数	整型			
11	操作用户	文本	20		

表 4-6 读者类型表

序　号	字段名称	字段类型	字段长度	字段约束	备　注
1	读者类型编号	文本	2	主键,必须输入	如:1、2、3
2	读者类型	文本	20	必须输入	如:教师、学生
3	最长借出天数	整型			
4	最多借书册数	整型			
5	无限制	是/否			如为“是”,则借出天数和借书册数不限
6	备注	文本	50		

表 4-7 图书类别表

序　号	字段名称	字段类型	字段长度	字段约束	备　注
1	图书类别编号	文本	20	主键,必须输入	
2	图书类别	文本	50	必须输入	
3	备注	文本	50		

表 4-8 出版社信息表

序　号	字段名称	字段类型	字段长度	字段约束	备　注
1	ISBN	文本	20	主键,必须输入	是图书 ISBN 的前几位字符,如:978-7-5685
2	出版社名称	文本	50	必须输入	如:大连理工大学出版社
3	出版社地址	文本	50		如:大连

表 4-9　　罚款信息表

序　号	字段名称	字段类型	字段长度	字段约束	备　注
1	读者编号	文本	20		
2	读者姓名	文本	20		
3	图书编号	文本	20		
4	图书名称	文本	50		
5	收款原因	文本	20		如：过期归还、资料丢失、资料损坏、租金支付等
6	支付方法	文本	20		如：扣除押金、支付现金等
7	罚款金额	单精度型			
8	借出日期	日期/时间			
9	应还日期	日期/时间			
10	是否已交	是/否			
11	实还日期	日期/时间			
12	操作用户	文本	20		
13	罚款编号	自动编号			

表 4-10　　用户信息表

序　号	字段名称	字段类型	字段长度	字段约束	备　注
1	用户编号	文本	4	主键	
2	用户名称	文本	20	唯一性	
3	用户密码	文本	20		
4	用户级别	文本	20		超级用户、普通用户等
5	是否停用	是/否			

表 4-11　　用户权限表

序　号	字段名称	字段类型	字段长度	字段约束	备　注
1	权限编号	文本	4	主键，必须输入	
2	权限名称	文本	20	必须输入	如：读者信息、图书信息、图书类别、数据导入管理、数据备份管理等
3	新增权	是/否			对于读者信息、图书信息等权限名称
4	修改权	是/否			对于读者信息、图书信息等权限名称
5	删除权	是/否			对于读者信息、图书信息等权限名称
6	查询权	是/否			对于读者信息、图书信息等权限名称
7	操作权	是/否			对于数据导入管理、数据备份管理等权限名称
8	用户编号	文本	4		

表 4-12　　　　　　　　　　**预借详情表**

序　号	字段名称	字段类型	字段长度	字段约束	备　注
1	图书编号	文本	20	主键字段	
2	图书名称	文本	50		
3	读者编号	文本	20	主键字段	
4	读者姓名	文本	20		
5	读者性别	文本	2		
6	图书价格	单精度型			
7	预借数量	整型			
8	预借合计金额	单精度型			
9	馆内剩余	整型			
10	预借日期	日期/时间			
11	操作用户	文本	20		

表 4-13　　　　　　　　　　**借还日志表**

序　号	字段名称	字段类型	字段长度	字段约束	备　注
1	操作类别	文本	20		
2	读者编号	文本	20		
3	读者姓名	文本	20		
4	图书编号	文本	20		
5	图书名称	文本	50		
6	图书数量	整型			
7	图书价格	单精度型			
8	合计金额	单精度型			
9	操作日期	日期/时间			
10	操作用户	文本	20		
11	流水编号	自动编号			

表 4-14　　　　　　　　　　**系统参数表**

序　号	字段名称	字段类型	字段长度	字段约束	备　注
1	还书每逾期一天罚款	单精度型			单位:元
2	读者预借图书有效期	整型			单位:天。超过该天数后,系统自动删除预借记录

数据库表一览表见表 4-15。

表 4-15　　　　　　　　　　**数据库表一览表**

序号	表名称	表描述
1	读者信息表	保存每位读者的信息

（续表）

序号	表名称	表描述
2	图书信息表	保存每本图书的信息
3	借阅信息表	保存读者与图书的借阅关系
4	读者类型表	保存每种类型读者的最多借出天数和最多借书册数
5	图书类别表	保存图书大类、子类的代码和对应名称
6	出版社信息表	保存出版社名称、ISBN 等信息
7	罚款信息表	保存罚款信息
8	用户信息表	保存用户的姓名、密码
9	用户权限表	保存每个用户的操作权限
10	预借详情表	保存读者与图书的预借关系
11	借还日志表	保存借书、还书、续借、预借日志信息
12	系统参数表	保存图书超期日罚金、读者预借图书的有效期等

5. 数据结构与程序的关系

各个数据库结构与访问这些数据结构的程序的形式见表 4-16。

表 4-16　　功能模块与相应数据表之间的关系表

程序实现的功能模块	涉及的主要数据表
审核读者	读者信息表
检查借书数量	读者信息表、读者类型表
检查图书	图书信息表
办理借书	读者信息表、图书信息表、借阅信息表、借还日志表
办理续借	读者信息表、图书信息表、借阅信息表、借还日志表
办理还书	读者信息表、图书信息表、借阅信息表、罚款信息表、系统参数表、借还日志表
办理预借	读者信息表、图书信息表、预借详情表、借还日志表

6. 系统出错处理设计

6.1　出错信息

系统应对以下错误做出正确处理：

①无法与数据库连接时，则应做正确处理。

②当有几个工作站同时对同一图书进行操作（如借书等）时，应考虑事务并发问题。

③当系统正在进行数据读写操作时，如发生系统软、硬件或网络故障，系统应做正确处理。

6.2　补救措施

①提示数据库无法连接的错误号及错误信息。

②对有关数据库表、记录进行加锁访问控制。

③由数据库系统自动恢复数据，或提示用户、指导用户正确地恢复数据，以保持数据完整性。

本章小结

软件设计通常分为概要设计和详细设计两个阶段。概要设计的主要任务是将需求分析阶段的分析模型映射为具体的软件结构，详细设计则将概要设计的结果具体化。

在概要设计阶段，要确定设计方案和设计软件结构，还要在需求分析阶段的基础上进行数据结构和数据库设计，制订测试计划，并修订用户手册。

软件概要设计中一般应遵循以下原则：模块化、抽象与分解、信息隐蔽与局部化、模块独立性、复用性设计等。进行模块设计时还要遵循一些启发式规则，包括提高模块独立性，深度、宽度、扇出和扇入都应适当，模块的作用域应该在控制域之内，降低模块接口的复杂程度，设计单入口单出口的模块，模块功能应该可以预测等。

结构化设计方法以需求分析阶段获得的数据流图为基础，通过一系列映射，把数据流图转换为初始软件结构图，然后，再利用软件设计规则对初始结构图优化，最终得到软件的结构。

习 题

一、判断题

1. 如果在需求分析阶段采用了结构化分析方法，则软件设计阶段就应采用结构化设计方法。（　　）
2. 概要设计与详细设计之间的关系是全局和局部的关系。（　　）
3. 一个模块的作用范围应该大于该模块的控制范围。（　　）
4. 模块间的耦合性越强，则模块的独立性越弱。（　　）
5. 在模块设计时，应使一个模块尽量包括多个功能。（　　）
6. 软件结构图可以利用数据流图映射出来。（　　）
7. 结构化设计是一种面向数据结构的设计方法。（　　）
8. 在结构化设计过程中首先要确认DFD。（　　）

二、选择题

1. 软件结构图的形态特征能反映程序重用率的是（　　）。

A. 深度　　B. 宽度　　C. 扇入　　D. 扇出

2. 概要设计的目的是确定整个系统的（　　）。

A. 规模　　B. 功能及模块结构　　C. 费用　　D. 测试方案

3. 耦合是对软件不同模块之间互连程度的度量。各种耦合从强到弱的排列为（　　）。

A. 内容耦合，控制耦合，数据耦合，公共环境耦合

B. 内容耦合，控制耦合，公共环境耦合，数据耦合

C. 内容耦合，公共环境耦合，控制耦合，数据耦合

D. 控制耦合，内容耦合，数据耦合，公共环境耦合

4. 当一个模块直接使用另一个模块的内部数据时，这种模块之间的耦合为(　　)。

A. 数据耦合　　B. 公共耦合　　C. 标记耦合　　D. 内容耦合

5. 数据耦合和控制耦合相比，则(　　)成立。

A. 数据耦合的耦合性强　　B. 控制耦合的耦合性强

C. 两者的耦合性相当　　D. 两者的耦合性需要根据具体情况分析

6. 衡量模块独立性的标准是(　　)。

A. 耦合的类型　　B. 内聚的类型

C. 模块信息的隐蔽性　　D. 耦合性和内聚性

7. 如果某种内聚要求一个模块中包含的任务必须在同一段时间内执行，则这种内聚为(　　)。

A. 时间内聚　　B. 逻辑内聚　　C. 通信内聚　　D. 信息内聚

8. 为了提高模块的独立性，模块内部最好是(　　)。

A. 逻辑内聚　　B. 时间内聚　　C. 功能内聚　　D. 通信内聚

9. 在结构化方设计方法中，下面哪种内聚的内聚性最弱(　　)。

A. 逻辑内聚　　B. 时间内聚　　C. 偶然内聚　　D. 过程内聚

10. 软件设计是把(　　)转换为软件表示的过程。

A. 软件需求　　B. 系统分析　　C. 数据库　　D. 软件代码

11. 概要设计的主要成果是(　　)。

A. 用户的界面要求　　B. 用户的分析方案

C. 概要设计说明书　　D. 系统总体方案

12. 数据结构设计也是概要设计的重要内容，主要是进行数据的(　　)设计。

A. 逻辑　　B. 存取　　C. 用户视图　　D. 索引

13. 概要设计与详细设计衔接的图形工具是(　　)。

A. DFD 图　　B. SC 图

C. 程序流程图 PFD　　D. PAD 图

14. 在软件开发中，下面任务不属于设计阶段的是(　　)。

A. 数据结构设计　　B. 给出系统模块结构

C. 定义模块算法　　D. 定义需求并建立系统模型

15. 下面不属于软件设计原则的是(　　)。

A. 抽象　　B. 模块化　　C. 自底向上　　D. 信息隐蔽

三、简答题

1. 软件设计应遵循的原则是什么？

2. 什么是软件的概要设计？概要设计阶段完成的主要任务是什么？

3. 启发式设计规则有哪些？

四、应用题

根据以下的 C 语言程序段判断模块 A 和 B 之间属于哪一种耦合，模块 B 是哪一种内聚。

1.

模块 A“开发票”：

```
…
water_fee=calc_waterfee(12.5,3.0);
```

模块 B“计算水费”：

```
float calc_waterfee(float mount,float price)
{    float fee;
     ……
     return fee;
}
```

2.

模块 A：

```
……
flag=1;
max=max_avg(flag);
……
```

模块 B：

```
int max_avg(int  flag)
{    ……
     if(flag= =1)
       ……
     else if (flag= =0)
       ……
}
```

第5章 详细设计

教学提示

本章介绍详细设计的任务与原则，详细设计的表达工具，用户界面设计，数据代码设计等内容。重点是详细设计的表达工具。

教学要求

- 理解详细设计的任务与原则。
- 掌握详细设计的表达工具。
- 学会书写软件详细设计文档。

项目任务

- 使用瑞天图书管理系统，研究图书借出、归还、预借和续借等操作的程序逻辑流程和数据处理流程。
- 使用瑞天图书管理系统，研究其界面设计特点。
- 运用结构化设计方法完成图书管理系统软件详细设计和界面设计。
- 编写图书管理系统软件详细设计说明书。

5.1 详细设计的任务与原则

5.1.1 详细设计的任务

详细设计（又称为过程设计或模块设计），是编码的前导。其主要任务是确定每一个模块所使用的算法、块内数据结构和接口细节，用描述工具表达算法的过程，即对模块的具体实现过程进行详细的描述。具体任务如下：

（1）算法设计

为每一模块确定采用的算法，选择某种适当的工具表达算法的过程，写出模块的详细过程性描述。

（2）数据结构设计

对于处理过程中涉及的概念性数据类型进行确切地定义。确定每一模块使用的数据结构。

（3）确定模块接口细节

包括对系统外部的接口和用户界面，对系统内部其他模块的接口，以及模块输入数据、输出数据及局部数据的全部细节。

(4)测试用例设计

为每一模块设计出一组测试用例,以便在编码阶段对模块程序进行预定的测试。测试用例包括输入数据和预期结果。

(5)数据库物理设计

确定数据库的物理结构。即数据库的存储记录格式、存储记录安排和存储方法等。

(6)数据代码设计

数据代码是指将某些数据项的值用某一代号来表示,以提高数据的处理效率。

(7)其他设计

根据软件系统的类型,还有可能要进行用户界面(人机对话)设计、网络设计、输入/输出格式设计、系统配置设计等。

(8)编写详细设计说明书并进行评审。

5.1.2 详细设计的原则

进行详细设计时应遵循以下原则:

(1)模块的逻辑描述要清晰易读、正确可靠,体现"清晰第一"的设计风格。

(2)采用自顶向下、逐步求精的程序设计方法完成程序设计。

(3)使用顺序、选择、循环三种基本结构构造程序,使用单入口、单出口的控制结构,限制使用GOTO语句。

(4)选择合适的详细设计描述工具来描述各模块算法。

5.2 详细设计的工具

算法过程在理想的情况下是使用自然语言来描述,但由于自然语言存在多义性,在实际的算法描述中,只能采用更加严谨的方式来精心表述。进行详细设计时常用三种工具:图形、表格和语言来表达算法过程。

微课

Raptor 工具的基本使用

图形工具:包括程序流程图、N-S图、PAD图等。

表格工具:判定表。

语言工具:过程设计语言(PDL)。

1. 程序流程图

程序流程图又叫程序框图,它是历史最悠久、使用最广泛的一种算法表示工具。构成程序流程图的最基本的符号及含义如图5-1(a)所示,其他符号如图5-1(b)所示。更多的符号及含义请读者参见国家标准GB/T 1526—1989《信息处理——数据流程图、程序流程图、系统流程图、程序网络图和系统资源图的文件编制符号及约定》。

程序流程图符号说明:

(1)处理框也可以表示输入/输出操作。

(2)在不至于混淆的情况下,从上到下、从左到右的箭头可以省略。

(3)预定义的处理可以表示函数、子程序等。

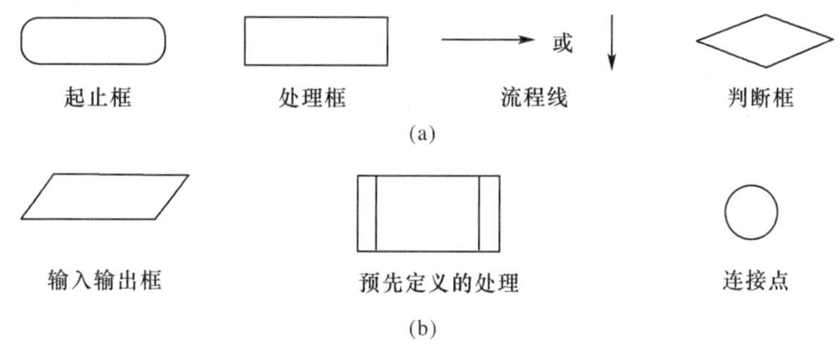

图 5-1 程序流程图的主要符号

(4)连接点用于从一张流程图到另一张图的转接,圆圈内可以标记 A、B 等符号以表示衔接。

程序流程图的五种控制结构如图 5-2 所示。

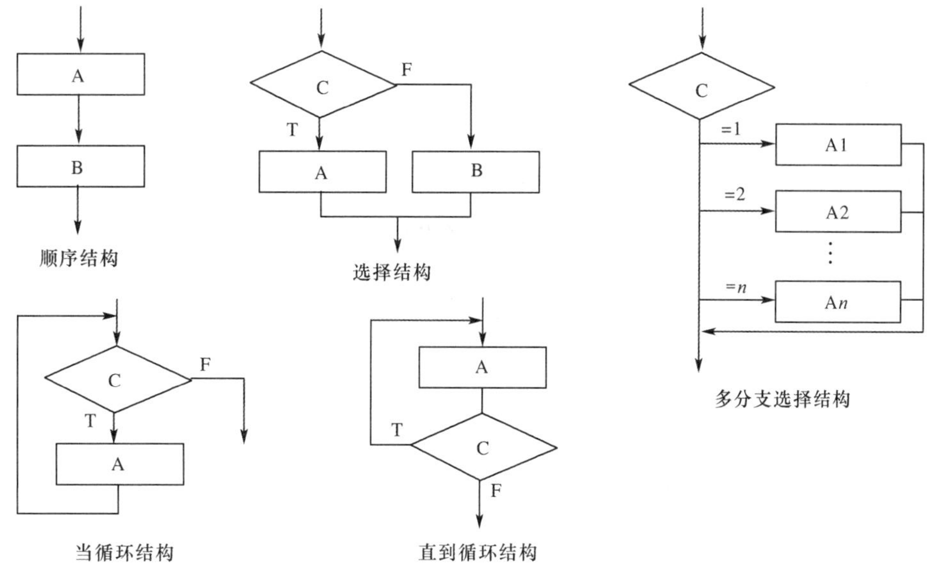

图 5-2 程序流程图的基本控制结构

顺序结构:几个连续的加工处理依次执行。如先执行 A、再执行 B。

选择结构:由某个条件的取值决定执行哪一个分支。如条件 C 为真(T)则执行 A,否则执行 B。

多分支选择结构:C 为多分支条件,根据 C 的取值,选择执行其中的一个分支。

当循环结构:先判断条件 C,如果为假(F)则执行循环体后面的操作、离开循环;如果为真(T)则执行循环体 A,然后再判断条件 C……重复以上操作。

直到型结构:先执行循环体 A 一次,然后判断条件 C,如果为假(F)则执行循环体后面的操作、离开循环;如果为真(T)则再执行 A,再判断条件 C……重复以上操作。

程序流程图的优点是直观清晰、易于使用。主要缺点是:

(1)控制流程线的流向可以任意画,容易造成非结构化的程序结构,编程时势必不加限制地使用 GOTO 语句,导致基本控制块多入口、多出口,这与软件设计的原则相违背。

(2)流程图不能反映逐步求精的过程,往往反映的是最后的结果。

(3)不易表示数据结构。

设计程序流程图
——循环与数组

例 5-1 绘制求若干整数最大值的程序流程图。

键盘输入若干个整数 x,求其中的最大值,当 x 为-1 时结束。该问题的程序流程图如图 5-3 所示。

2. N-S 图

N-S 图又叫盒图,是 Nassi 和 Shneiderman 提出的一种符合结构化程序设计原则的图形描述工具。N-S 图的基本控制结构如图 5-4 所示。

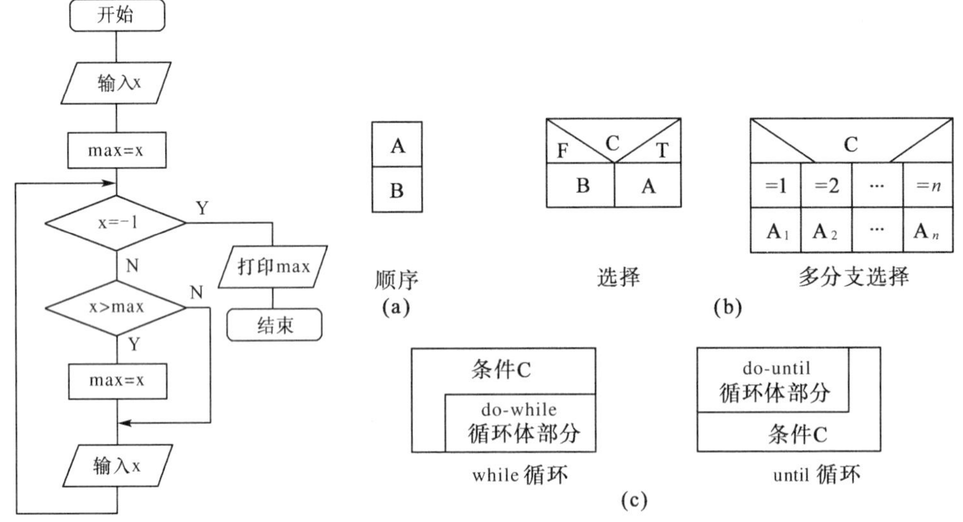

图 5-3 求若干整数中最大值的程序流程图

图 5-4 N-S 图的基本控制结构

N-S 图的符号说明:

(1)顺序结构:在方框内从上到下安排任务,任务之间以横线分开,一个任务框内可以是一条语句或多条相关语句。每个任务框内都可以嵌套其他结构。

(2)选择结构:其中的 C 表示条件,如果 C 为真(T),则执行 A 任务,否则执行 B 任务。A 和 B 任务框都可以嵌套其他结构。A 和 B 任务如为空操作,则可以在方框内画一个向下的箭头。

(3)循环结构:有当型循环(即 while 循环)和直到型循环(即 until 循环)两种。前者是先判断、后执行,后者是先执行、后判断。两种循环分别对应于 C 语言中的"while"循环和"do while"循环。

N-S 图具有以下特点:

①每一个特定控制结构的作用域都很明确,能够清晰辨别。

②绘制时需遵守结构化程序设计要求,不能任意转移控制。

③易于确定局部数据和全局数据的作用域。

④易于表示嵌套结构和模块的层次结构。

N-S 图的缺点是不易修改。

任何一个 N-S 图,都是前面几种基本控制结构相互结合与嵌套的结果。当问题复杂时，N-S 图可能很大，一张 N-S 图可能画不下，这时可以把图中的一些部分命名，然后再画一张 N-S 图描述其细节，这就是 N-S 图的嵌套型表示。

图 5-5 表示了 N-S 图的嵌套型结构。椭圆框起的部分表示子程序（函数），它被方框描述的程序体所调用。图中的字母表示语句或条件，(b)图是对(a)图中 e 的展开描述。可见 N-S 图的嵌套型结构可支持逐步求精的程序设计思想。

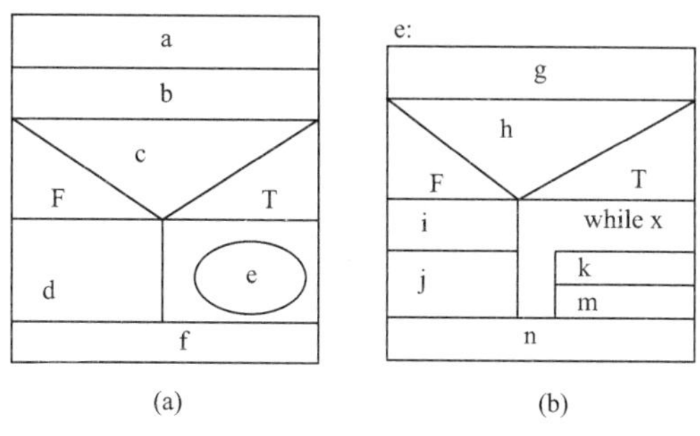

图 5-5 N-S 图的嵌套型结构

3. PAD 图

PAD(Problem Analysis Diagram)是问题分析图的缩写，是由日本日立公司提出，由程序流程图演化而来的。PAD 图的基本控制结构如图 5-6 所示。

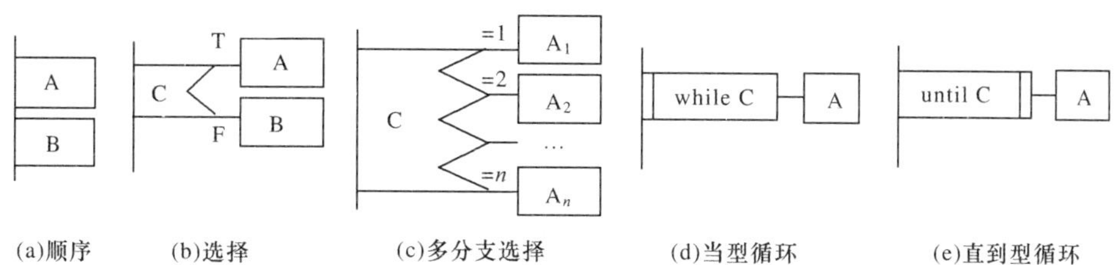

图 5-6 PAD 图的基本控制结构

顺序结构：如图 5-6(a)中，先执行 A、再执行 B。

选择结构：如图 5-6(b)中，如条件 C 为真(T)则执行 A，否则执行 B。

多分支选择结构：如图 5-6(c)中，当条件 C 取值为 1 时执行 A_1，取值为 2 时执行 A_2……

当型循环结构：如图 5-6(d)中，C 是循环条件，先判断条件 C，如果为假(F)则执行循环体后面的操作、离开循环；如果为真(T)则执行循环体 A，然后再判断条件 C……重复以上操作。

直到型循环结构：如图 5-6(e)中，C 是循环条件，先执行循环体 A 一次，然后判断条件 C，如果为假(F)则执行循环体后面的操作、离开循环；如果为真(T)则再执行 A，再判断条件 C……重复以上操作。

PAD 图的优点是：

(1)结构清晰、易读易画。

(2)使用 PAD 图设计出的程序必然是结构化程序。

(3)PAD 图容易转换成高级语言源程序，这种转换可由软件工具自动完成。

(4)支持自顶向下、逐步求精的设计方法。

图 5-7 给出了 PAD 图的扩充控制结构。在 for 循环结构中,n1 是循环初值,n2 是循环终值,n3 是循环增量。def 及下划线格式可用来定义函数或子程序,从而支持逐步求精的设计方法。

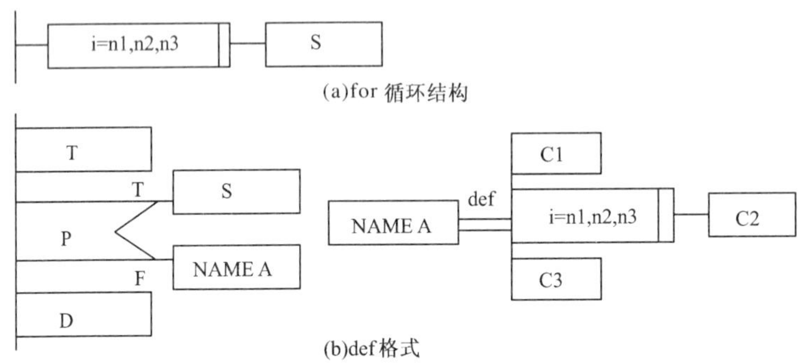

图 5-7 PAD 的扩充控制结构

4. PDL

PDL(Procedure Design Language)是一种用于描述功能模块的算法设计和加工细节的语言,称为过程设计语言。它在伪码的基础上,增加了控制结构和数据结构的定义,以完成模块、数据和输入输出的描述。一般来说,PDL 是一种"类语言",是由自然语言的词汇和某一种高级语言的语法结合而成。外部语法使用严格的关键字,用于定义控制结构和数据结构,内部语法灵活自由,可以夹杂自然语言。

用 PDL 表示的基本控制结构的常用词汇如下:

(1)选择结构

```
IF  条件 THEN
    处理
ENDIF
IF  条件  THEN
    处理 1
ELSE
   处理 2
ENDIF
```

(2)循环结构

```
DO WHILE 条件   WHILE 条件    FOR I=1 TO N     REPEAT
    循环体          循环体         循环体           循环体
ENDDO           ENDWHILE      ENDFOR           UNTIL 条件
```

(3)多分支结构

```
CASE  条件 OF
```

```
    CASE(1)
        处理 1
    CASE(2)
        处理 2
    ……
    CASE(n)
        处理 n
ENDCASE
```

设计程序流程图
——模块化设计

PDL 具有以下特点：

(1)关键字具有固定的语法格式，可以提供结构化控制结构、数据和模块说明。

(2)处理部分的描述采用自然语言，便于理解。

(3)可以说明简单数据结构和复杂数据结构。

(4)可完成模块定义和调用的说明，并能完成各种接口的描述。

(5)PDL 描述与程序结构相似，容易自动生成程序。

PDL 的缺点是不如图形描述形象直观，因此，常与一种图形描述结合起来使用。

例 5-2　绘制打印 m～n 所有素数的 PAD 图和 N-S 图。

键盘输入 m 和 n 两个正整数(m<=n)，打印出 m 与 n 之间所有的素数。要求 5 个素数打印一行，最后一行打印出 m～n 共有多少个素数以及这些素数之和。该问题的 PAD 图如图 5-8 所示，N-S 图如图 5-9 所示。

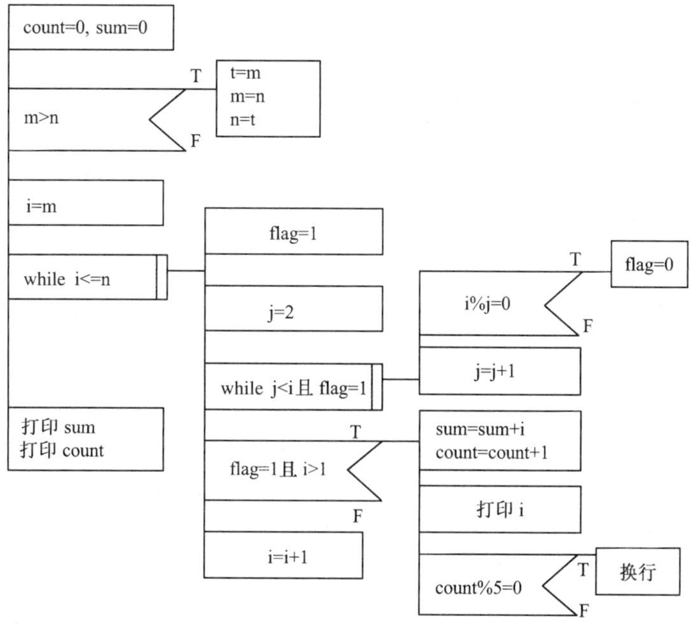

图 5-8　例 5-2 的 PAD 图

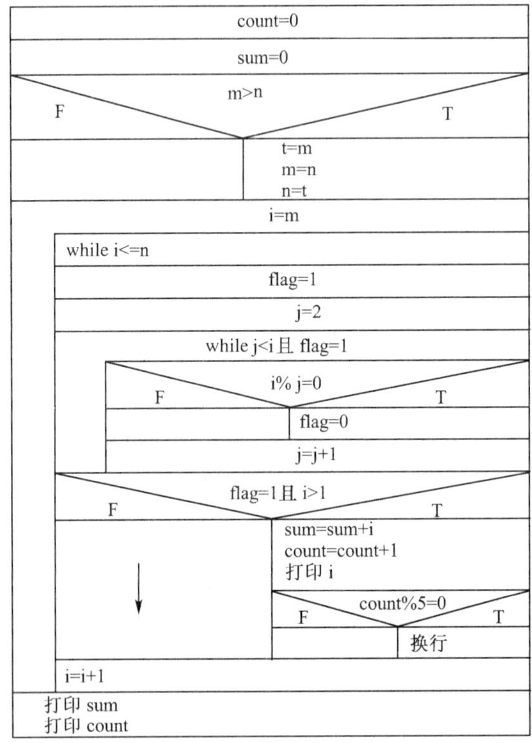

图 5-9 例 5-2 的 N-S 图

5.3 用户界面设计

5.3.1 用户界面设计的重要性

用户界面通常也称为人机界面（Human Computer Interface，HCI），是人与计算机之间传递交换信息的媒介，是用户使用计算机的综合的操作环境。

关于界面设计的重要性有如下几种说法：

（1）“虽然一个好的界面不会拯救一个坏的设计，但是一个坏的界面足够破坏一个良好的设计”。

（2）界面设计量有时占总设计量的 60%～70%。

（3）购买软件产品时，应考虑功能、运行环境和界面。

近年来，界面设计在软件设计中所占的比例越来越大。良好的用户界面不但可以提高软件系统的可用性，而且可以有效降低用户的操作疲劳，大大提高工作效率，从而在一定程度上提高了软件的受欢迎程度。

界面设计到现在为止，已经历了两个界限分明的时代。第一代的界面设计是以字符和命令行提示为主，基本不考虑用户的实际感受。第二代的界面设计包含字符、图形、图像、声音、动画等多种媒体，充分考虑用户的感受。目前发展起来的虚拟现实技术，已经可以较生动地模拟人们现实生活中的感觉和触觉。

界面设计应该遵循以用户为中心的设计原则，即预先了解用户的类型和特点、工作方式及习惯，对界面的可用性进行评估，要易于用户使用和方便学习。在充分考虑美观和方便人机交互的同时，还应具备可用性、灵活性、复杂性和可靠性等特点。

5.3.2 用户界面设计应考虑的问题

1. 系统响应时间

系统响应时间一般是指用户完成某个控制操作(如按回车键或单击鼠标)到软件给出预期响应之间的这段时间。系统响应时间有两个重要属性，分别是长度和易变性。

(1)长度。如果系统响应时间过长，用户会不满意；响应时间过短，会迫使用户加快操作节奏，从而可能导致错误。

(2)易变性。指系统响应时间相对于平均响应时间的偏差。如果系统响应时间易变性低，有助于用户建立起稳定的工作节奏。

2. 用户帮助设施

常见的帮助设施有两类：集成的帮助和附加的帮助。

集成的帮助设施是一开始就设计在软件里的。它与语境有关，对用户工作内容敏感，用户可以从与操作有关的主题中选择一个，请求帮助。可以缩短用户获得帮助的时间，增加界面的友好性。

附加的帮助设施是在系统建好以后加进去的。通常是一种查询能力有限的联机用户手册。

因此，集成的帮助设施优于附加的帮助设施。在设计帮助设施时，应遵循以下原则：

(1)进行系统交互时，提供主要操作的帮助功能。

(2)用户可以通过帮助菜单、F1键或帮助按钮(如果有的话)访问帮助。

(3)用户通过返回键和功能键回到正常交互方式。

(4)采用分层式帮助信息进行帮助查询。

3. 出错信息处理

出错信息和警告信息是出现问题时系统给出的坏消息。设计时应遵循以下原则：

(1)信息应以用户可以理解的术语描述问题。

(2)信息应提供如何从错误中恢复的建设性意见。

(3)信息应指出错误可能导致哪些不良后果，以便用户检查是否出现了这些问题，并在问题出现后予以改正。

(4)信息应伴随着听觉或视觉上的提示。如发出警告声，或用特殊的图像、颜色显示，或闪烁显示等。

(5)任何情况都不能出现指责用户的信息。

5.3.3 用户界面设计的基本原则

针对交互式系统的界面设计，Ben Shneiderman总结出八条基本原则：

(1)界面设计尽量保持一致。

(2)提供快捷键操作方式。

(3)针对用户的每一个动作,提供有效的反馈信息。

(4)交互过程应该完整,即要有始有终。

(5)错误处理机制要简洁明了。

(6)允许动作的撤销。

(7)提供提示字符或消息等操作信息。

(8)减少人机交互时的用户短期记忆信息。

5.3.4 用户界面设计指南

1.一般交互

一般交互是指整体系统控制、信息显示和数据输入,下面的设计指南是全局性的。

(1)保持一致性:菜单选择、命令输入、数据显示、其他功能要使用一致的格式。

(2)提供有意义的反馈:对于用户的所有输入都应提供视觉、听觉的反馈,建立双向通信。

(3)要求确认:在执行有破坏性的动作(如删除文件)之前应要求用户确认。

(4)允许取消操作:应该能方便地取消已完成的操作。

(5)减少用户的记忆负担:尽量减少用户的短期记忆量,建立有意义的缺省,定义直观的快捷键,界面的视觉布局应基于真实世界的比喻,以不断进展的方式揭示信息。

(6)提高效率:人机对话过程中,应减少用户按键的次数和鼠标移动的次数,减小鼠标移动的距离,避免用户对交互操作产生疑惑。

(7)允许用户犯错误:系统应保护自己不受致命错误的破坏,用户出错后应能准确提示并给出明确的指导建议。

(8)按功能对动作分类:如采用分类、分层次的下拉菜单等。应尽力提高命令和动作的内聚性。

(9)提供帮助设施:避免用户在“黑暗”中摸索。

(10)命令名要简单:应使用简单动词或动词短语作为命令名。

2.数据输入界面设计

数据输入界面设计是系统的一个重要组成部分,它常常占用用户极大的使用时间,一个好的数据输入界面应尽可能方便而有效地进行数据输入。

(1)数据输入的规则

在设计数据输入界面时应做到:尽量简化用户的工作、减少输入的出错率;减轻用户的记忆负担、尽可能减少输入量并实现自动输入;对共同的输入设置默认值;使用代码或缩写;自动填入已输入过的内容;列表式输入;数据分组输入。

例如:当前日期、时间等信息可以由计算机自动获得;输入客户的身份证号,可自动计算出客户的省份、年龄、性别等信息。

数据输入屏幕的设计应当尽量与输入格式相匹配。数据内容应当根据其使用频率、重要性或输入次序进行组织。

数据输入对话设计的一般规则是：

①明确的输入。仅当用户输入数据并按下确认键时(如回车键或制表位键 Tab)，才确认输入。这有助于在输入过程中纠正错误。

②明确的动作。在表项之间自动移动光标或数据占满字段后自动跳跃光标的做法，有时并不可取，尤其是对于不熟练的用户，往往会无所适从，应使用 Tab 键或回车键控制光标在表项之间的移动。

③明确的取消。当中断了一个输入序列时，已输入的数据不要立即丢弃。

④确认删除。在执行删除操作时，一定要先显示记录的详细信息，通过特别确认后再予删除，以避免错误删除带来的损失。

⑤提供反馈。已输入内容仍保留在屏幕上，以便查看核对。

⑥允许编辑。在输入过程中或输入完成后，允许用户返回去进行修改。

⑦提供复原。应允许用户恢复输入以前的状态，这在编辑和修改错误时经常需要。

⑧自动格式化。用户可以采用自由格式进行输入，由系统进行自动格式化。例如，输入财务类数据时，由系统自动产生千分位分隔符等。

⑨提示输入的范围。应当显示有效回答的集合及其范围，例如，“输入分数(0～100)”和“输入等级(A～E)”等。

(2)输入表格设计

数据表格设计是对较复杂的数据录入时使用最广泛的一种对话类型。这种方法是在屏幕上显示一张表格，类似于用户熟悉的填表格式，以供用户输入数据。数据表格设计时要注意以下问题：

①数据验证

数据验证就是要检查所有必需的项目是否已填全？数据输入是否正确、合理。数据验证的内容有：输入数据合法性检查、类型检查、数据值、范围检查等。出错验证可能出现三类结果：致命错误、警告和建议。致命错误是引起处理混乱的错误，用户要么重新输入，要么退出输入；警告是由很不可信的数据引起的错误，应停止处理并请用户重新输入；建议是由不大可信的数据引起的错误，可不停止处理而只发出警告信息，立即检查或处理结束后检查均可。

验证信息一般在固定位置显示出错信息。

②屏幕设计

通常把屏幕分为数据输入、命令与出错处理三个区域，应合理组织信息以提高显示的有效性，避免屏幕上信息太少或太多。

③报信

报信对于通知用户出错的类型，为用户提供控制输入顺序和修改错误是很重要的。报信时应当用词准确、简明、完备；不用专业术语；要使用肯定、主动句，不使用否定句和被动句。

④数据输入对话控制

数据输入包括数据编辑。数据编辑屏幕应当允许用户检查已输入的部分并确保能发现在验证时漏网的错误并加以改正，有三种编辑方法：

a. 编辑屏幕出错部分并要求重新输入。

b. 标出出错部分，以便重新输入。

c. 编辑/跳过正确的字段。

另外，必要时，还应提供复杂的控制命令，如表达式生成器等。

3. 数据显示界面设计

数据显示界面包括屏幕查询、文件浏览、图形显示和报告等内容。

为了满足用户的需求，用户界面所显示的信息应当完整、明确、易于理解、有意义。

(1)数据显示的规则

①只显示必要的数据，与用户需求无直接关系的数据一律省略。

②在一起使用的数据应一起显示。

③显示出的数据应与用户执行的任务有关。

④每一屏数据的数量不应超过整个屏幕面积的30%。

利用这些原则，并根据用户要求，将数据分组，然后将每组数据按一定的结构形式来安排，以方便用户的使用。

(2)屏幕布局规则

①尽量少用代码和缩写，以便于理解。

②如有多个显示画面，应建立统一格式。

③提供明了的标题、栏题及其他提示信息。

④遵循用户习惯，尽量使用用户习惯的术语。

⑤采用颜色、字符大小、下划线、不同字体等方式强化重要数据。

5.4 数据代码设计

数据代码是代表事物名称、属性、状态等的符号。为了便于计算机处理，一般用数字、字母或它们的组合来表示。数据代码具有对数据进行识别、分类、排序等功能。

1. 代码设计的原则

代码设计的原则是标准化、唯一性、可扩充性、简单性、规范性和适应性。

(1)标准化。尽可能采用国际标准、国家标准、行业标准或遵循惯例，以便信息的交换和维护。如会计科目编码、身份证号、图书资料分类编码等，要采用国家标准编码。

(2)唯一性。一条代码只代表一个信息，每个信息只有一条代码。

(3)可扩充性。设计代码时要留有余地，方便代码的更新和扩充。

(4)简单性。代码结构简单、尽量短，便于记忆和使用。

(5)规范性。代码的结构、类型、缩写格式要一致。

(6)适应性。代码要尽可能反映信息的特点，唯一地标识某些特征，如物体的形状、颜色等。

另外，要注意当代码只有两个特征值时，可用逻辑值代码；要注意数字和字母的混淆问题。

2. 代码的种类

(1)顺序码

顺序码，就是按数字大小或字母的前后顺序组成的码。这是最简单的代码体系，如财务凭证、银行支票、图书流水号等。顺序码通常用连续的数字来代表编码对象，一般从 1 开始。其优点是简短，记录定位方法简单，易于管理、查找和追加。

(2)信息块码

将代码按某些规则分成几个信息块，在信息块之间留出一些备用码，每块内的码按顺序排列。例如会计科目编码，101～199 表示资产类科目，201～299 表示负债类科目等。

(3)分组码

分组码也叫区间码。将代码从左到右分为几段(组、或区间)，每一段有一定的含义，各段编码的组合表示一个完整的代码。分组码使用广泛，容易记忆，处理较方便，缺点是代码较长，会产生大量多余的空码。邮政编码、身份证号码、学生的学号都是典型的分组码。

例如某学院的学号代码结构为：ABBCCDDEEFF，其中 A 表示学制、BB 表示入学年份、CC 表示系部、DD 表示专业、EE 表示班级、FF 表示班内序号。例如：31002031201 表示 3 年制高职学生、10 年入学、(02)计算机系、(03)软件技术专业、12 班 01 号同学。

区间码又可分为多面码、上下关联区间码和十进位码三种类型。

①多面码

一个数据项可能具有多方面的特性。如果在码的结构中，为这些特性各规定一个位置，就形成多面码。

例如，对于机制螺钉，代码 2342 表示材料为黄铜的 φ1.5 mm 方形头镀铬螺钉。代码中第 1 位表示材料，第 2 位表示螺钉直径，第 3 位表示螺钉头形状，第 4 位表示表面处理技术。

②上下关联区间码

上下关联区间码由几个意义上相互有关的区间码组成，其结构一般由左向右排列。如我国行政区划代码，形式为 XXYYZZ，共分 3 组，每组由 2 位数字组成，分别表示省(自治区、直辖市)、市(地、州、盟)、市辖区/地辖区(县、旗)。如 130108 表示河北省石家庄市裕华区。

③十进位码

此法相当于图书分类中沿用已久的十进位分类码，它是由上下关联区间码发展而成的。如 610.736，小数点左边的数字组合代表主要分类，小数点右边的指出子分类。子分类划分虽然很方便，但所占位数长短不齐，不适于计算机处理。

(4)助记码

助记码是将数据的名称适当压缩组成代码，以利于记忆。助记码多用汉语拼音、英文字母、数字等混合组成。优点是代码容易识别、直观明了，缺点是计算机处理不方便，有时可能会产生联想错误，适用于数据项较少的情况。例如：TV-C-46 表示 46 英寸的彩色电视机。

(5)缩写码

把惯用的缩写直接用作代码。如将对象名称的英文、拼音中提取几个关键字母作为代码。如 BJ 代表北京、HE 代表河北、PX 表示平信、GX 表示挂信等。这种代码的优点是具有通用性，但适用的范围有限。

(6)合成码

合成码也称为组合码。在许多应用场合，仅选用一种代码形式进行编码往往不能满足使用要求，这时，选用几种代码形态合成编码，会起到很好效果。这种代码使用方便，但代码位数较多。

5.5 详细设计文档的编制及评审

1. 详细设计文档的编制

详细设计完成后，应交付的主要文档有：详细设计说明书和初步的模块开发卷宗。

编制详细设计说明书的目的是，说明一个软件系统各个层次的每一个程序(每个模块或子程序)的设计考虑，如实现算法、逻辑流程等。详细设计说明书的编写内容与格式请参见 GB/T 8567—2006《计算机软件文档编制规范》，本章 5.6 节“图书管理系统”详细设计说明书实例可供读者参考。

2. 详细设计的评审

软件详细设计完成后，必须从正确性和可维护性两个方面，对它的逻辑、数据结构和界面等进行检查。

详细设计评审的重点应该放在各个模块的具体设计上。如模块的设计能否满足其功能和性能要求；算法和数据结构是否合理；设计描述是否简单、清晰等。

详细设计评审可采用下列形式之一：

(1)设计者和设计组的另一个成员一起进行静态检查。

(2)由一个检查小组进行较正式的“结构设计检查”。

(3)由检查小组进行正式的“设计检查”，对软件设计质量给出严肃的评价。

实践证明，正式的详细设计评审在发现某些类型的设计错误方面和测试一样有效。因为，在设计中更容易发现并尽早纠正错误，可防止设计时的错误在编码阶段扩散，从而减少了错误的个数。

在详细设计评审中，程序员的正确态度应该是：不为设计辩护，而应该是揭短、揭露设计中的缺点和错误。

5.6 项目实践：“图书管理系统”详细设计

下面以第 2 章的“图书管理系统”为例，说明软件详细设计说明书的编写内容。

“图书管理系统”《详细设计说明书》如下：

“图书管理系统”详细设计说明书

1. 引言

1.1　编写目的

本文档是程序员代码编写的基础。本文档的读者是软件设计人员和程序员。

1.2　背景

①待开发的软件系统名称：图书管理系统。

②本项目的任务提出者：X 学院 X 系图书室。

③开发者：X 学院计算机系。

④用户：X 学院 X 系图书室。

1.3　参考资料

①GB/T 8567—2006《计算机软件文档编制规范》。

②《“图书管理系统”软件需求说明书》。

③《“图书管理系统”概要设计说明书》。

2. 程序系统的结构

图书管理系统所包含的单元文件名称及其程序层次结构见表 5-1。其中，“图书借阅”“图书归还”程序的层次结构如图 5-10、图 5-11 所示。其他程序模块的层次结构在此从略。

表 5-1　程序层次结构表

子系统名称	模块名称	程序层次结构
用户登录	用户登录	图略
图书管理	图书类别管理	图略
	图书信息管理	图略
	图书库存管理	图略
读者管理	读者类型管理	图略
	读者信息管理	图略
	借书证管理	图略
借阅管理	图书借阅	图 5-10
	图书续借	图略
	图书归还	图 5-11
	图书预借	图略
数据查询	图书信息查询	图略
	读者信息查询	图略
	借阅信息查询	图略

（续表）

子系统名称	模块名称	程序层次结构
报表打印	图书借阅信息	图略
	读者借阅信息	图略
系统管理	罚款处理	图略
	数据备份	图略
	数据恢复	图略
	数据导出	图略
	数据导入	图略
	系统参数	图略
	用户管理	图略

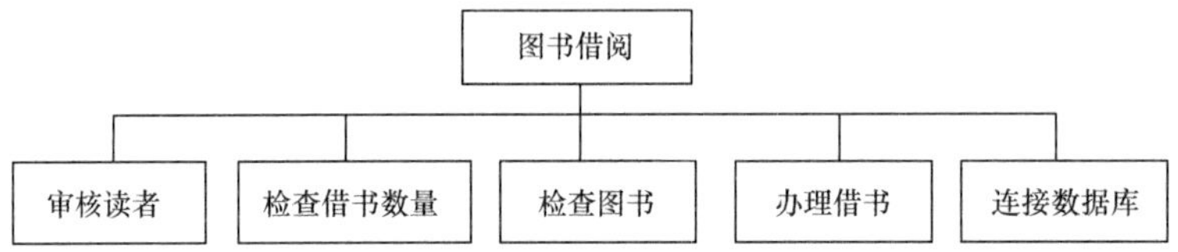

图 5-10 “图书借阅”程序层次结构

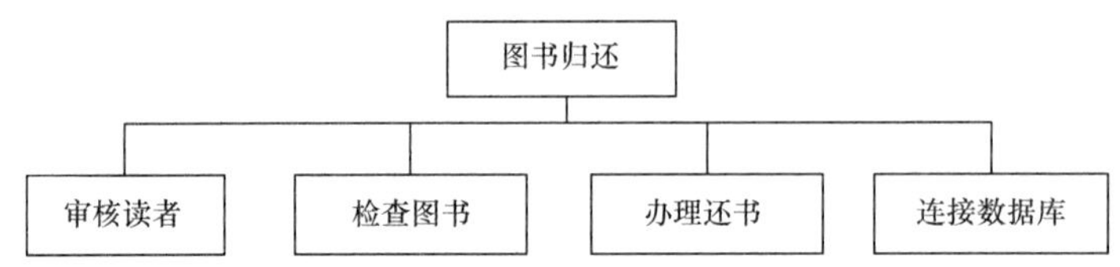

图 5-11 “图书归还”程序层次结构

3. 程序(图书借阅)设计说明

（注：限于篇幅，只给出部分程序模块的设计说明）

3.1 程序描述

“图书借阅”模块是图书管理系统中的一个核心模块，它与“图书归还”模块都是使用最频繁的模块。

3.2 功能(见表 5-2)

表 5-2 “图书借阅”模块功能描述

设计者		设计日期		审核者		审核日期	
程序名称	图书借阅			标识符	lendbook		
相关数据库表	读者信息表，图书信息表，借阅信息表，借还日志表						
输入	读者编号、图书编号						
输出	借书成功或失败信息						

（续表）

程序处理说明	1. 调用方法创建本窗体； 2. 在"读者信息表"中查找输入的"读者编号"，如果找不到，或者"读者有效期截止日期"小于当前系统日期，则提示"无效读者或书证超期"，程序返回； 3. 在"读者类型表"中查找"读者编号"对应的读者类型，获得"最多借书册数"数量； 4. 在"读者信息表"中查找"读者编号"对应记录的"已借数量"； 5. 如果"已借数量"＞＝"最多借书册数"，提示"超过借书数量"，程序返回； 6. 调用"办理借书"模块，完成借书事务； 在"借阅信息表"增加一条借阅记录，写入借阅信息； 在"借还日志表"增加一条借阅记录，写入借阅日志信息； 在"读者信息表"中把"已借数量"＋1； 在"图书信息表"中把"馆内剩余"－1； 在"图书信息表"中把"书籍状态"改为"借出"； 提示"借书成功"信息。

3.3　性能

本模块对程序性能无特殊要求。

3.4　输入项

- 读者编号：字符型。
- 图书编号：字符型。

3.5　输出项

借书成功或失败信息。

3.6　算法

本程序没有采用特殊算法。

3.7　流程逻辑

"图书借阅"程序的流程图，如图 5-12 所示。

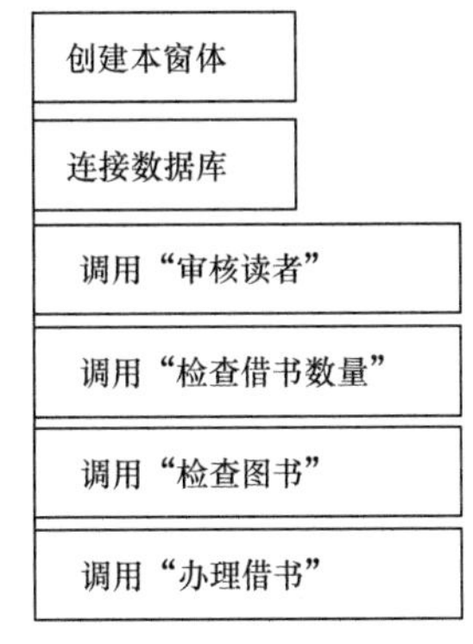

图 5-12　"图书借阅"模块程序流程图

3.8　接口

"图书借阅"模块的界面接口，如图 5-13 所示。

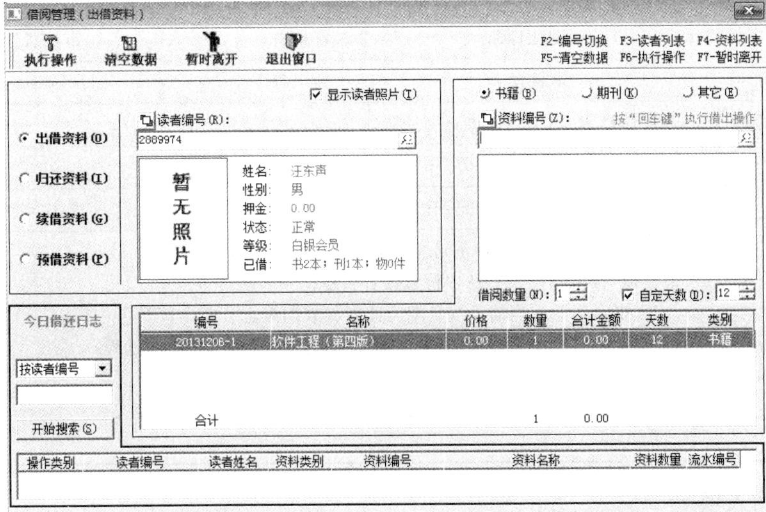

图 5-13　"图书借阅"模块界面图

该模块与主模块及其他模块的接口关系如下：

①该模块由“借阅管理”模块调用，生成窗体，供用户输入数据使用。

②该模块直接调用数据库连接模块，取得数据库连接。

③该模块依次调用“审核读者”“检查借书数量”“检查图书”和“办理借书”模块，完成借书事务。

3.9 存储分配

无特殊要求。

3.10 注释设计

①加在程序单元首部，说明本程序的功能。

②对程序中的变量命名、含义和范围进行注释。

③对程序中的函数或过程所起的作用进行注释。

3.11 限制条件

输入项中的“读者编号”“图书编号”必须是系统中存在的编号。

3.12 测试计划

①若“读者编号”或“图书编号”输入项为空，应提示“请输入读者编号”或“请输入图书编号”信息。若是，则满足要求。

②若输入项中的“读者编号”在“读者信息表”中不存在，应提示“无编号为 XXX 的读者，请重输”信息。若是，则满足要求。

③若输入项中的“图书编号”在“图书信息表”中不存在，应提示“编号为 XXX 的图书不存在或已下架”信息。若是，则满足要求。

④若出现读、写数据库错误，应提示无法连接数据库的具体原因。若是，则满足要求。

4. 程序(审核读者)设计说明

4.1 功能(见表 5-3)

表 5-3 “审核读者”模块功能描述

<table>
<tr><td>设计者</td><td></td><td>设计日期</td><td></td><td>审核者</td><td></td><td>审核日期</td><td></td></tr>
<tr><td>程序名称</td><td colspan="3">审核读者</td><td>标识符</td><td colspan="3">checkreader</td></tr>
<tr><td>相关数据库表</td><td colspan="7">读者信息表</td></tr>
<tr><td>输入</td><td colspan="7">读者编号</td></tr>
<tr><td>输出</td><td colspan="7">无效读者或书证超期信息，有效读者信息</td></tr>
<tr><td>程序处理说明</td><td colspan="7">1. 扫描借书证上的读者条码或由键盘输入读者编号；
2. 读取“读者信息表”，从中检索读者编号；
IF 找不到 OR 当前系统日期>读者有效期截止日期 THEN
显示“无效读者或书证超期”信息，借书失败，结束借书过程；
ELSE
将有效读者的“读者编号”返回，转向“检查借书数量”加工；
ENDIF</td></tr>
</table>

4.2 输入项

读者编号：字符型。

数据文件：读者信息表。

4.3 输出项

“无效读者或书证超期”提示信息，有效读者信息。

4.4 流程逻辑

“审核读者”程序的流程图，如图 5-14 所示。

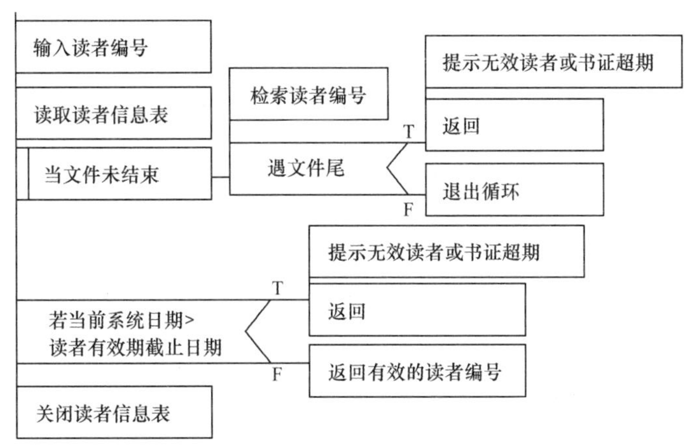

图 5-14 “检查读者有效性”模块程序流程图

5. 程序（检查借书数量）设计说明

5.1 功能（见表 5-4）

表 5-4 “检查借书数量”模块功能描述

设计者		设计日期		审核者		审核日期	
程序名称	检查借书数量			标识符	checklendmax		
相关数据库表	读者信息表，读者类型表						
输入	有效的读者编号						
输出	超过借书数量，可借读者信息（读者编号），最长借出天数						

程序处理说明	1. 获得有效的读者编号；
	2. 读“读者类型表”，从中检索读者“最多借书册数”和“最长借出天数”；
	3. 读“读者信息表”，获得“已借数量”；
	IF 已借数量＞＝最多借书册数 THEN
	提示“超过借书数量”信息，程序返回；
	ELSE
	返回有效的“读者编号”“最多借书册数”和“最长借出天数”，转向“办理借书”加工；
	ENDIF						

5.2 输入项

有效的读者条码：字符型。

数据文件：读者信息表。

5.3 输出项

“超过借书数量”提示或可借的读者编号。

5.4 流程逻辑

“检查借书数量”程序的流程图,如图 5-15 所示。

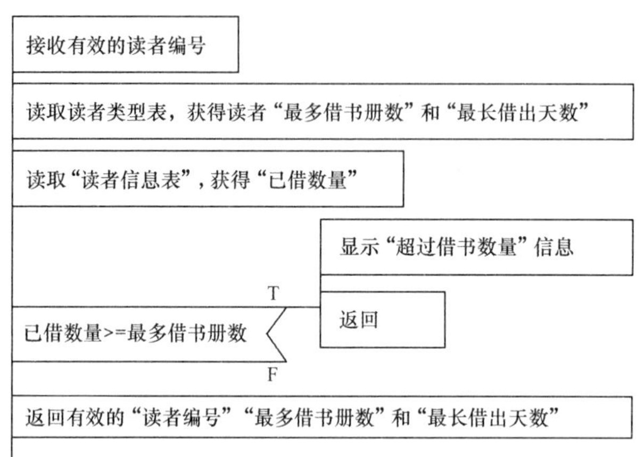

图 5-15 “检查借书数量”模块程序流程图

6. 程序(检查图书)设计说明

6.1 功能(见表 5-5)

表 5-5 “检查图书”模块功能描述

设计者		设计日期		审核者		审核日期	
程序名称	检查图书			标识符	checkbook		
相关数据库表	图书信息表						
输入	图书编号						
输出	无效图书或图书不可借,有效图书信息						

程序处理说明	输入图书编号或扫描(或输入)图书条码;
	WHILE 图书编号不为空 DO
	从“图书信息表”中查找该“图书编号”;
	IF 找到 AND 书籍状态=“在库可借” THEN
	返回有效图书编号,转向加工“办理借书”;
	ELSE
	提示“无效图书或图书不可借”;
	ENDIF
	将图书加入待借图书列表中;
	继续输入下一本书的图书编号;
	ENDDO						

6.2 输入项

图书编号:字符型。

数据文件:图书信息表。

6.3 输出项

有效图书信息(待借图书列表)。

6.4 流程逻辑

“检查图书”程序的流程图,如图 5-16 所示。

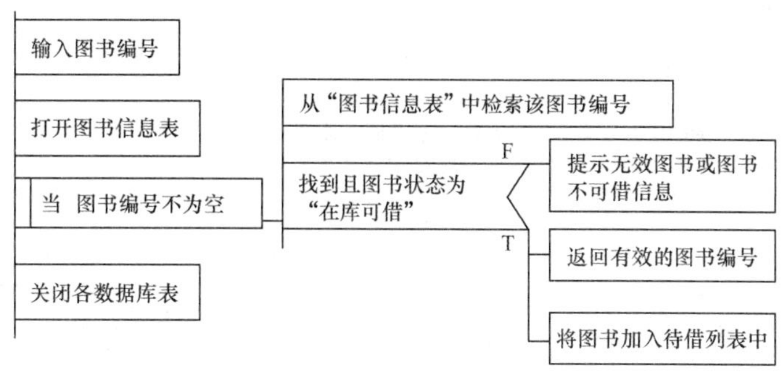

图 5-16　“检查图书”模块程序流程图

7. 程序(办理借书)设计说明

7.1　功能(见表 5-6)

表 5-6　　“办理借书”模块功能描述

设计者		设计日期		审核者		审核日期	
程序名称	办理借书			标识符	dolend		
相关数据库表	借阅信息表,图书信息表,读者信息表,借还日志表						
输入	可借读者信息(“读者编号”“最多借书册数”和“最长借出天数”); 有效图书信息(待借图书列表)						
输出	“借书成功”信息,“超过借书数量”信息						

程序处理说明	1. 对读者选择的每一本书进行借阅处理
	根据“最长借出天数”计算还书日期;
	WHILE 待借图书列表不空 DO
	读取图书编号;
	IF “已借数量”超过“最多借书册数” THEN
	提示“超过借书数量”信息;
	退出借书操作;
	ELSE
	“图书信息表”中该图书“馆内剩余”−1;
	修改书籍状态为“借出”;
	在“借阅信息表”增加一条借阅记录,写入借阅信息;
	在“借还日志”表中增加一条借阅日志;
	“读者信息表”中“已借数量”+1;
	ENDIF
	继续下一本书的借书操作;
	ENDDO
	2. 提示“借书成功”						

7.2　输入项

有效的图书编号:字符型。

7.3　输出项

“借书成功”信息。

数据文件:图书信息表、借阅信息表。

7.4 流程逻辑

"办理借书"程序的流程图,如图 5-17 所示。

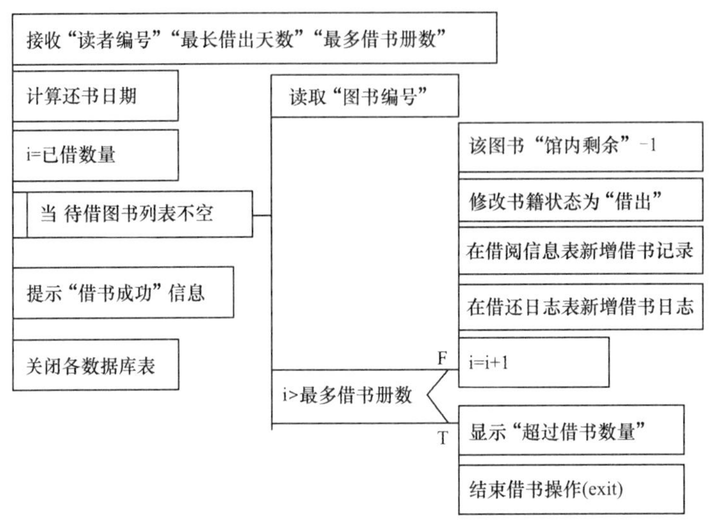

图 5-17 "办理借书"模块程序流程图

本章小结

详细设计的主要任务是实现概要设计时所划分的各个模块的功能,要完成的主要工作包括:详细的算法过程设计、内部数据结构设计和程序逻辑结构设计。详细设计的重点是如何描述程序的逻辑结构。

详细设计的后续阶段是编码,因此详细设计的结果基本上决定了最终的程序代码质量。为了提高程序的可读性,详细设计不仅要在逻辑上正确实现模块的功能,更重要的是应设计出尽可能简明易懂的处理过程。

在详细设计阶段,用于描述程序逻辑结构的常用工具有程序流程图、N-S 图、PAD 图、判定表、判定树和结构化语言等。

值得一提的是用户界面设计也是现代软件详细设计的一个重要工作。

习 题

一、判断题

1. 详细设计也称为模块设计。 (   )
2. 在数据代码设计时,应尽量让一条代码代表多个信息。 (   )
3. 在数据代码设计时,应尽可能设计字母和数字混合代码。 (   )
4. 在输出界面设计时,要尽可能使用代码或缩写,以求简洁。 (   )
5. 详细设计评审应尽可能和概要设计评审一同进行。 (   )

二、选择题

1. 软件详细设计的主要任务是确定每个模块的(　　)。

A. 算法和使用的数据结构　　B. 外部接口

C. 功能　　D. 程序

2. 借助于软件工具,可将(　　)容易地转换为高级语言源程序。

A. 程序流程图　　B. N-S 图　　C. PAD 图　　D. 判定表

3. 不属于详细设计工具的是(　　)。

A. DFD 图　　B. PAD 图　　C. PDL　　D. N-S 图

4. 程序的三种基本结构是(　　)。

A. 过程、子过程和子程序　　B. 递归、堆栈和队列

C. 顺序、选择和重复　　D. 调用、返回和转移

5. 下面描述中,符合结构化程序设计风格的是(　　)。

A. 使用顺序、选择和重复(循环)三种基本控制结构表示程序的控制逻辑

B. 模块只有一个入口,可以有多个出口

C. 注重提高程序的执行效率

D. 不使用 goto 语句

三、简答题

1. 软件的详细设计阶段完成的主要任务是什么?

2. 数据输入界面设计的主要原则有哪些?

3. 代码设计的原则有哪些?

四、应用题

1. 请分别使用程序流程图、PAD 图和 N-S 图描述下列程序的算法:

(1)求整数 $1\sim n$ 的累加和 sum,其中 n 的值由键盘输入。

(2)求整型数组 K[50]中的最大者和次大者。

(3)求 $s=1-1/2!+1/3!-1/4!+\cdots 1/n!$,其中 n 的值由键盘输入。

2. 根据以下伪码,画出 PAD 图。

```
     if  (x<y)  goto  30
     if  (y<z)  goto  50
     s=z
     goto 70
30   if  (x<z)  goto  60
     s=z
     goto 70
50   s=y
     goto 70
60   s=x
70   ……
```

3. 将下列程序框图转化为 PAD 图。

(1)

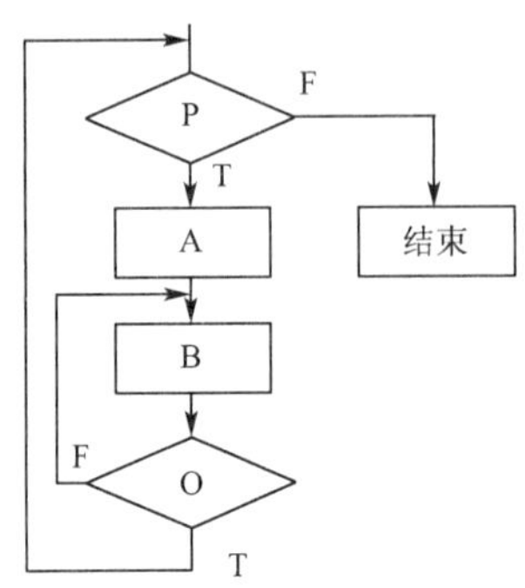

(2)

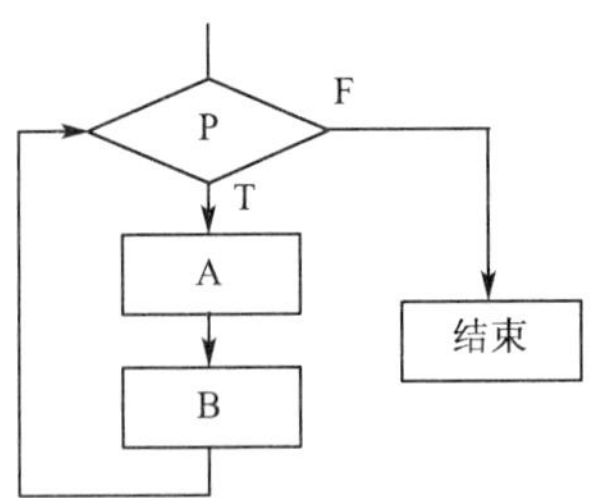

(3)

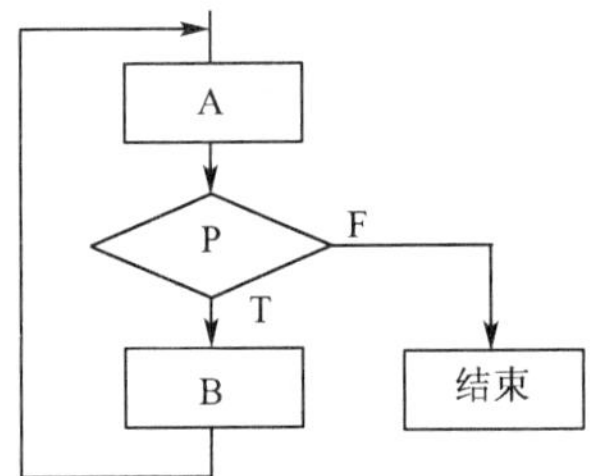

(4)

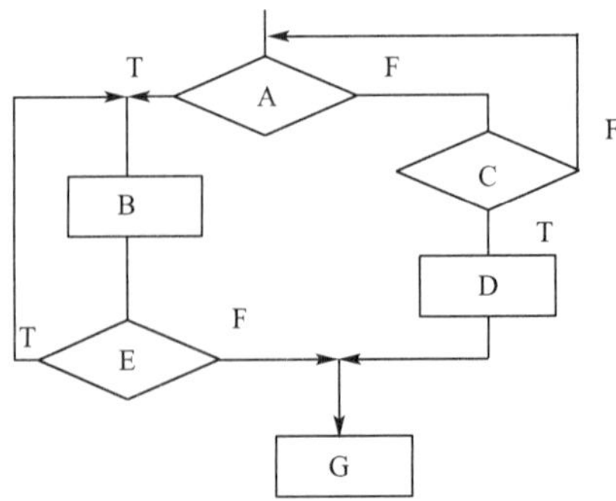

(5)只使用顺序结构和循环结构,构造分支结构。请画出 PAD 图。

第6章 面向对象概念和Rose建模技术

教学提示

本章主要介绍面向对象方法的基本特征，面向对象方法的基本概念，以及统一建模语言(UML)，最后介绍了 Rational Rose 建模工具的安装与使用。

教学要求

- 掌握面向对象的基本概念。
- 理解面向对象与面向过程的区别。
- 了解 UML 的各种图。
- 熟悉静态建模和动态建模的方法。
- 学会 Rational Rose 软件的安装与配置方法。
- 掌握利用 Rational Rose 建模的基本步骤。

6.1 面向对象方法概述

6.1.1 面向对象方法的特征

目前广泛使用的软件工程方法主要有结构化方法和面向对象的方法。

结构化方法是面向功能的，它从系统的功能入手，将系统分解为若干功能模块，通常使用函数或过程来实现所需功能，数据通常作为参数传递给函数或过程。用这种方式开发的软件可重用性、可维护性都较差。尤其是当软件规模较大或软件需求模糊易变时，采用结构化方法开发软件往往不能成功。为此，人们提出了面向对象的开发方法。

面向对象方法与传统的结构化方法有着显著区别。该思想提倡运用人类的思维方式，从现实世界中存在的事物出发来构造软件，它建立在“对象”概念基础上，以对象为中心，以类和继承为构造机制来设计和构造软件系统。该方法产生于 20 世纪 80 年代，目前已非常成熟，并得到了非常广泛的应用，是目前最有效、最实用和最流行的软件开发方法之一。

面向对象方法可用下面的公式来描述：

面向对象 = 对象 + 类 + 继承 + 消息传递

如果一个软件系统使用这四个概念设计和实现，我们称这个软件系统是面向对象的。只使用对象和消息的软件开发方法称为基于对象的方法；只使用对象、消息和类的软件开发方法称为基于类的方法；只有同时使用对象、类、继承和消息传递的方法才是面向对象的方法。

面向对象方法的主要优点如下：

1. 与人类习惯的思维方法一致

传统的结构化软件开发方法是面向过程的，以算法为核心，数据和过程作为相互独立的部分，数据和过程分离，忽略了数据和操作之间的内在联系，问题空间和解空间并不一致。

面向对象的方法以对象为核心，尽可能接近人类习惯的抽象思维方法，并尽量一致地描述问题空间和解空间，从而自然而然地解决问题。

2. 系统的稳定性好

面向对象方法用对象模拟问题域中的实体，以对象间的联系刻画实体间联系。当系统的功能需求变化时，不会引起软件结构的整体变化，仅需做一些局部的修改。由于现实世界中的实体是相对稳定的，因此，以对象为中心构造的软件系统也比较稳定。

3. 可重用性好

面向对象方法具有的继承性和封装性支持软件复用。有两种方法可以重复使用一个对象类。一是创建类的实例，从而直接使用它；二是从它派生出一个满足需要的新类。子类可以重用其父类的数据结构和程序代码，并且可以在父类的基础上方便地修改和扩充，而且子类的修改并不影响父类的使用。

4. 较易于开发大型软件产品

用面向对象方法开发大型软件时，把大型软件产品看作是一系列相互独立的小产品，采用 RUP(统一开发过程)的迭代开发模型，可以降低开发时的技术难度和开发工作管理的难度。

5. 可维护性好

由于面向对象的软件稳定性比较好，容易修改、容易理解、易于测试和调试，因而软件的可维护性好。

6.1.2 面向对象方法的基本概念

1. 对象(Object)

在应用领域中有意义的、与所要解决的问题有关系的任何事物都可以作为对象。对象可以是具体的物体实体的抽象，也可以是人为的概念，或者是任何有明确边界和意义的东西。例如，一名学生、一本图书等。

对象由一组属性和对这组属性进行操作的一组方法(服务)组成。

属性就是对象所包含的数据，它代表对象的状态，它在设计对象时确定，一般只能通过执行对象的操作来改变，例如，学生的属性有姓名、年龄等。

操作(或称方法或服务)即对象所能执行的操作，也就是类中所定义的服务，它描述了对象执行操作的算法，响应消息的方法。可以通过向对象发送消息来调用其方法。例如:“读者”类的服务有“借书”和“还书”等。

因此可以说，对象是由描述该对象静态属性的数据与描述该对象动态行为的操作封装在一起的统一体。

对象的基本特点见表 6-1。

表 6-1　　对象的基本特点

特点	描　述
标识唯一性	一个对象通常由对象名、属性和操作三部分组成
分类性	指可以将具有相同属性和操作的对象抽象成类
多态性	指同一个操作可以是不同对象的行为，不同对象执行同一操作产生不同的结果
封装性	从外面看只能看到对象的外部特性，对象的内部对外是不可见的
模块独立性好	由于完成对象功能所需的元素都被封装在对象内部，所以模块独立性好

2. 类(Class)和实例(Instance)

类是具有相同属性和服务的一组对象的集合。类是关于对象的抽象描述，反映了该对象类型的所有对象的性质。

一个对象则是其对应类的一个实例。

类和对象的关系是：类是对象的抽象，类是对象的“模板”，类用于创建对象；对象是类的实例。

例如：“学生”是一个类，它描述了所有学生的性质。而一个具体的学生“张三”是类“学生”的一个实例。

类是关于对象性质的描述，它同对象一样，包括一组数据属性和在数据上的操作。

3. 消息(Message)

消息就是向对象发出的服务请求。消息是对象之间通信的手段，一个对象向另一对象发送消息来请求其服务。

例如，当对象 A 调用对象 B 的方法时，对象 A 就发送消息给对象 B，而对象 B 的响应是由它的返回值定义的。

通常，一个消息由三部分组成：

- 接收消息的对象名称。
- 消息标识符(也称为消息名)。
- 零个或多个参数。

例如：MySquare. Show(Green)；

其中，MySquare 是接收消息的对象的名称(假设它属于 Square 类)，Show 是要求对象执行的操作名称，Green 是消息的操作参数。当 MySquare 对象收到这个消息后，将执行 Square 类中所定义的 Show 操作。

注意：

(1)通常对象只接收它能够识别的消息，拒绝它不能识别的任何假消息。

(2)消息完全由接收者解释和操纵，发送者对接收者不起任何控制作用，接收者对消息的回复通常被看作是一个事件。

(3)消息传递是对象间的一种通信机制，在面向对象的程序设计(OOP)中，程序的执行是靠在对象间传递消息来完成的。

4. 封装(Encapsulation)

封装是一种信息隐蔽技术，用户只能见到对象封装界面上的信息，而对象内部的实现细节对用户是隐藏的。

封装有两个含义，一个是指把对象的全部属性和全部操作（方法）结合起来，形成一个不可分割的独立单位（对象）；另一个是指信息隐蔽，即尽可能隐蔽对象内部的行为实现细节。

类（或对象）是封装的基本单位。在类中定义的接收对方消息的方法称为类的接口。封装使对象形成两个部分：接口部分和实现部分。接口部分是可见的，供外界通过消息来访问该对象，而实现部分不可见。

封装的目的在于将对象的使用者和对象的设计者分开，使用者不必知道所访问对象的内部行为细节，只需用设计者提供的消息来访问对象。

封装体现了很好的模块独立性，增强了软件的可维护性和可修改性。

5. 继承性（Inheritance）

继承性是父类和子类之间共享数据和方法的机制，这是类之间的一种关系。

在设计一个新类时，可以在一个已经存在的类的基础上进行，只需考虑新类与已存在类所不同的部分，新类可以直接继承这个已经存在类的属性和方法，将其作为自己的内容，并可以在新类中定义自己的属性和方法。已经存在的类称为超类、基类或父类，新的类称为子类或派生类。例如，新类 B 能使用类 A 中的属性和方法，则称类 A 是类 B 的父类，类 B 是类 A 的子类，也称类 B 继承了类 A。

继承性有两种类型：一个子类只有唯一的一个父类，这种继承称为单继承；一个子类也可以有多个父类，它可以从多个父类中继承特性，这种继承称为多继承。

继承具有传递性，如果类 A 继承了类 B，类 B 继承了类 C，则类 A 继承类 C，这时类 A 继承了它上层的全部基类（如 B 和 C）的特性。

继承的优点是，相似的对象可以共享程序代码和数据结构，从而大大减少了程序中的冗余信息。其作用是可以使软件系统具有开放性，更好地进行抽象与分类，增强代码的重用率。

另外，继承性使得用户在开发新系统时，不必完全从零开始，可以继承原有的相似功能的类，或者从类库中选取需要的类，再派生出新类以实现所需功能。

继承性是面向对象程序设计语言不同于其他语言的最重要的特点。

6. 多态性（Polymorphism）

对象根据所接收的消息而做出动作，同样的消息被不同的对象接收时可导致完全不同的行为，该现象称为多态性。

在面向对象的软件技术中，多态性是指子类对象可以像父类对象那样使用，同样的消息既可以发送给父类对象也可以发送给子类对象。

例如，在父类“几何图形”中，定义了一个方法“Drawing”，其含义是绘图，子类“圆形”和“矩形”都继承了“几何图形”类的“Drawing”方法，但其实现的结果却不同，把名为 Drawing 的消息发送给一个“圆形”类的对象是在屏幕上画个圆，而将同样消息名的消息发送给“矩形”类的对象则是在屏幕上画一个矩形。这就是多态性的表现。

多态性的作用是增强了操作的透明性，可理解性和可扩展性、增强了软件的灵活性和重用性。

7. 重载(Overloading)

有两种重载,函数重载和运算符重载。

函数重载是指在同一作用范围内的若干个参数特征不同的函数可以使用相同的函数名称。运算符重载是指同一个运算符可以施加于不同类型的操作数上面。当然,当参数特征不同或被操作数的类型不同时,实现函数的算法或运算符的语义是不相同的。

重载进一步提高了面向对象系统的灵活性和可读性。

6.2 统一建模语言(UML)

6.2.1 UML 概述

1. UML 的发展历史

统一建模语言(Unified Modeling Language,UML)是用一组专用符号描述软件模型的语言,它是由世界著名的面向对象技术专家 Grady Booch、Jim Rumbaugh 和 Ivar Jacobson 发起,在著名的面向对象的 Booch 方法、对象模型技术(OMT)方法和面向对象的软件工程(OOSE)方法的基础上,不断完善、发展的一种统一建模语言。

UML 是面向对象分析与设计的一种标准表示。它不是一种可视化的程序设计语言,而是一种可视化的建模语言,不涉及编程问题,与语言平台无关。当前广泛使用的是 UML 2.0 版本,UML 已经成为一个事实上的工业标准,获得了业界的认同。

UML 的发展形成过程,如图 6-1 所示。

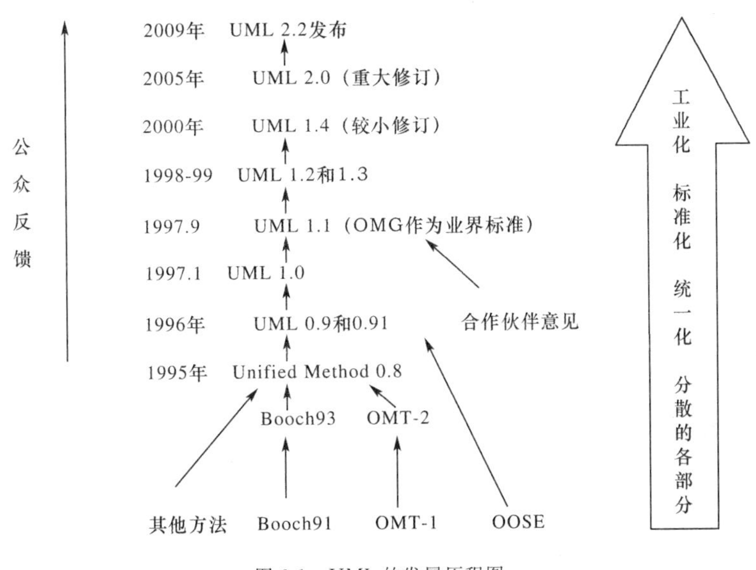

图 6-1 UML 的发展历程图

2. UML 的主要特点

(1)统一了 Booch、OMT 和 OOSE 等方法中的基本概念,是软件开发过程中各类人员交流和沟通的工具。

(2)UML 所定义的概念和符号可用于软件开发的分析、设计和实现的全过程,软件开发人员不必在开发过程的不同阶段进行概念和符号的转换。

(3)UML 所用的语言元素基本都是图形化的,便于理解和沟通,不但开发人员之间可以用来交流,客户和开发人员之间也可以用它作为交流的工具。

(4)UML 可应用于任何软件开发过程、任何语言和工具平台,它支持 OOP 中出现的高级概念(如模板、线程、协作、框架、模式和组件等),并强调在软件开发中对架构、框架、模式和组件等的重用。

(5)UML 概念明确,建模表示方法简洁明了,图形结构清晰,所以易于掌握和使用。

3. UML 的应用领域

UML 的主要目标是,以面向对象图的方式描述任何类型的系统,最常用于建立软件系统的模型,也可以描述非软件领域的系统,如机械系统、企业机构、业务过程或信息系统等。UML 可对任何具有静态结构和动态行为的系统进行建模。

此外,UML 适用于系统开发的不同阶段。

(1)用户需求分析阶段:可以用用例来捕获用户的需求,用例图从用户的角度来描述系统的功能,表示了操作者与系统的一个交互过程。通过用例建模,描述对系统感兴趣的外部角色和他们对系统的功能要求(用例)。

(2)系统分析阶段:分析阶段主要关心问题域中的主要概念,如对象、类以及它们的关系等,需建立系统的静态模型,可用 UML 类图来描述。为了实现用例,类之间需要协作,这可以用动态模型的时序图、协作图、状态图和活动图来描述。在本阶段,只对问题域的类建模,而不定义软件系统的解决方案细节(如用户接口的类、数据库等)。

(3)设计阶段:把分析阶段的结果扩展成技术解决方案。加入新的类来提供技术基础结构——用户接口、数据库操作等。设计阶段的结果是构造阶段的详细的规格说明。

(4)编程(构造)阶段:把设计阶段的类转换成某种面向对象编程语言的代码。在用 UML 建立分析和设计模型时,最好不要直接把模型转换成代码。因为在早期阶段,模型仅仅是理解和分析系统结构的工具,过早考虑编码问题不利于建立简单正确的模型。

(5)测试阶段:UML 模型也是测试阶段的依据。单元测试使用类图和类规格说明;集成测试使用部件图和协作图;确认测试使用用例图,以验证测试结果是否满足用户的需求。

6.2.2 UML 的主要内容

1. UML 的组成

UML 由基本构造块、规则和公用机制三部分组成。基本构造块描述从领域问题、系统职责到未来系统中的事物和行为;规则规定了这些构造块如何有机组成合法 UML 的规则(如 UML 成员的名称、作用域和可见性等);公用机制是用于对不同 UML 成员使用的共同的描绘方式(如规范说明、修饰、公共划分和扩展机制等)。

UML 的基本构造块包括三部分:事物(Things)、关系(Relationships)和图(Diagrams)。其中,事物是模型中最具有代表性的成分的抽象,是模型中的基本成员;关系是将事物联系在一起的方式；图是很多有相互关系的事物的组。

UML 的基本构造块如图 6-2 所示。

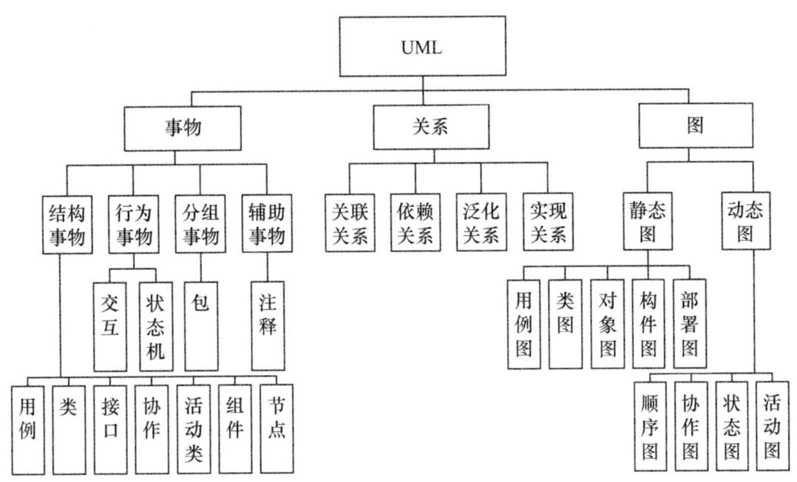

图 6-2　UML 的基本构造块

2. UML 的事物

UML 中的事物包含结构事物、行为事物、分组事物（或称组织事物）和注释事物（或称辅助事物）四种。

(1)结构事物

结构事物是模型中的静态部分，用以呈现概念或实体的表现元素，是软件建模中最常见的元素，共有以下七种：

①类(Class)——是指具有相同属性、方法、关系和语义的对象的集合。

②接口(Interface)——是类或组件用来为其他的类和组件提供的特定服务(操作)。

③协作(Collaboration)——描述合作完成某个特定任务的一组类及其关联的集合，用于对使用情形的实现建模。

④用例(Use Case)——也称为用况，是用来描述系统对一个参与者(人或其他系统)所提供的一项服务或功能。它是为达到某个目标时所涉及的一系列场景的集合。

⑤活动类(Active Class)——和类相似，只是它的对象代表元素的行为和其他元素是同时存在的。活动类的对象有一个或多个进程或线程。为与普通类区分，在图形上，用两侧加边框的矩形表示，或用具有粗外框的矩形表示。

⑥组件(Component)——也称为构件，是系统中物理的、可替代的部件。它通常是描述一些逻辑元素的物理包。例如 JavaBeans 和 COM+等。

⑦节点(Node)——是系统运行时存在的物理元素，代表一种可计算的资源，通常具有一定的存储能力和处理能力。

(2)行为事物

行为事物是 UML 模型中描述动态行为的部分。它包括交互和状态机。

①交互(Interaction)——是由一组对象在特定上下文中为达到特定的目的而进行的一系列消息交换而组成的动作。

②状态机(State Machine)——由一系列对象的状态组成。

(3)分组事物

分组事物是包(Package)——可以把一个分组事物看作是一个“盒子”,即包。结构事物、行为事物甚至其他分组事物都可以放进包内。包不像组件(只在运行时存在),它纯粹是概念上的,只在开发阶段存在。

(4)注释事物

注释事物是UML模型的解释部分。它给建模者提供信息。

UML中基本事物的图形表示如图6-3所示。

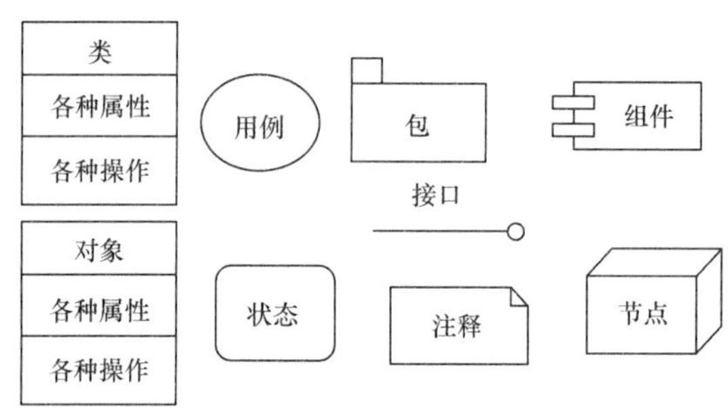

图6-3 UML的事物元素

3. UML的关系

常见的关系有关联、依赖、泛化和实现四种,还有聚集(聚合)和组合(复合)等关系。

(1)关联——表示一事物(如对象)要和其他事物(如对象)发生关联。

(2)泛化——表示一般与特殊的关系。如一个子类继承了其他更一般类的属性和操作。

(3)依赖——表示一个事物以某种方式依赖于另一个事物。如一个类使用了另一个类。

(4)实现——表示类和接口之间的关系。

(5)聚集——是关联的一种,通常聚集对象由部分对象组成。也就是整体与部分关联。

(6)组合——是一种特殊的聚集关系。在一个组合对象中,部分对象只能作为组合对象的一部分与组合对象同时存在。

类的关系详见6.2.3“静态建模”中“类之间的关系”。

4. UML的图

UML中的图可以分为静态图和动态图两大类,静态图主要用来强调系统的建模,动态图主要用来强调系统模型中触发的事件。UML图也可以细分为用例图、静态图、交互图、行为图和实现图五类共十种图。其中:

用例图(Use Case Diagram)表示系统实现的功能。

静态图(Static Diagram)表示系统的静态结构。

交互图(Interactive Diagram)描述系统的对象之间的动态合作关系。

行为图(Behavior Diagram)描述系统的动态行为和对象之间的交互关系。

实现图(Interactive Diagram)描述系统的物理实现。

UML 图及其功能见表 6-2。

表 6-2　　UML 图及其功能

<table>
<tr><th>类　型</th><th>图　名</th><th>功　能</th><th>建模类别</th></tr>
<tr><td>用例图</td><td>用例图(Use Case Diagram)</td><td>描述系统实现的功能,并指出各功能的操作者</td><td rowspan="7">静态建模</td></tr>
<tr><td rowspan="3">静态图</td><td>类图(Class Diagram)</td><td>描述类、类的特性以及类之间的关系</td></tr>
<tr><td>对象图(Object Diagram)</td><td>描述对象的特征以及对象之间的关系</td></tr>
<tr><td>包图(Package Diagram)</td><td>非正式图,描述系统的层次结构,其内容可以是一个类图或另一个包图</td></tr>
<tr><td rowspan="2">实现图</td><td>组件图(Component Diagram)</td><td>也叫构件图,描述构件的组成与连接</td></tr>
<tr><td>配置图(Deployment Diagram)</td><td>也叫部署图,描述系统运行环境的配置情况</td></tr>
<tr><td rowspan="2">交互图</td><td>时序图(Sequence Diagram)</td><td>也叫顺序图,描述对象之间的动态交互,强调对象间消息传递的时间顺序</td><td rowspan="4">动态建模</td></tr>
<tr><td>协作图(Collaboration Diagram)</td><td>描述对象之间的交互,强调上下级关系</td></tr>
<tr><td rowspan="2">行为图</td><td>状态图(State Diagram)</td><td>描述一个特定对象所有可能的状态以及状态转移的事件</td></tr>
<tr><td>活动图(Activity Diagram)</td><td>状态图的变种。描述满足用例要求所要进行的活动以及对象状态改变的结果</td></tr>
</table>

从应用的角度来看,当采用面向对象技术设计系统时,首先是描述系统需求;其次根据需求建立系统的静态模型以构造系统的结构;第三步是描述系统的行为。

在前两步中所建立的模型都是静态的,包括用例图、类图、包图、对象图、组件图和配置图等,是 UML 的静态建模机制。

在第三步中所建立的模型或者可以执行,或者表示执行时的时序状态或交互关系。它包括状态图、活动图、顺序图和协作图等四个图形,是 UML 的动态建模机制。

因此,标准建模语言 UML 的主要内容也可以归纳为静态建模机制和动态建模机制两大类。

在 UML 中也常用视图概念。视图由多个图构成,从不同的目的或角度描述系统。

6.2.3　静态建模

UML 的静态建模是指通过用例图、类图、对象图等 UML 图形对软件系统的静态结构进行描述。

1. 用例图(Use Case Diagram)

(1)用例图的图符

用例图用来描述用户的需求,它从用户的角度描述系统的功能,并指出各功能的执行者,强调谁在使用系统,系统为执行者完成哪些功能。如图 6-4 所示的用例图描述了一个图书管理系统中读者借还书的情况。图中有一个参与者和两个用例,读者能够使用系统提供的“借书”和“还书”功能。

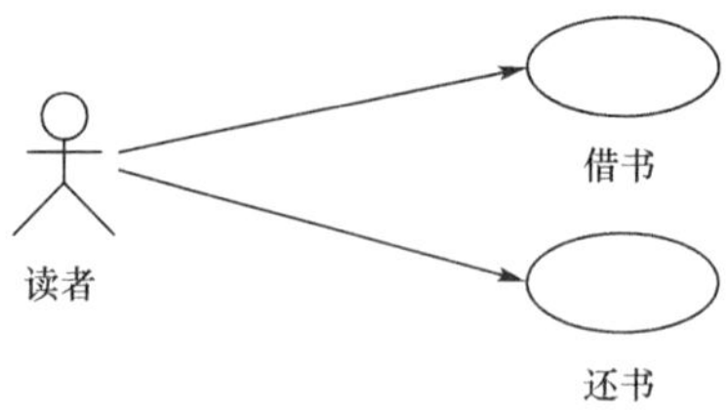

绘制用例图

图 6-4 读者借还书用例图

在 UML 中,使用用例图对系统需求和语境(存在的环境)建模,用例图是用来显示系统中角色和用例关系的图。画好用例图是由软件需求分析到最终实现的第一步。用例图用于建立系统所要实现的功能,它主要用于对系统、子系统或类的行为进行建模。用例图表示系统从外部想要实现的行为,而不关心这些行为具体是怎样实现的。

用例图描述了一组用例、参与者以及它们之间的关系,用例图主要包括以下三个元素:

①用例(Use Case)。用例是系统的使用过程或要执行的动作序列,用来描述某个参与者使用系统所完成的功能。在图中用椭圆来表示,用例名称可写在椭圆中或椭圆下面。

②参与者(Actor)。或称角色或执行者,它是系统外部的一个实体(可以是任何的事物或人所扮演的角色等)。在图中用一个小人图形表示。

③关联。表示角色与用例之间的驱动和反馈关系,也可以表示用例间的包含与扩展关系。在图中用线段或带箭头的线段表示。

(2)用例间的关系

在用例图中,不仅参与者与用例之间存在关系,用例与用例之间也存在关系。用例之间的关系主要有两种:包含(include)和扩展(extend)。包含是指一个用例作为另一个用例必需的部分被使用;而扩展则是指一个用例扩展了另一个用例的功能,但这个扩充功能不是必需的。如图 6-5 所示,读者在借书时如果知道了图书编号和图书名称等信息,则不需要查找书目,否则就需要查找书目。因此“查找书目”用例扩展了“借书”用例。而读者在借书时,系统必须要检查读者身份,因此“借书”用例包含了“检查读者身份”用例。

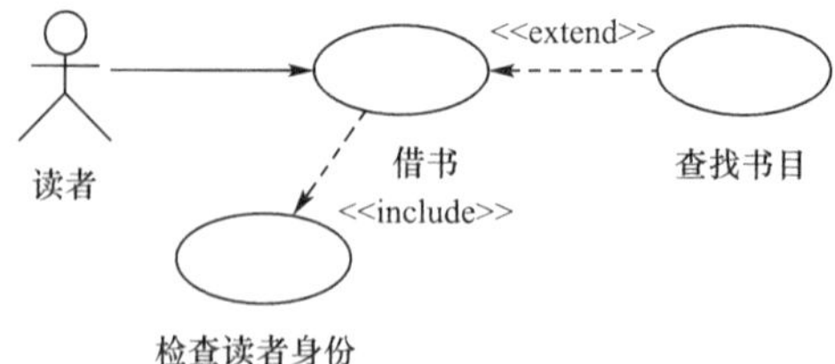

图 6-5 图书管理系统中用例的包含与扩展关系

从图 6-5 可以看出,用例图在对系统行为组织和建模方面是相当重要的。在绘制用例图时,系统分析人员首先要站在系统之外观察和分析系统,识别出系统中的所有角色;接着从分析系统的参与者开始,考虑每个参与者是如何使用系统的,识别和找出系统所提供的功能(用例)都有哪些?这是识别角色和用例的简洁方法之一。

使用 Rose 建模工具绘制用例图的具体过程请参见 6.3.4。

2. 类图(Class Diagram)

类图是从系统构成角度来描述系统的，类图展示了一组类、接口及它们之间的关系。类图是用来描述类以及类与类之间的静态关系的一种静态模型。类图是构建其他图形的基础，没有类图就没有时序图、状态图、协作图等其他图，也就无法表示系统其他方面的特性，所以建立类模型时，应尽量与应用领域的概念保持一致，以使模型更符合客观事实，易修改、易理解和交流。

(1)类的表示

类用如图 6-6 所示的符号表示。类图中包括三个组成部分，分别是类名、属性和方法(或称操作)。类的名称放在图符的上面，用来标识一个类，它是必需的部分，通常是名词或复合名词。有时为了简要地描述类的概念，可以只使用一个矩形来描述类，矩形中写出类名。

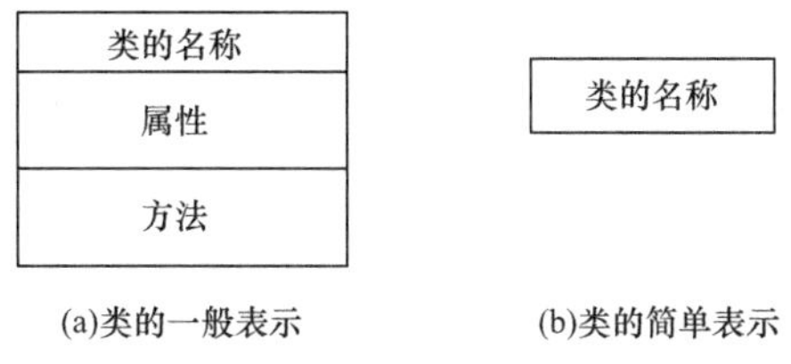

图 6-6　类的符号示例

(2)类中属性和方法的可见性

可见性指类中的属性和方法对类以外的元素是否可见。可见性有公有(Public)、私有(Private)和受保护(Protected)三种类型，如图 6-7 所示，在 UML 中分别用"+、-、#"表示，在 Rose 工具中的符号分别是 。

读者
-读者编号 -读者姓名 -读者类型
+查询读者信息() +查询所借图书()

读者
读者编号 读者姓名 读者类型
查询读者信息() 查询所借图书()

图 6-7　标出可见性的类图示例

(3)类之间的关系

定义了类之后，就可以定义类之间的各种关系了。类之间的关系主要有关联、泛化(继承)、依赖和实现(细化)等关系。类之间的关系种类见表 6-3。

表 6-3　类之间的关系种类

关　系	功　能	表示法
关联	是类实例(对象)之间连接的描述	0.1　*
依赖	表示两个模型元素之间的依赖关系	
泛化	表示一般与特殊的关系，适用于继承操作	

（续表）

关　系	功　能	表示法
实现	表示类和接口之间的关系	- - - - - - - - - - - -▷
聚集	表示聚集对象由部分对象组成	————◇
组合	是一种特殊的聚集关系	————◆

①关联关系

关联关系表示类之间存在某种联系。例如读者类和图书类之间存在借阅关系等。其中关联关系又可以分为普通关联、聚集等。

• 普通关联

普通关联是最常见的关联，只要在类之间存在连接关系就可以用普通关联。其图形符号是连接两个类之间的直线。可以在关联上加上文字说明，具体说明两个类之间的关系，这种描述称为关联名。如图 6-8 所示，表示读者借阅图书。

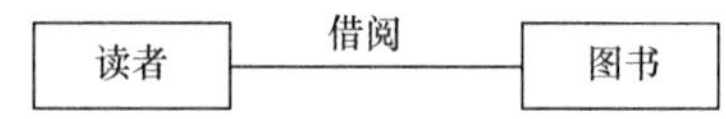

图 6-8　关联示例

如果关联是单向的，则称为导航关联，其符号是用实线箭头连接两个类。仅在箭头所指方向才有这种关联关系。如图 6-9 所示，表示某读者可以拥有借书证，但借书证被读者拥有的情况未表示出来。

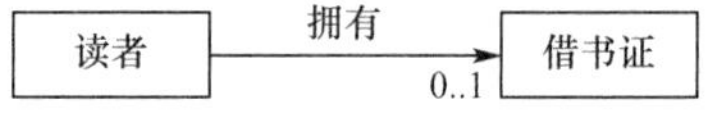

图 6-9　导航关联示例

在类图中还可以表示关联中的数量关系，即参与关联的对象的个数或数量范围，这称为关联的多重性或称重数，一个端点的多重性表示该端点可以有多少个对象与另一个端点的一个对象关联。常见的多重性符号表示有：

1　　表示 1 个对象，重数的默认值为 1。

0..1　表示 0 或 1。

1..*　表示 1 或多。

0..*　表示 0 或多，可以简化表示为*。

2..4　表示 2～4。

• 聚集

聚集也称为聚合，是关联的特例。聚集表示的是类与类之间是整体与部分的关系。在需求分析中，经常可以把表示“包含”“组成”“分为…部分”等含义的联系设计成聚集关系。除了一般聚集之外，还有两种特殊的聚集关系，分别是共享聚集和复合聚集。

如果部分对象可以同时参与多个整体对象的构成，称为共享聚集。如图 6-10 所示，一个社团包含许多学生，每个学生又可以参加多个社团。社团和学生之间是共享聚集。

空心菱形要画在整体类一端。

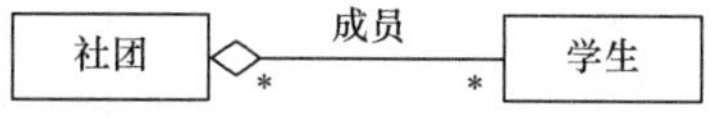

图 6-10　共享聚集示例

如果部分类完全隶属于整体类，部分与整体共存亡，即：如整体不存在了，部分也会随之消失，则称为复合聚集（或称组合或组成）。如图 6-11 所示就是复合聚集的例子。图书由封面、目录、内容和封底组成，图书不存在了，封面和目录等也会不存在。表示复合聚集时，在整体类一端要画实心菱形。

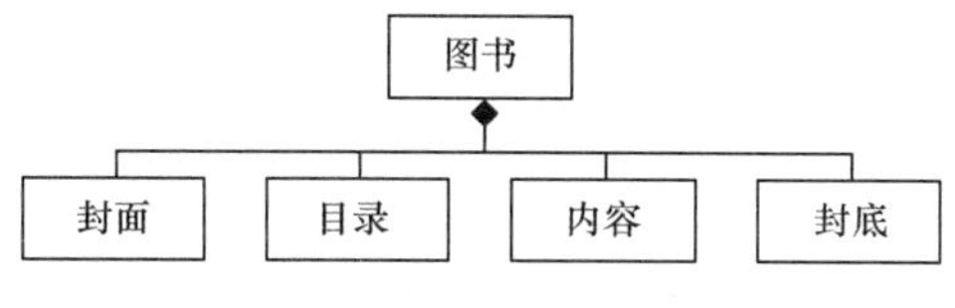

图 6-11　复合聚集示例

②泛化关系

泛化关系就是通常所说的继承关系，它定义了一般元素与特殊元素之间的分类关系。特殊元素完全拥有一般元素的特征（属性或操作），并且还可以附加一些特征。如图 6-12 所示，汽车类包含客车和货车两个子类，它们之间存在泛化关系。在 UML 中，用带有空心三角形的连线表示泛化关系，三角形顶角连接一般元素。

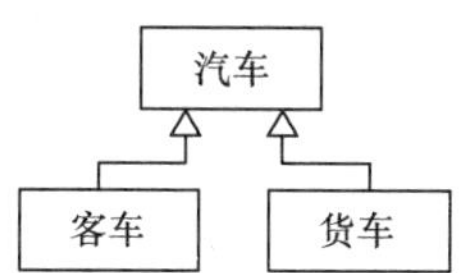

图 6-12　泛化关系示例

③依赖关系

依赖关系描述的是一个类使用了另一个类。其中一个类是独立的，另一个类不是独立的，它依赖于独立的类，需要由独立类提供服务。如果独立类改变了，将影响依赖于它的类。类中的依赖可以由各种原因引起，例如：一个类向另一个类发送消息；一个类是另一个类的数据成员；一个类是另一类的操作参数等。依赖关系的符号是带箭头的虚线，箭头方向指向被依赖的一端（独立的类）。图 6-13 中的“罚款”与“读者类型”之间就存在依赖关系，其中“读者类型”是独立的类，“罚款”依赖于“读者类型”。

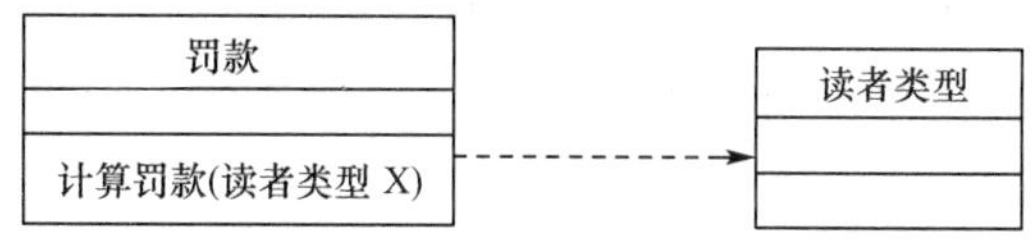

图 6-13　依赖关系示例

④关联类

和类一样，关联也可以有自己的属性和方法。一般称这样的类为关联类。在图 6-14 中，表示了“借阅”类是一个关联类。它与“读者”和“图书”两个类之间的关联相关联。关联类的关联关系用一条虚线来表示,关联类也可以有自己的属性和方法。

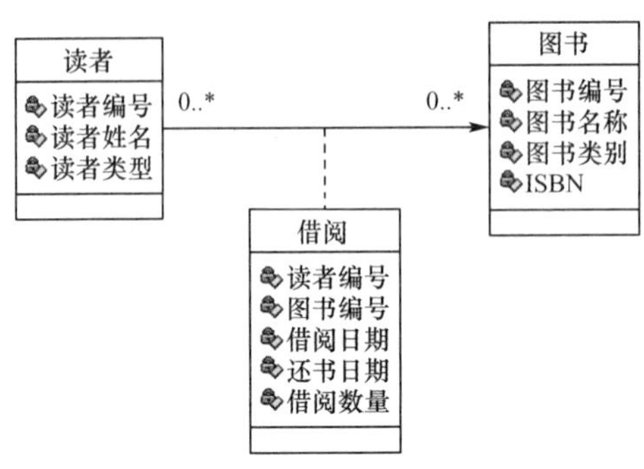

图 6-14 关联类示意图

(4)类的三种类型

在面向对象软件工程中,将类划分为三种类型:实体类、边界类和控制类。

①实体类。表示的是系统领域内的实体,例如图书管理系统中的读者类、图书类等。实体对象具有永久性的特点,并且持久地存储在数据库中。实体类一般与数据库中的表相对应,类的实例对应于表中的记录,类的属性对应于表的字段。在 UML 建模时通常用实体类保存要永久存在的信息。

②边界类。表示的是系统的用户界面,直接与系统外部的参与者交互,与系统进行信息交流。边界类位于系统与外界的交接处。边界类包括窗体、报表和打印机等硬件的接口以及与其他系统的接口。每个参与者和用例至少要有一个边界类。如图书管理系统中的“网上续借”窗体等。

③控制类。控制类控制系统中对象之间的交互。它负责协调其他类的工作,实现对其他对象的控制。通常每个用例都有一个控制类,控制用例中的事件顺序。如图书管理系统中的办理网上续借等。

(5)类图的层次

建立一个系统的类图,需要从系统的各个用例中识别类、类的属性和操作,并经过分析、抽象后才能得到。一个系统可以有多个类图,单个类图仅表达了系统的一个方面,要在高层给出类的主要职责,在低层给出类的属性和操作,类图没有时间概念,可以说是概念数据模型(如 E-R 图)的一种延伸。类图可划分为以下三个抽象层次,正确理解类的层次的概念有助于画好类图和理解类图。

概念层:在需求分析阶段使用概念层类图描述应用领域中的概念。

说明层:在设计阶段使用说明层类图描述软件中类和类的接口部分,而不是描述软件的实现部分。

实现层:在实现阶段使用实现层类图描述软件系统中类的实现。

3. 对象图(Object Diagram)

对象图展示了一组对象和它们之间的关系。对象图是类图的实例,对象之间的连接是类之间关联的实例。类图和对象图的不同点在于对象图显示类的多个对象实例,而不是实际的类。

在 UML 中，对象图和类图一样采用矩形图示，不过对象名称下方有下划线(类名称下方没有下划线)，通常对象名采用："对象名：类名""：类名"或"对象名"三种格式表示，中间形式是尚未给对象命名，最后一种形式是省略了类名。如图 6-15 所示。

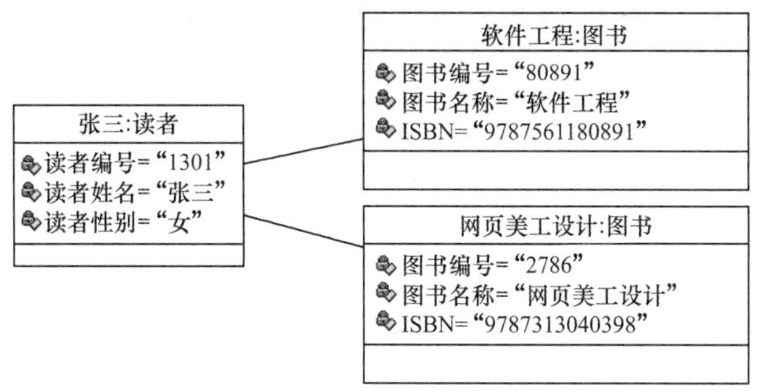

图 6-15　对象图

对象图通常在分析和设计阶段创建，常用于捕获实例和连接、交互的静态部分等。和类图一样，通常由分析人员、设计人员和代码实现人员进行开发和实现。

另外使用对象图还可以说明类图中的类或组件、数据结构等的实例静态快照，对象也和协作图相联系，协作图显示处于语境中的对象(类元角色)之间的协作关系。

4. 包图(Package Diagrams)

包是 UML 中的一种分组机制。它能够把诸如用例或类等模型元素组织为组，形成一个高内聚、低耦合的整体。一个包图可以由任何一种 UML 图组成，通常是用例图或类图。

当在分析设计一个大型系统时，往往会出现上百个甚至更多的类，这样理解和修改该系统就变得非常困难。如何有效地管理这些类，是分析人员首要解决的重要问题，其基本做法是将许多类组合成一个更高层次的单位——包。广义地讲，包的元素包括类、接口、组件、节点、协作、用例等，还可以包括内嵌的其他子包，引入包可以降低系统的复杂性。包图是维护和控制系统总体结构的重要建模工具。

(1)包的图符与命名

在 UML 中使用一个带有标签的文件夹来表示包。和其他建模元素一样，每个包都必须有一个区别于其他包的名称。模型包的名称是一个字符串，它可分为简单名和路径名。简单名是指包仅含一个简单的名称，路径名是指以该包所在的外层包的名称作为前缀的包名，如图 6-16(a)中的包使用了简单名，图 6-16(b)中的包使用了路径名，它表示该包的名称是"数据库界面"包，且该包属于"界面"包。包的名称可以放在包图中间，也可以放在左上角的小方框内。

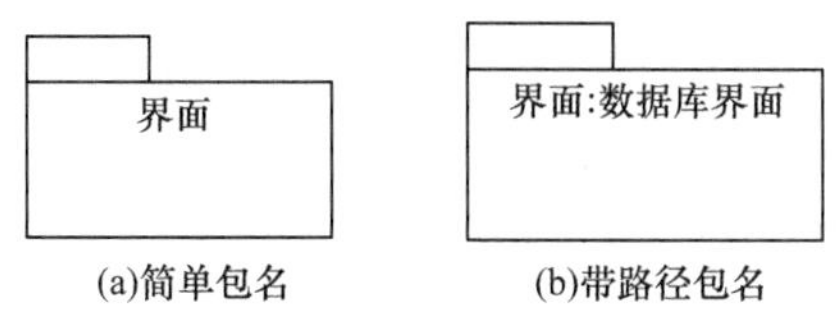

图 6-16　包的图符与命名

(2)包与包之间的关系

包与包之间也存在关系,其中主要的关系有三种:泛化关系、依赖关系和细化关系,最常用到的是依赖关系。

①依赖关系。如果两个包中的任意两个类存在依赖关系,那么这两个包就存在依赖关系。包的依赖关系的表示方法同类图一样,都使用带箭头的虚线来表示,箭头方向指向被依赖的一端。如图 6-17 所示,“用户界面包”放置窗体和表单类等,“数据库包”放置数据库表类,“组件包”放置基础组件类,“业务包”放置图书业务对象类。“用户界面包”依赖“组件包”,“业务包”依赖其他三个包。如果当“组件包”中的某个类发生了改变,而且这个类与“业务包”的某个类存在依赖关系,那么“业务包”有可能需要改变。

请注意,包的依赖没有传递关系。

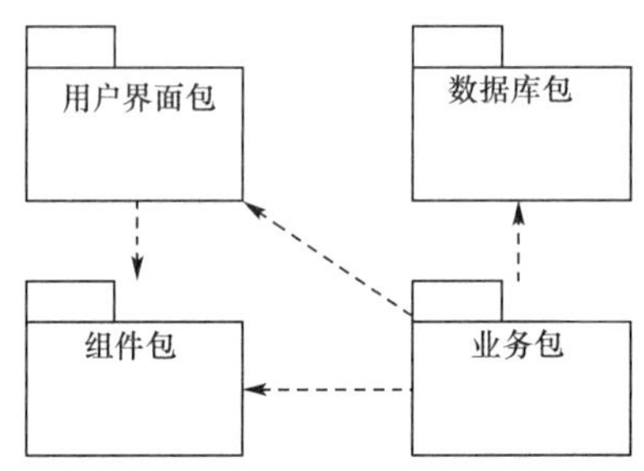

图 6-17 图书管理系统中包的依赖关系

②泛化关系和细化关系。包的泛化关系和类图中相同,也是用一条带有空心三角形箭头的有向实线来表示,其中箭头的方向指向泛化包,另一端连接具体包。

包的细化关系与细节相关,当一个包和另外一个包具有相同的元素,但却带有更多细节时,称这两个包是细化关系。包的细化关系用一条带有空心三角形箭头的有向虚线来表示,其中箭头的方向指向被细化的包。

包的概念对测试也特别有用,可以以类为单位进行测试,但有时以包为单位进行系统单元测试更为方便和自然,每个包都应包含一个或更多个测试类来测试包的行为。

5. 组件图(Component Diagram)

组件图也称为构件图,用于显示软件组件及它们之间的依赖关系。利用组件图可以对系统的静态实现视图建模。组件图用来表现编译、连接或执行时组件之间的依赖关系,用来反映代码的物理结构。

组件(Component)是定义了良好接口的物理实现单元,是系统中可替换的物理部件。一般来说,软件组件就是一个实际文件,可以是源代码、二进制文件或可执行文件等。

组件图中通常包含三个元素:组件、接口(Interface)和依赖关系(Dependency)。组件用一个左边带有两个小矩形的矩形符号表示,组件名放在大矩形内;组件可以通过其他组件的接口来使用其他组件中定义的操作,组件中的接口用一个小圆圈表示;组件之间的依赖关系用带箭头的虚线表示。

在图 6-18 中,表示了“客户”和“提供者”两个组件,“客户”端组件依赖于“提供者”组件。

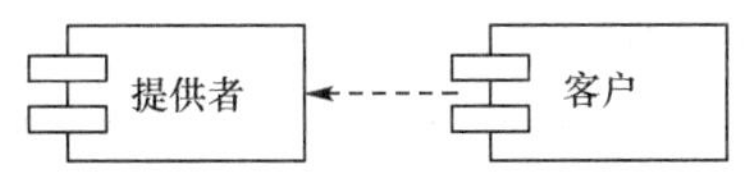

图 6-18　组件之间的依赖关系

6. 配置图(Deployment Diagram)

配置图也称为部署图,用来描述系统中的硬件物理分布,包括系统中有哪些节点、这些节点之间的关系、如何在网络上布置这些节点以及在哪个节点上部署哪些软件构件等。一个系统只有一个配置图。

在 UML 中,配置图通常包含三个元素:节点、组件和连接。其中,节点代表一个物理设备及在其上运行的软件系统,例如,一台 UNIX 主机、一台 PC 终端、一台打印机等。在实际的建模过程中,可以把节点分为处理器和设备两种类型。处理器指的是具有计算功能的硬件,在处理器上可以运行各种程序或进程,如工作站或各种服务器。设备指的是没有计算能力的硬件,如打印机、扫描仪或各种终端等。连接指的节点之间进行交互的通信线路。

图 6-19 是一个客户机/服务器系统的配置图,图中有四个节点(节点用一个立方体表示,名称写在立方体中间或者左上角),其中有两个处理器和两个设备。连接旁边的"《"和"》"之间表示的是通信类型,用以指定所用的通信协议或网络类型。

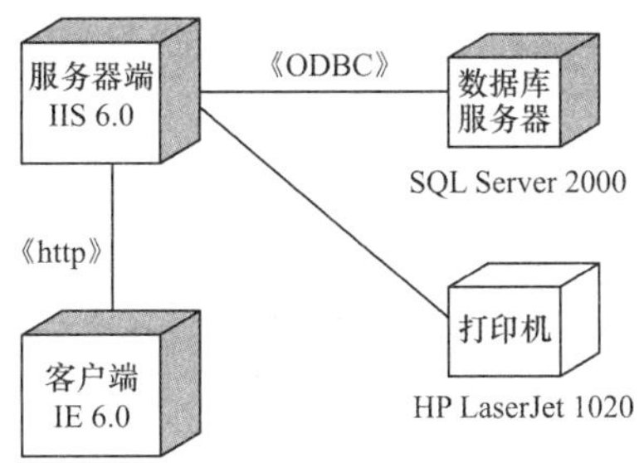

图 6-19　客户机/服务器系统配置图

部署图主要用在设计和实现两个阶段。在设计阶段,部署图侧重描述硬件设备是如何进行连接的、设备的放置地点等,反映系统中主要存在的各个节点,以及节点之间是怎样连接的;在实现阶段,已经产生出了软件组件,部署图侧重描述软件组件的部署,反映系统中的构件应该部署到哪个节点上,各个节点上的构件之间的相互关系。

提示:对于配置图,并不是所有的系统都要创建它,一个单机系统只需要建立包图和组件图即可,而配置图主要用于网络环境下运行的分布式系统、客户机/服务器系统和嵌入式系统等复杂系统的建模。

6.2.4　动态建模

UML 的动态建模是指通过交互图和行为图对软件系统随时间变化的瞬间行为的描述。

交互图包括时序图和协作图,它描述系统中对象是如何进行交互的。

行为图包括状态图和活动图,它通过对象的动作描述系统的行为。

1. 时序图(Sequence Diagram)

时序图与协作图

时序图(也称为顺序图)描述对象间的动态交互关系,着重表现对象间消息传递的时间顺序,描述按时间的先后顺序对象之间的交互动作过程。时序图有两个坐标轴:纵坐标轴表示时间,横坐标轴表示不同的对象。

时序图中的对象用一个矩形来表示,框内标有对象名(对象名的表示格式与对象图中相同)。从表示对象的矩形框向下的垂直虚线是对象的"生命线",用于表示在某段时间内该对象是存在的。

对象间的通信用对象生命线之间的水平消息线来表示,消息箭头的形状表明消息的类型(同步、异步或简单)。当收到消息时,接受对象立即开始执行活动,即对象被激活了。激活用对象生命线上的细长矩形框表示,激活条的长短表示执行操作的时间。消息还可以带有条件表达式,用以表示分支或决定是否发送消息。浏览时序图的方法是从上到下按时间顺序查看对象间交换的消息。

图 6-20 是一个图书管理系统中的借书时序图。时序图中共有五个对象类。完成借书功能共需要十个步骤。

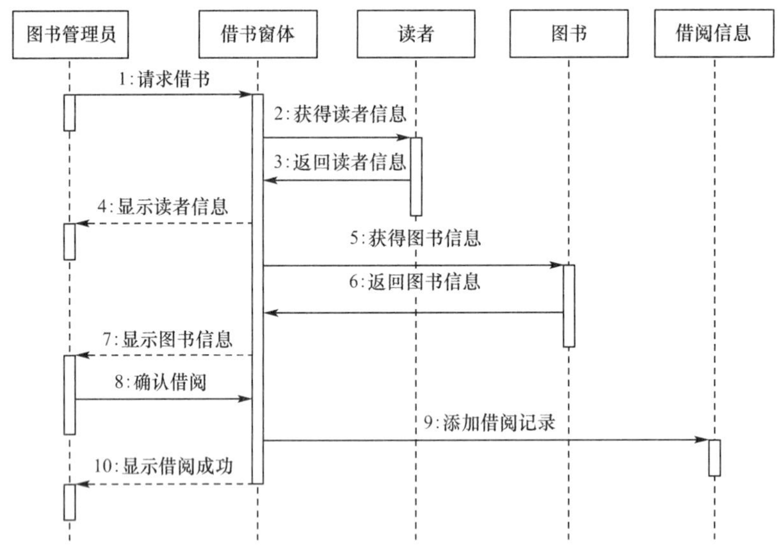

图 6-20 图书管理系统借书时序图

2. 协作图(Collaboration Diagram)

协作图又称合作图,它和时序图一样,也是用于描述对象间的交互关系,但侧重点不同。时序图着重体现交互的时间顺序,而协作图是对象图的扩展,着重体现交互对象间的静态连接关系,侧重说明哪些对象之间有消息传递。

在协作图中,需要从消息上所附编号获得交互时间次序。在 UML 中时序图和协作图的语义是等价的,它们都是交互图,可以相互转换,而不丢失任何信息,在 Rose 建模工具中的操作方法是按一下功能键 F5,然后协调布置好各个对象及它们之间的交互关系即可。

图 6-20 对应的协作图如图 6-21 所示。该图描述了借阅者借书的过程。图中有五个对象，正是这五个对象的相互协作完成了一个借书过程。

图中描述了图书管理员办理借书的基本过程是：图书管理员通过借书窗体，获得读者信息和图书信息，然后办理借书并生成借阅信息。

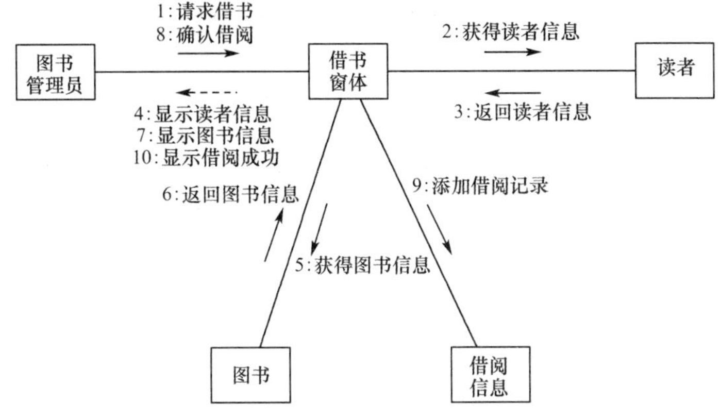

图 6-21　图书管理系统中借书协作图

3. 状态图(State Diagram)

状态图和活动图都属于行为图，主要用在分析、设计阶段描述对象的行为。状态图适于描述单个对象状态的变化情况，活动图适于描述一个工作过程、多个对象之间的合作。

状态图建模

状态图描述一个特定对象的所有可能状态以及由于各种事件的发生而引起的状态间的转移。

其中状态是对象执行了一系列活动的结果。对象在事件的触发下，从一个状态变成另一个状态。

状态图有初态、终态和中间态三种状态。一个状态图只能有一个初态，而终态和中间态可以有多个。

在 UML 中，初始状态用一个小的实心圆表示，最终状态用一个内部实心的两个同心圆表示，一个中间状态用圆角矩形表示如图 6-22 所示。如果一个状态可以进一步细化为多个子状态，我们称其为复合状态。

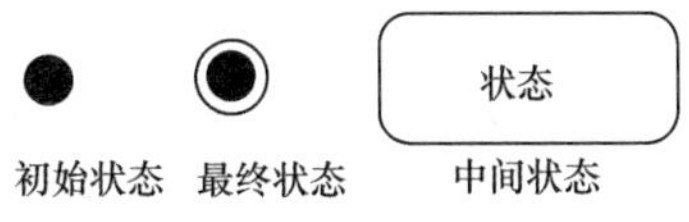

图 6-22　状态的三种表示

例 6-1　移动手机的状态图。

如图 6-23 所示是移动手机的状态图。手机有三种状态：空闲待机、来电显示和用户使用。当有电话打入时，进入“来电显示”状态，此时，如果用户接听则进入“用户使用”状态，如果不接听而发生超时，则进入“空闲待机”状态，当通话结束用户挂断时，也会进入“空闲待机”状态。注意两种状态上的箭头及其上面的标注表示状态转换的事件。

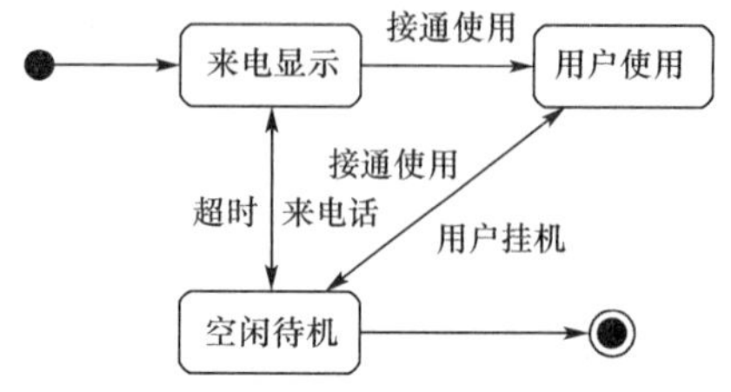

图 6-23 移动手机状态图

例 6-2 图书管理系统中图书的状态图。

如图 6-24 所示是图书管理系统中图书的状态图。图书主要有五种状态:在库可借、借出、预约、注销和下架。图中描述了图书从购进并登记注册直到下架的五种状态以及各种状态之间的转换条件。

注意:当某图书借出后、馆内剩余数量为 0 时也可以预借。在图 6-24 中没有表示这一情况。

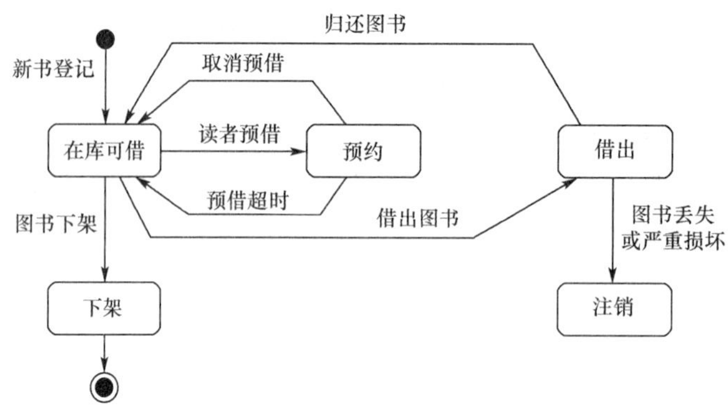

图 6-24 图书管理系统中图书的状态图

4. 活动图

活动图(Activity Diagram)是状态图的变种。状态图适于描述单个对象状态的变化情况,而活动图的目的是描述动作(执行的工作和活动),以及对象状态改变的结果,适于描述一个工作过程、多个对象之间的合作。与状态图不同的是,活动图中动作状态的迁移不是靠事件触发,当动作状态中的活动完成时就触发迁移,活动图中的一个活动结束后将立即进行下一个活动。

活动图类似于程序流程图,不同之处在于它支持并行活动。

活动是某件事情正在进行的状态,既可以是现实生活中正在进行的一项工作,也可以是软件系统某个类对象的一个操作,活动是活动图的核心概念。

(1)活动图的图符

在 UML 中,活动用圆角矩形表示,活动图的起点用实心圆表示,终点也是用一个实心的两个同心圆表示,活动图中还包括判定、水平同步控制条(可表示分叉或汇合)和垂直同步控制条(可表示分叉或汇合),活动之间用带箭头的直线表示从一个活动到另一个活动的转移,可在线上标注活动转移的条件,活动图和主要符号如图 6-25 所示。

图 6-26 是图书管理系统中图书管理员借还书活动图。图中共有七个活动。

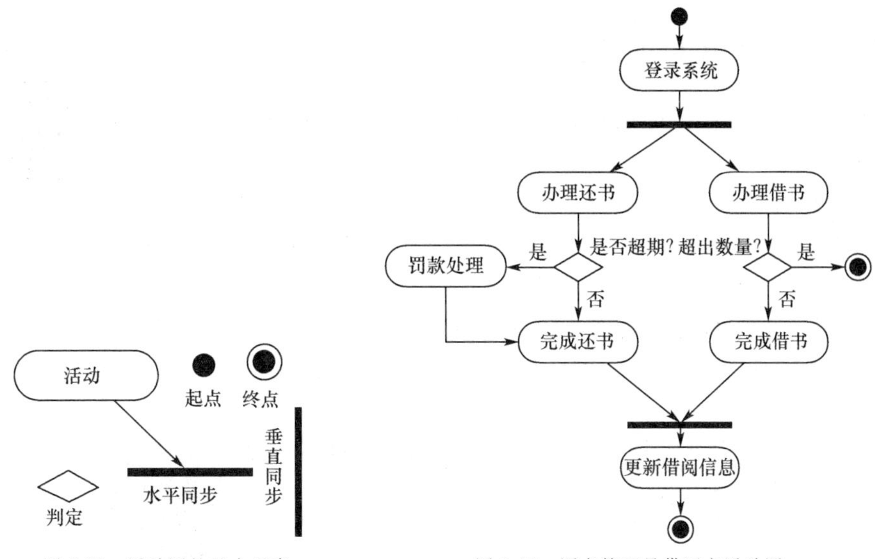

图 6-25　活动图的基本元素

图 6-26　图书管理员借还书活动图

（2）泳道

在活动图中还使用了泳道概念。活动图中的泳道把活动分为若干组，并为每组指定负责人和所属组织，每个活动只能明确属于某一个泳道。泳道中的活动没有顺序，既可以顺序进行，也可以并发进行。动作流和对象流允许穿越泳道分割线。在 UML 图中，泳道用纵向矩形表示，属于一个泳道的所有活动均放在其矩形框内，泳道的名称放在矩形框顶部，表示泳道内所有活动由该对象负责。

使用泳道的活动图请参见第 7 章 7.8 节中的图 7-18。

在活动图中，除了可以使用泳道外，还可以使用对象和对象流，在 UML 中，对象使用矩形符号表示，矩形内可以写上对象名或类名，对象和活动之间使用带箭头的虚线表示对象流。

总之，如果希望描述单个对象跨用例的行为，一般要使用状态图；如果希望描述多个对象跨用例、跨线程的行为，要使用活动图。在对一个系统的动态行为建模时，通常有两种使用活动图的方式：一是为系统的工作流建模；二是为系统中对象的操作建模，在 UML 中，可以把活动图作为流程图来使用，用于对系统的操作建模。值得一提的是，在实际进行系统分析时，有些活动很难被归类到某个对象或类中。

6.3　Rational Rose 简介

Rose（Rational Object-oriented Software Engineering）是由美国 Rational 公司（现已被 IBM 公司收购）推出的面向对象分析与设计的最好建模工具，它基于 UML 而产生，支持多种开发语言，如 Ada、CORBA、Visual Basic、Java 等。利用 Rose 可以建立用 UML 描述的软件系统的各种模型，而且可以自动生成各种代码和数据框架（如 C++、Java、Visual Basic 和 Oracle 等），Rational Rose 的组成包括统一建模语言（UML）、面向对象的软件工程（OOSE）及对象模型技术（OMT）。

6.3.1 Rational Rose 的安装

Rose 工具的安装与使用

目前，Rational Rose 的最新版本是 2007，它的基本操作与 2003 版本基本相同。

Rose 的操作系统环境为 Windows XP、Windows 2000/2003 Server 及其以上版本的操作系统。Rose 软件可从网上下载，下面仅以教材配套资源中的 Rose 压缩包为介质介绍其安装步骤。

(1)打开并解压教材配套资源中的 Rose 压缩包，双击 Rose 2007 的 Setup.exe 程序开始安装，如图 6-27 所示，单击"Install IBM Rational Rose Enterprise Edition"，进入安装程序的欢迎界面。

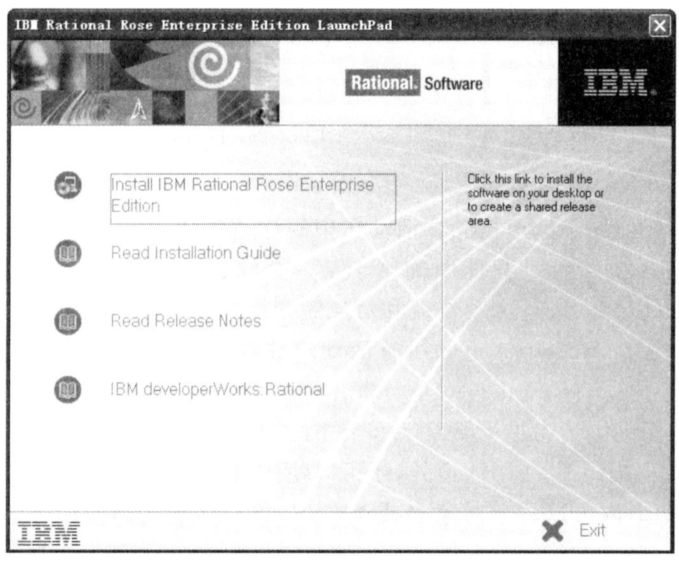

图 6-27 选择安装产品

(2)在欢迎界面中单击【下一步】按钮将出现如图 6-28 所示的选择安装模式界面，单击第二项：Desktop installation from CD image，并单击【下一步】按钮。

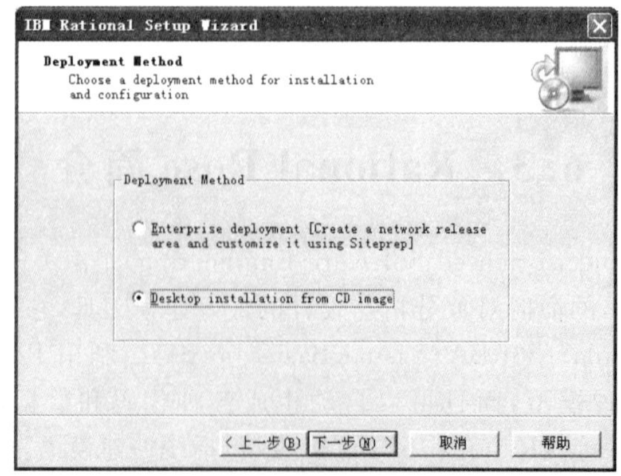

图 6-28 安装模式选择

(3)依照安装程序向导的提示,直接单击两次【Next】按钮。进入软件许可证协议界面,单击【接受】按钮,当弹出如图 6-29 所示界面时,选择 Rose 的安装路径,默认路径是 C:\Program Files\Rational,可以单击【Change】按钮来改变其安装路径。

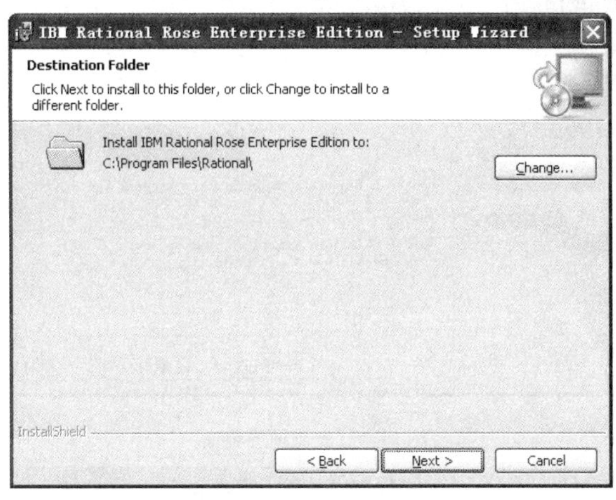

图 6-29 选择安装路径

(4)单击【Next】按钮,进入自定义安装界面如图 6-30 所示。用户可以根据自己的需要选择安装项目。

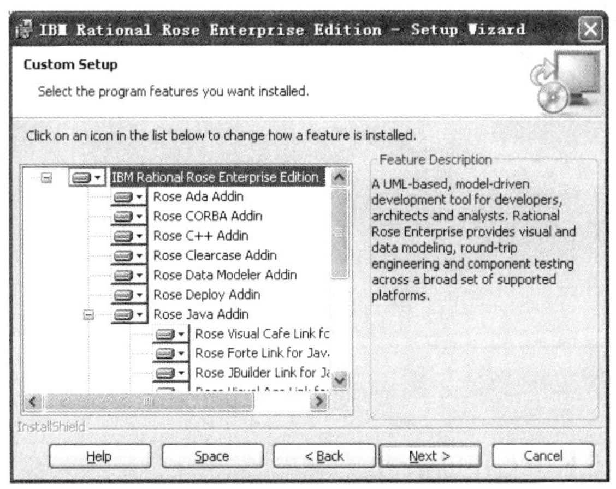

图 6-30 自定义安装选项界面

(5)继续单击【Next】按钮。进入开始安装界面,单击【Install】按钮,开始复制文件到安装目录。

(6)当安装完成后会出现完成界面。单击【Finish】按钮完成安装。

(7)如果 Rose 不能正常启动,则单击"开始"→"程序"→"IBM Rational"→"IBM Rational License Key Administrator",进入 IBM Rational License 配置向导界面,如图 6-31 所示。选择其中的第二个选项,单击【下一步】按钮。安装时,当出现如图 6-32 所示"License Import File"选项时,单击 Browse 按钮时,将文件指向配套下载资源中的 Rational Rose 2007-key 压缩文件中的破解文件"license. upd",并单击 Import 按钮两次后,若显示"File imported successfully. ",则完成配置 License Key 全部过程。

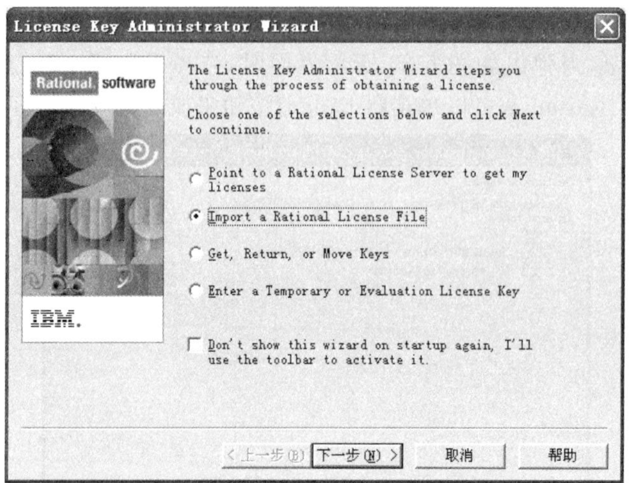

图 6-31 配置向导界面

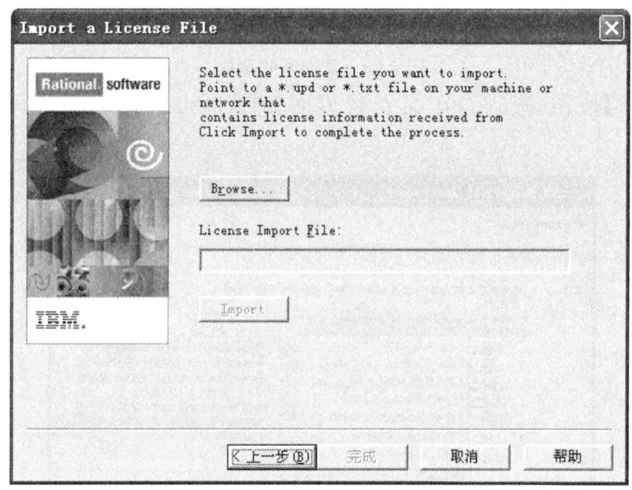

图 6-32 导入许可证文件窗口

6.3.2 Rational Rose 的启动

安装 Rose 之后，就可以用 Rose 建立软件模型了。启动 Rose 的方法是：单击“开始”→“程序”，打开“程序”菜单，找到“IBM Rational”后，单击“IBM Rational Rose Enterprise Edition”，出现 IBM Rational Rose 2007 的引导界面后，弹出一个“新建模型”对话框。这个对话框用来设置本次启动的初始动作，分为 New（新建模型）、Existing（打开现有模型）、Recent（最近打开模型）三个选项卡。

其中，第一个选项卡是 New，用来选择新建模型时采用的模板。如果暂时不需要任何模板，则可单击【Cancel】按钮，进入系统的主界面，并创建一个空白模型，如图 6-33 所示。

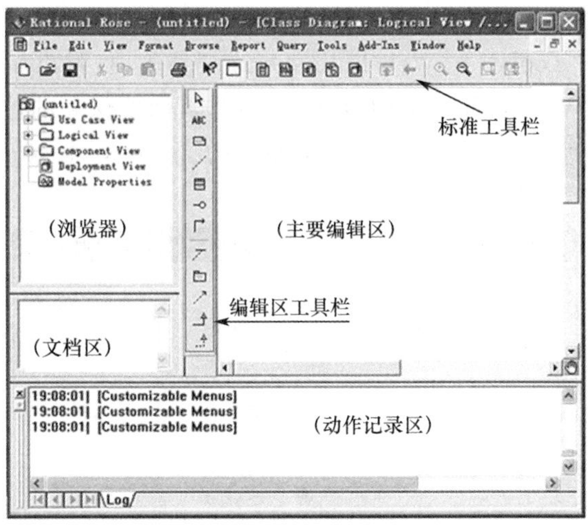

图 6-33　Rose 主界面窗口

6.3.3　Rational Rose 的配置

单击菜单栏中的“Tools”→“Options”菜单项，可打开全局设置对话框，从而对 Rose 进行设置。

(1)常规配置

在 Rose 全局设置对话框中选择“General”选项卡，可以完成默认字体、默认颜色、布局等常规选项设置。

注意：在建立模型前一定要事先设置好对象的字体、颜色等属性，建模后再设置将不会有效。

(2)其他配置

在“Options”菜单中还可以完成改变图形元素、浏览器和对应语言等其他设置。

有关 Rose 更多的操作应用知识，请参照大连理工大学出版社出版的《软件工程项目化教程》教材等书。

6.3.4　Rational Rose 建模的基本过程

1. Rose 建模的基本过程

(1)创建模型

单击菜单栏中“File”→“New”菜单项，或者单击标准工具栏中的“Create New Model or File”按钮；弹出“Create New Model”对话框，选择要使用的模板。如果暂时不需要任何模板，单击【Cancel】按钮。根据需要建立用户视图、逻辑视图、组件视图和部署视图。

Rose 所创建的模型文件的扩展名为. mdl。

(2)保存模型

单击菜单栏中“File”→“Save”选项，或者单击标准工具栏中的“Save Model, File, or Script”按钮。

(3)发布模型

单击菜单栏中的“Tools”→“Web Publisher...”菜单项，弹出如图 6-34 所示对话框，在图中选择要发布到 Web 页面上的内容和 HTML 页面要保存的位置，单击【Publish】按钮，Rose 模型就发布到 Web 页面上，打开所保存的.html 文件，就可以看到 Rose 模型，如图 6-35 所示。

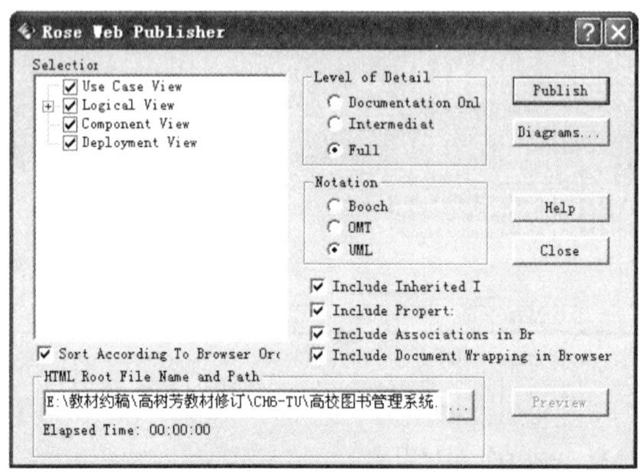

图 6-34 发布模型和保存.html 文件的窗口

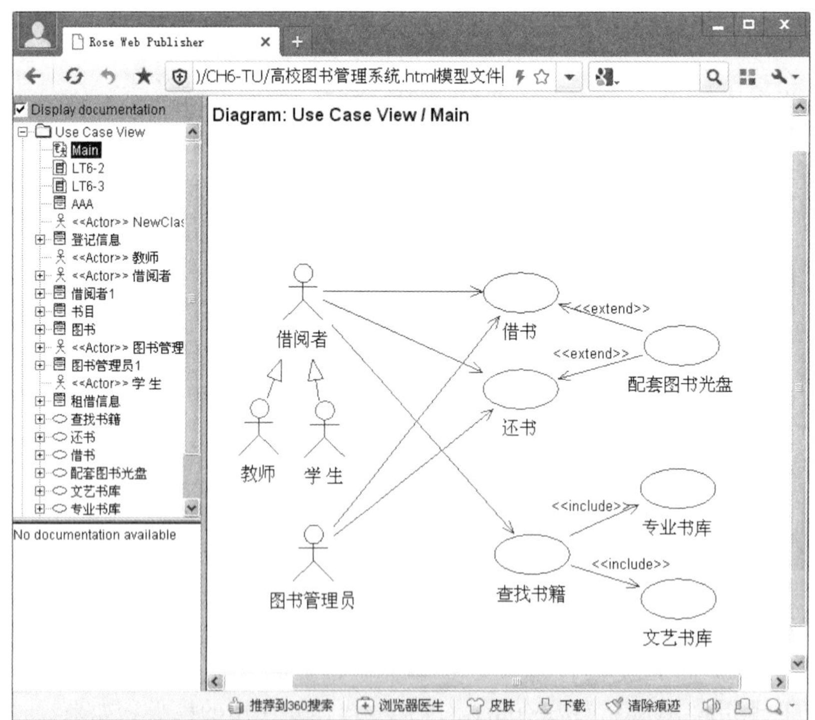

图 6-35 打开所发布的图书管理系统.html 模型文件

2. Rose 建模的具体操作

下面介绍利用 Rose 绘制用例图的具体操作方法：

(1)启动 Rational Rose 2007 后，选择“File”→“New”→“Class”选项，新建一个模型(默认名称是 untitled)。

(2)在左侧浏览器区域用右击用例视图(Use Case View)文件夹节点,然后选择“File”→“New”→“Use Case Diagram”选项,新建一个用例图,可根据需要重新命名用例图名称如 book,如图 6-36 所示。

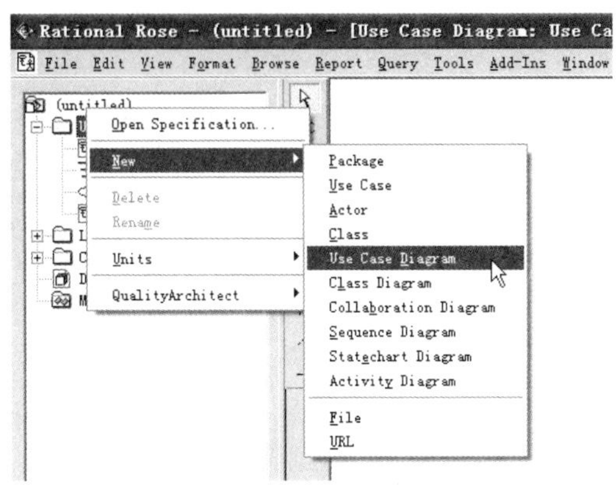

图 6-36　创建用例图的步骤

(3)双击刚才建立的用例,然后利用 Rose 界面工具栏中的工具绘制用例图。将鼠标指针指向工具栏中图标会显示其信息。用例图中主要有角色(Actor)、用例(Use Case)等图符工具。

其他图的绘制方法基本相同,只是选择的视图(View)和新建(New)的选项不同。例如:

①对于类图,需选择用例视图(Use Case View),然后选择“File”→“New”→“Class Diagram”选项。

②对于包图,需选择用例视图(Use Case View),然后选择“File”→“New”→“Package”选项。

③对于组件图,需选择组件视图(Component View),然后选择“File”→“New”→“Component Diagram”选项。

④对于配置图,需双击组件视图(Component View)文件夹节点。

⑤对于时序图、协作图、状态图,活动图需选择逻辑视图(Logical View),然后分别选择“File”→“New”→“Sequence Diagram”“Collaboration Diagram”“Statechart Diagram”或“Activity Diagram”选项。

本章小结

面向对象方法提倡运用人类的思维方式,从现实世界存在的事物出发来构造软件,它建立在“对象”概念基础上,以对象为中心,以类和继承为构造机制来设计和构造软件系统。面向对象的基本概念有对象、类、消息、封装、继承性、多态性和重载等。

UML 是面向对象分析和设计的一种标准表示,它提供一组专用符号来描述软件模型。UML 图可以分为静态图和动态图两大类共十种图。UML 的静态建模主要是通过用例图、类图、对象图等对软件系统的静态结构进行描述;UML 的动态建模主要是通过时序图、协作图、状态图和活动图等对软件系统随时间变化的瞬间行为进行描述。

Rational Rose 2007 软件是面向对象建模的常用工具之一。

习 题

一、选择题

1. UML 的主要特点不正确的是(　　)。

A. 面向对象,表达能力强　　B. 可视化建模

C. 面向过程,表达能力强　　D. 统一标准

2. 静态建模图不包括(　　)。

A. 用例图　　B. 协作图　　C. 类图　　D. 对象图

3. 用例图的模型元素不包括(　　)。

A. 用例　　B. 系统　　C. 行为者　　D. 软件开发者

4. 类图的要素不包括(　　)。

A. 类名称　　B. 操作　　C. 属性　　D. 对象

5. 时序图中的要素不包括(　　)。

A. 执行者　　B. 对象　　C. 对象生命线　　D. 消息

6. 描述对象的特征以及对象之间关系的图是(　　)。

A. 状态图　　B. 数据流图　　C. 对象图　　D. 结构图

7. 协作图的要素不包括(　　)。

A. 用例　　B. 对象　　C. 链　　D. 消息

8. 类图反映了系统中对象之间的抽象关系,不包括(　　)。

A. 关联　　B. 聚合　　C. 泛化　　D. 内聚

9. 下面(　　)不是状态图的图符。

A. 圆角的矩形　　B. 实心圆点　　C. 实心圆环　　D. 椭圆

10. 描述类中某个对象的行为,反映了状态与事件关系的是(　　)。

A. 状态图　　B. 数据流图　　C. 对象图　　D. 结构图

11. 描述对象间的交互关系,侧重说明哪些对象之间有消息传递的图是(　　)。

A. 对象图　　B. 时序图　　C. 协作图　　D. 状态图

12. 描述某个工作过程以及多个对象之间的合作过程的图是(　　)。

A. 协作图　　B. 活动图　　C. 时序图　　D. 状态图

13. 有关类和对象的描述中,错误的是(　　)。

A. 一个类只能有一个对象

B. 对象是类的具体实例

C. 类是某一类对象的抽象

D. 类和对象的关系是一种数据类型和变量的关系

14. 用例图中用例之间的关系通常有关联关系、依赖关系和(　　)关系。

A. 协作　　B. 聚合　　C. 泛化　　D. 内聚

15. 动态建模图包括：时序图、协作图、状态图和(　　)图。

A. 对象图　　B. 设计图　　C. 活动图　　D. 结构图

二、简答题

1. 简要介绍用例图的三个要素。

2. 分别写出UML对象图中对象的三种表示方式。

3. 举例说明类图和对象图之间的关系。

4. 活动图的主要作用是什么，状态图的主要作用是什么？

三、应用题

1. 某教务管理系统主要完成以下功能；教师使用该系统完成某班级学生某门课程成绩的录入、修改、计算和打印，学生使用该系统查询所学课程的成绩，系统管理员使用该系统进行学生信息、教师信息、课程信息和班级信息的管理。

请对该系统分析，找出系统中的参与者、用例，确定它们之间的关系，并对每个用例进行详细描述。

2. 某教务管理系统中，教师的主要信息包括：工号、姓名、性别、职称、系部；学生的主要信息包括：学号、姓名、性别、班级；课程的主要信息包括：课程编号、课程名称、任课教师。请列出本系统中所涉及的主要的类，给出类的主要属性及类间关系，画出该系统的类图。

3. 请画出某教务管理系统中某一学期中课程对象的状态图。

4. 请画出某教务管理系统中学生选课的活动图。

第7章 面向对象的分析与设计

教学提示

本章介绍了面向对象分析的目标与任务、分析过程及对象模型、动态模型和功能模型的建立方法，然后介绍了面向对象设计的基本知识、基本模型、面向对象设计的准则和启发式规则，最后介绍了面向对象设计的两大内容：系统设计和对象与类的设计。本章重点是对象模型的建立方法。

教学要求

- 理解面向对象分析的主要任务和一般过程。
- 初步掌握对象模型的建立方法。
- 了解动态模型和功能模型的建立方法。
- 理解面向对象设计的基本模型及主要内容。

项目任务

- 学会利用面向对象思想对图书管理系统进行需求分析。
- 了解利用面向对象思想对图书管理系统进行软件设计的内容和过程。

7.1 面向对象分析

7.1.1 面向对象分析的目标和任务

面向对象分析(Object Oriented Analysis,OOA)是软件开发过程中的问题定义和需求分析阶段，这一阶段最后得到的是对问题领域的清晰、精确的定义。OOA 的目标是完成对所需求解问题的分析，确定目标系统所要做的工作，定义所有与待解决问题相关的类，并建立系统的模型。OOA 的核心思想是利用面向对象的概念和方法为软件需求建造模型，以使用户需求逐步精确化、一致化、完全化。为了达到这一目标，必须完成以下任务：

(1)与用户进行充分沟通，全面理解和分析用户需求，明确所开发的软件系统的职责，形成文件并规范地加以表述。

(2)识别解决问题的对象集合及对象间的关系。

(3)定义类(包括定义其属性和操作)并建立类间的层次关系。

(4)通过建立模型来表示对象之间的关系及行为特性。

需要说明的是，从第(2)项到第(4)项工作不是一次性顺序完成的，可能需要反复地修改、补充才能构造出较好的模型，以方便软件的设计和实现工作。其中的关键任务是识别出问题域内的对象，并分析它们相互间的关系，最终建立起问题域的精确、可理解的描述模型。用面向对象观点建立的模型主要包括对象模型、动态模型和功能模型三种，其中对象模型是最基本、最重要和最核心的模型。

从面向对象分析到面向对象设计再到面向对象实现（OOA→OOD→OOP）之间可以直接进行而不需转换，从而保持了问题域中事物及其相互关系的本来面貌。这是结构化方法与面向对象方法的本质区别。

7.1.2　面向对象分析的过程

在面向对象方法中，类、对象和事物等概念之间的关系如图 7-1 所示。

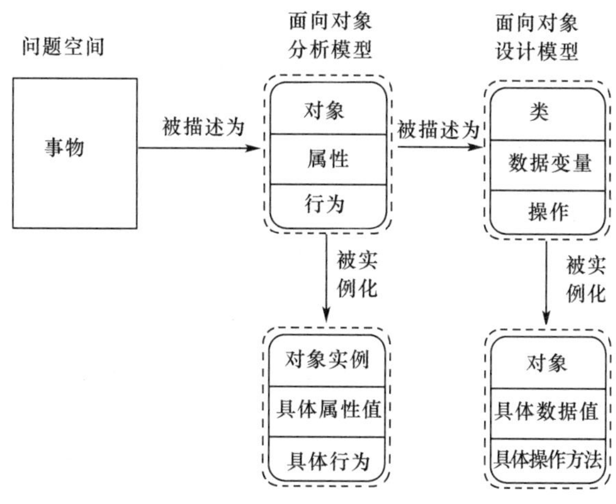

图 7-1　类、对象和事物之间的关系

面向对象分析的过程就是提取系统需求的过程，主要包括理解、表达和验证。目的是满足用户的需求，确定系统必须“做什么”的问题。OOA 的基本过程如下：

1. 分析需求文档

系统分析通常是从一个需求文档（或称需求陈述）和用户一系列的讨论开始的。大多数需求陈述都是有二义性的、不完整的甚至不一致的。通过分析可以发现和改正需求文档中的歧义性、不一致性，剔除冗余的内容，挖掘潜在的内容，弥补不足，从而使需求文档更完整、更准确。分析过程中，系统分析员除了要反复多次地与用户讨论沟通外，还应调研、观察和了解现有的类似系统，从而快速地建立一个原型系统，通过在计算机上运行原型系统，使得分析员和用户尽快交流和相互理解，从而能更正确地、更完整地提取和确定用户的需求。

2. 需求建模

系统分析员根据所提取的用户需求，深入地理解用户需求，识别出问题域内的对象，并分析它们之间相互的关系，抽象出目标系统应该完成的任务，并用 OOA 模型准确地表示出来，即用面向对象观点建立对象模型、动态模型和功能模型。OOA 模型是 OOD 的基础，它应该准确、简洁地表示问题。通过建立模型，可以避免理解上的片面性，提高目标系统的正确性和可靠性，在此基础上，编写出面向对象的需求规格说明书。

3. 需求评审

需求规格说明文档经用户、领域专家、系统分析员和系统设计人员以及其他有关人员评审、并进行反复修改后形成定稿,该文档将成为面向对象设计的依据。

7.1.3 面向对象分析的三种模型

面向对象建模是 OOA 的关键。OOA 的模型要表示出系统的数据、功能和行为三方面的基本特征,因此通常需要建立三种模型,分别是对象模型、动态模型和功能模型。其中:

(1)对象模型描述系统的数据结构,它是用来描述系统包含的对象及对象之间关系的模型。

(2)动态模型描述系统的控制结构,它是用来确定各个对象之间交互及整体的控制结构的模型。

(3)功能模型描述系统的功能,它是用来描述系统要实现的功能的模型。

这三种模型从不同侧面综合全面地反映了系统的需求。三种模型的建立都是围绕着对象进行的,但侧重点不同。对任何大型系统而言,三者都必不可少。其中,对象模型是最重要、最基本、最核心的,无论解决什么问题,首先要在问题域中提取和定义出对象模型。当实际问题涉及用户界面与过程设计和控制时,动态模型是关键;如果涉及大量数据变换处理时,则功能模型更重要。此外,对象模型中的操作(服务)可以出现在动态模型和功能模型之中。

要完全体现系统的所有功能,三种模型的建立应该不是一种顺序的关系,而是不断反复、迭代、不断完善各个模型的过程,如图 7-2 所示。

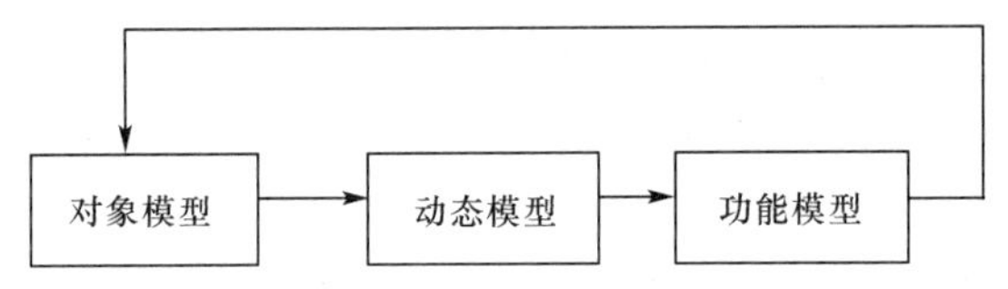

图 7-2 分析阶段三种模型之间的关系

7.1.4 对象模型的层次

1. 对象模型的五个层次

复杂问题(大型系统)的对象模型由五个层次组成,即主题层、类-&-对象层、结构层、属性层和服务层,如图 7-3 所示。

(1)主题层:主题是指导读者理解大型、复杂模型的一种机制。定义若干个主题,把有关的对象分别划归不同的主题,每个主题构成一个子系统。

(2)类-&-对象层:定义类和属性。在这个层次将分析与待开发软件对应的各个现实世界的实体,并从中抽象出类和对象。

(3)结构层:定义对象和类之间的层次结构关系,如一般-特殊结构(继承结构)、整体-部分结构(组合结构)。

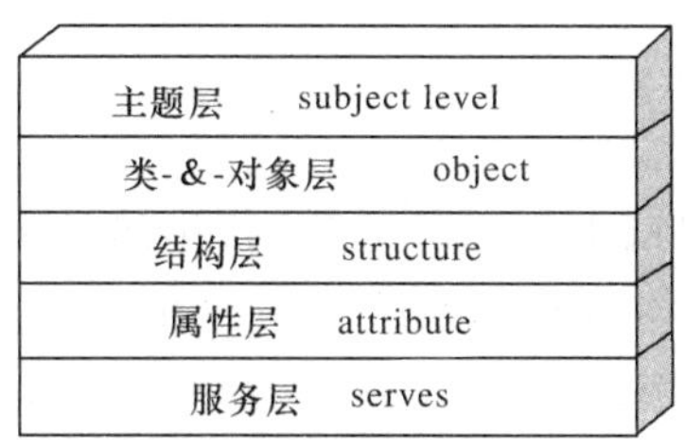

图 7-3　对象模型的五个层次

(4)属性层:定义属性。为类和对象层中抽取出来的各个类和对象设计静态属性和它们之间的关系。

(5)服务层:定义对象和类的动态属性以及对象之间的消息通信。

这五个层次很像叠放在一起的五张透明塑料片,它们一层比一层显现出对象模型的更多细节。在概念上,这五个层次是整个模型的五张水平切片。

2. OOA 的五项活动

OOA 对象模型的五个层次对应着 OOA 过程中建立对象模型的五项活动。这五项活动是:

确定类-&-对象、识别结构、识别主题、定义属性、定义服务。

需要说明的是,这五项工作完全没有必要顺序完成,也无须在彻底完成一项工作以后再开始另外一项工作,在分析过程中并不需要严格遵循自顶向下,逐步求精的原则。五项活动可以同时(并行)处理,也可以从较高抽象层转移到较低的具体层,然后再返回到较高抽象层继续处理。例如,当系统分析员在确定类-&-对象时,想到了该类应该包含的一个服务,于是把这个服务的名称写在服务层,然后又返回到类-&-对象层,继续寻找另外的类-&-对象。

3. OOA 的主要流程

面向对象分析大体上按照如图 7-4 所示的顺序进行。

图 7-4　OOA 的主要流程

但是,分析工作不可能严格地按照预定顺序进行,大型、复杂系统的模型需要反复构造才能建成。通常,先构造出模型的雏形或模型的子集,然后再逐渐扩充、修改、求精,直至完全、充分地理解了整个问题,才能最终把模型建立起来。

7.2　建立对象模型

对象模型的作用是描述系统的静态结构,包括构成系统的类和对象,它们的属性和操作,以及它们之间的关系。面向对象分析的首要任务是:识别出问题域内的对象,并分析它们相互之间的关系,构造领域对象模型。建立对象模型的基本过程如下:

确定对象和类→确定结构→确定主题→确定服务和消息

7.2.1 确定对象和类

OOA的核心是确定问题域中相关的对象，找出这些对象是个重要而复杂的过程。一般采用基于词汇分析的方法：从目标系统的描述开始，找出其中的名词作为候选对象类，此外，还可找出其中的动词作为候选方法（后面要介绍的服务），然后产生一个由对象（名词）和方法（动词）构成的表格，作为词汇分析的初步结果，最后从中选出确定的真正的对象类。如图7-5所示。

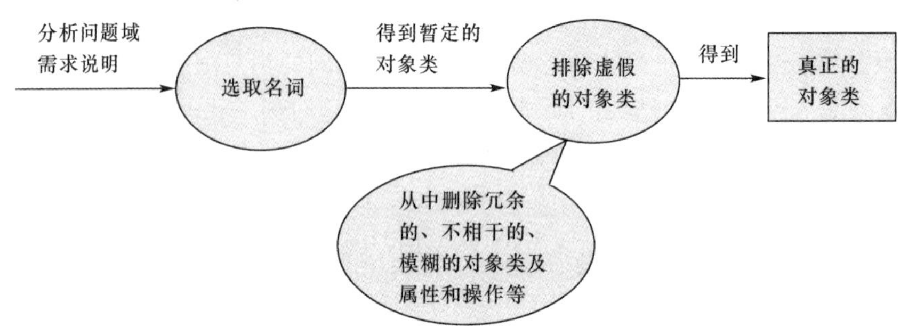

图7-5 确定对象或对象类的方法

采用系统词汇法确定对象类并进行建模的具体做法如下：

（1）确定对象类

确定对象类就是标识出来自问题域的相关对象类，对象类包括物理实体和概念。所有类在应用中都必须有意义。首先是从需求陈述中找出所有的名词，将它们作为类-&-对象的初步候选者（暂时对象类），然后根据下列标准，去掉不正确和不必要的类：

①冗余类。若两个类表述了同一个信息，保留最富有描述能力的类。

②不相干的类。即与问题关系不大或根本无关的类。如产业等。

③模糊类。即边界定义不对或范围太广的类。如网络等。

④属性。有些名词实际上描述的是其他对象的属性，此时应将其作为属性对待。如产品特性等。

⑤操作。有些名词既是名词，也是动词，此时要慎重考虑是把它作为类还是作为操作。如果它本身有属性需独立存在的操作，则要把它作为类。

⑥实现。应去掉仅与实现有关的类，在设计或实现阶段才考虑它们。

（2）准备数据词典

为所有建模实体准备一个数据词典，准确描述各个对象类的精确含义，描述当前问题中的类的范围，包括对类的成员、用法方面的假设或限制等。

（3）确定关联

两个或多个类之间的相互依赖就是关联，一种依赖表示一种关联，可用各种方式来实现关联。在需求陈述中使用的描述性动词或动词词组，通常表示关联关系。通过分析需求陈述，还能发现一些陈述中隐含的关联。

(4)确定属性

属性是个体对象的性质，常用修饰性的名词词组表示。形容词常表示具体的可枚举的属性值，属性不可能在问题域陈述中完全表述出来，必须借助于应用域的知识及对客观世界的知识才可以找出它们。

只考虑与具体应用直接相关的属性，不要考虑那些超出问题范围的不相干的属性、冗余的属性，避免那些只用于实现的属性，要为各个属性取有意义的名称。

对分类结构中的对象，要确定属性与特定属性之间的从属关系。根据继承的观点，低层对象的共有属性在上层对象中定义，而低层对象只定义自己特有的属性。

(5)使用继承来细化对象类

使用继承来共享公共结构以此来组织类。通常可以用下面两种方式来进行：

方式一是自底向上通过把现有类的共同性质一般化为父类，寻找具有相似的属性、关联或操作的类来发现继承。

方式二是自顶向下将现有类细化为更具体的子类。

(6)完善对象模型

对象建模不可能一次就能保证模型是完全正确的，软件开发的整个过程是一个不断完善的过程。模型的不同组成部分多半是在不同阶段完成的。如果发现模型的缺陷，就必须返回到前期阶段进行修改。有些细化工作是在动态模型和功能模型完成之后才开始进行的。

7.2.2　确定结构

结构描述的是多种对象之间的组织方式，它反映了问题域中复杂事物之间的复杂关系。结构通常包括两种类型：一般/特殊结构(分类结构)和整体/部分结构(聚合结构)。

7.2.3　确定主题

主题是一种关于模型的抽象机制，起一种控制作用。引入主题有助于分解大型项目以便成立工作小组来承担不同的主题任务。主题有两种表示形式，如图 7-6 所示。

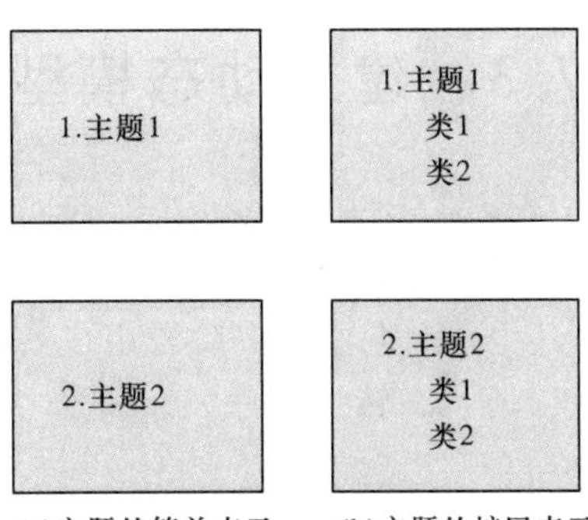

图 7-6　主题的两种表示

一个实际的目标系统通过对象和结构的确定，已经对问题域中的事物进行了抽象和概括，但是如果所确定的对象和结构数量巨大时，必须做进一步的抽象工作。

主题从名称来看就是一个名词或名词短语，与对象名类似，但主题与对象的抽象程度不同。确定主题的具体方法是：

(1)为每一个结构追加一个主题。

(2)为每一个对象追加一个主题。

(3)当主题的数目超过七个时，则对已经存在的主题进行归并。归并的原则是当两个主题对应的属性和服务有较密切的联系时，则将它们归并为一个主题。

主题是一个单独的层次，每个主题有一个序号，主题之间的联系是消息连接。

7.2.4 确定服务和消息

所谓服务是在接收到一条消息后所要进行的加工。定义服务时，首先定义行为，然后定义实例的通信。值得说明的是，确定服务和消息，只有在建立了动态模型和功能模型之后，才可能最后确定对象类的服务。本教材为保持案例的连续性，故将服务和消息在此介绍。

确定一个类中的服务，主要取决于该类在问题中的实际作用以及求解过程中承担的处理责任，确定的原则如下：

(1)基本的属性操作服务。即类中应提供的访问、修改自身属性值的基本操作。这类操作属于类的内部操作，可不必在对象模型中显式表示。

(2)事件的处理操作。动态模型中状态图描述了对象应接收的事件(消息)，类和对象中必须提供处理相应消息的服务，这些服务用于修改对象的状态(属性值)并启动相应的服务。

(3)数据流图中处理框对应的操作。功能模型中的每个处理框代表了系统应实现的部分功能，而这些功能都与一个或几个对象中提供的服务相对应。因此，要仔细分析状态图和数据流图，以便正确地确定对象应提供的服务。

(4)利用继承机制优化服务集合，减少冗余服务。应尽量抽取相似的公共属性和服务，以建立这些相似类的新父类，并在类的不同层次中正确定义各个服务。

7.3 建立动态模型

动态模型描述系统的动态行为，表现对象在系统运行期间不同时刻的动态交互。

在对象模型建立后，就需要考虑对象和关系的动态变化情况。面向对象分析所确定的对象和关系都有生存周期，其生存周期由许多阶段组成，需要用动态模型来描述，动态模型具体描述对象和关系的状态、状态转换的触发事件、对象的行为(或称服务，即对事件的响应)。

对象的动态行为与下列三个因素有关：

(1)状态。状态是对象在其生存周期中的某个特定阶段所具有的行为模式，它是对影响对象行为的属性值的一种抽象。状态规定了对象对输入事件的响应方式。对象对输入事件的响应，既可以执行一个或一系列动作，也可以是仅仅改变对象本身的状态。状态有持续性，占用一段时间间隔。

(2)事件。事件是一个触发行为，是引起对象状态转换的控制信息，是引起对象从一种状态转换到另一种状态的事情的抽象。事件没有持续的时间，是瞬间完成的。

(3)行为。行为也称为服务，是指对象在某种状态下所做的一系列处理操作，行为是需要消耗时间的。

动态模型主要由状态图和事件追踪图(时序图或顺序图)构成。状态图描述一个对象的个体行为，而事件追踪图则描述多个对象所表现出来的集体行为。

建立动态模型首先要编写脚本，从脚本中提取事件，然后画事件跟踪图，最后画对象的状态转换图。

1. 构建事件追踪图

要建立一个事件追踪图，通常首先要编写脚本。脚本是系统执行某个功能的一系列事件。脚本通常起始于一个系统外部的输入事件，结束于一个系统外部的输出事件，它可以包括发生在此期间内系统所有的内部事件。

编写脚本的目的在于保证不遗漏系统功能中重要的交互步骤，有助于确保整个交互过程的正确性和清晰性。

例如，使用手机打电话的脚本见表 7-1。

表 7-1　使用移动手机通话的脚本

编号	事件
1	呼叫者拨打对方号码
2	呼叫者接通外线
3	电话鸣响声
4	来电显示
5	接收者拿起手机接听电话
6	电话接通
7	通电话
8	接收者挂断电话
9	电话中断
10	呼叫者挂断电话

编写好脚本后，接着需要确定事件跟踪，即确定在对象之间传送信息的各个事件。通常首先标识出每个事件的发送者对象和接收者对象，然后在事件追踪图中按事件先后顺序表示事件、事件的发送者对象和事件的接收者对象。

移动电话的事件追踪图如图 7-7 所示。图中用竖线表示对象，用水平箭头线“→”表示事件，箭头从发送对象指向接收对象，时间从上到下递增。

2. 构建状态图

如果对象的属性值不相同时，对象的行为规则有所不同，我们称对象处于不同的状态。

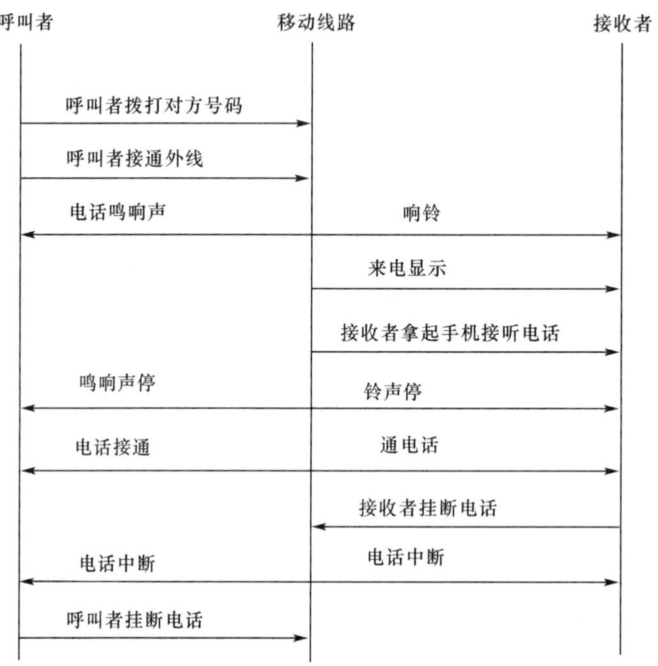

图 7-7 移动电话的事件追踪图

由于对象在不同状态下呈现不同的行为方式，所以应该分析对象的状态，这样才可以正确地认识对象的行为并定义它的服务。

例如，手机有空闲待机、来电显示和用户使用等状态，我们可以专门定义一个“状态”属性，该属性有“空闲待机”“来电显示”和“用户使用”等几种属性，每一个属性值就是一个状态。UML 中的状态图及其画法请参见第 6 章 6.2.4。

7.4 建立功能模型

功能模型主要用来说明系统内部数据是如何传送和处理的，表示变化的系统的“功能”性质。功能模型描述了系统“做什么”，它更直接、明确地反映了用户对目标系统的需求。建立功能模型有助于软件开发人员更深入地理解整个问题域，改进和完善自己的设计。通常在建立对象模型和动态模型之后再建立功能模型。

在 UML 中，用用例图描述用例模型，用例图包含系统、行为者、用例、用例之间的关系等元素。其中：系统是一个提供用例的黑盒子，可用方框表示；行为者是与系统交互的角色或其他外部系统；用例是一个完整的功能，完成系统内部的计算及与行为者的交互，它对应于对象模型中的类所提供的服务；行为者与用例之间的关系用直线连接，表示两者之间有交换信息，称为通信联系。用例图的画法请参见第 6 章 6.2.3。

创建用例模型通常包括以下各项工作：定义系统、寻找行为者和用例、描述用例、定义用例之间的关系、确认模型。

另外，功能模型可由多张数据流图（DFD）组成，它们表示从外部输入，通过操作和内部存储，直到外部输出的数据流的情况，数据流图有助于表示系统的功能依赖关系。数据流图用来表示从源对象到目标对象的数据值的流向，它不包含控制信息或对象结构信息，控制信息在动态模型中表示，对象的结构信息在对象模型中表示。

数据流图的具体画法参看第 3 章 3.4.2，其中的“加工”（或称“处理”）对应于状态图的状态和动作，“数据流”对应于对象图中的对象或属性。

用数据流图建立功能模型的主要步骤如下：

（1）确定输入和输出值。

（2）用数据流图表示功能的依赖性。

（3）具体描述每个功能。

（4）确定对象的约束。

（5）确定功能优化的准则。

功能模型中的数据流图往往形成一个层次结构。在这个层次结构中，一个数据流图中的过程（处理）可以由下一层的数据流图作进一步说明。

7.5　面向对象设计

7.5.1　面向对象设计概述

1. 面向对象分析与面向对象设计的关系

面向对象设计（Object Oriented Design，OOD）是根据面向对象分析中确定的类和对象设计软件系统。从 OOA 到 OOD 是一个逐步建立和扩充对象模型的过程。

OOA 是分析用户需求并建立问题域模型的过程，是解决系统“做什么”问题的；OOD 则是根据 OOA 得到的需求模型，建立求解域模型的过程，是解决系统“怎么做”问题的。

OOA 主要是模拟问题域和系统任务，而 OOD 则是对 OOA 的扩充，主要是增加各种组成部分。具体来说，OOA 识别和定义类和对象。这些类和对象直接反映问题域和系统任务。而 OOD 识别和定义其他附加类和对象，它们反映需求的一种实现，当然，也可以交替进行这两个阶段的工作。从 OOA 到 OOD 是一个逐渐扩充模型的过程，分析和设计活动是一个多次反复迭代的过程。

与结构化设计包括概要设计和详细设计相似，面向对象设计也可以分为系统设计和类-&-对象设计两个阶段。系统设计是高层设计，主要确定实现系统的策略和目标系统的高层结构。类-&-对象设计是低层设计，主要确定解空间中的类、关联、接口形式及实现服务的算法。

2. 面向对象设计的基本模型

OOD 是在 OOA 模型的基础上建立对象模型的过程，两个阶段同样是建立对象模型，但侧重点不同，OOA 建立问题域对象模型，而 OOD 建立求解域的对象模型。因此 OOD 模型同样也由主题、类-&-对象、结构、属性和服务等五个层次组成，并且每个透明层在逻辑上都划分为四个子系统：问题域子系统（PDC）、人机交互子系统（HIC）、任务管理子系统（TMC）和数据管理子系统（DMC），具体面向对象设计的五个层次、四个组成部分构成的典型的面向对象设计模型如图 7-8 所示。

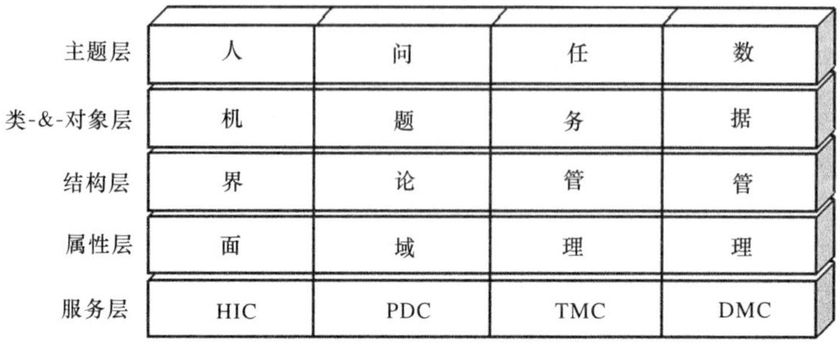

主题层	人	问	任	数
类-&-对象层	机	题	务	据
结构层	界	论	管	管
属性层	面	域	理	理
服务层	HIC	PDC	TMC	DMC

图 7-8　典型的面向对象设计模型

不同的软件系统中，这四个子系统的重要程度和规模可能相差很大。某些系统可能仅有三个甚至少于三个子系统。

3. 面向对象设计的主要工作

面向对象设计技术进行问题解决方案的设计工作的大致做法是，它将问题的解决方案表述为："类＋关联"的形式，其中，类包括问题空间（域）类、用户界面类（人机交互类）、任务管理类和数据管理类，是从设计的角度出发对问题解决方案中的对象的抽象和描述，关联则用于描述这些类和类之间的关系。因此，面向对象设计工作主要包括问题域类、用户界面类、任务管理类和数据管理类四个大类的设计，具体工作内容和步骤如图 7-9 所示。

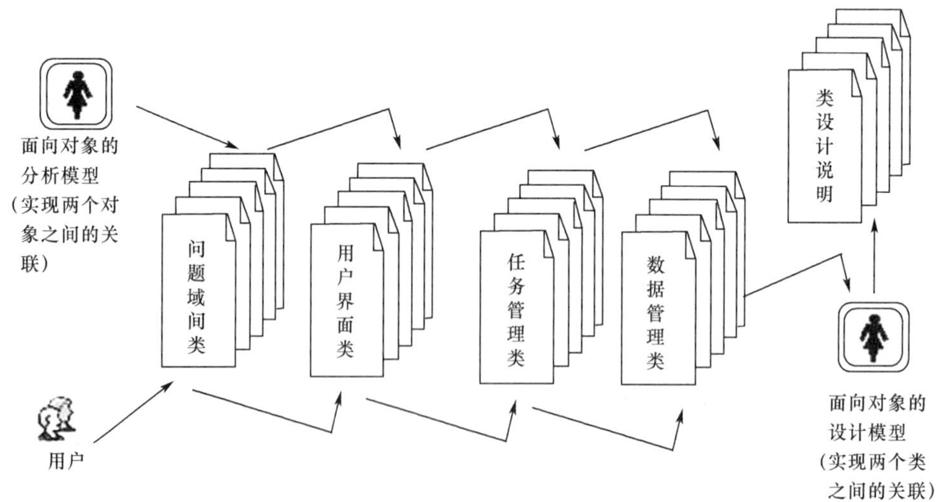

图 7-9　OOD 的工作内容及步骤

7.5.2　面向对象设计的准则和启发式规则

1. 面向对象设计的准则

在进行面向对象设计的过程中，应该遵循软件设计的基本原理，此外，还要考虑面向对象的特点。面向对象设计准则主要包括模块化、抽象、信息隐藏、低耦合、高内聚和复用性几点。具体内容如下：

(1)模块化

在面向对象程序设计中，一个模块通常为一个类或对象，它们封装了事物的属性和操作。而在结构化的设计中，一个模块通常为一个函数或过程。

(2)抽象

对象是对客观世界中事物的抽象，而类是对一组具有相似特征的对象的抽象。

(3)信息隐藏

在面向对象方法中，对象是属性和操作(服务)的封装体，这就实现了信息隐藏。类结构分离了接口与实现，类的内部信息，比如属性的表示方法和操作的实现算法，对外界是隐藏的。外界只能通过有限的公共接口访问类的内部信息。

(4)低耦合

在面向对象方法中，对象是最基本的模块，所以耦合主要指对象之间相互关联的紧密程度。低耦合的设计中某个对象的改变不会或很少影响到其他对象。对象间主要有交互耦合和继承耦合两类。

如果对象之间通过消息连接来实现它们的联系，这种联系称为交互耦合，当消息连接中多于三个参数时，应考虑精简。应尽量减少交互耦合，尽量实现类之间零耦合；如果类及对象之间的联系是通过继承实现的，则称为继承耦合。通过继承将基类和派生类结合起来，构成了系统中粒度更大的模块，这种耦合应提倡。

(5)高内聚

内聚是指一个对象或类中其内部属性和服务相互联系的紧密程度。在对象和类中有三类内聚：

①服务内聚：指一个服务应该是单一的，即只完成一个任务。

②类内聚：指一个类应该只有一个用途，它的属性和服务应该是高内聚的。类的属性和服务应该是完成该类承担的任务所必需的(不包含无用的属性和服务)。如果某个类有多个功能，通常应该把它分解成多个专用的类。

③一般/特殊内聚：一般/特殊结构符合领域知识的表示形式，即特殊类应该尽量继承一般类的属性和服务，这样的一般/特殊结构是高内聚的。

(6)复用性

在面向对象设计中，类的设计应该具有通用性。重用有两方面含义：一是尽量使用已有的类(包括开发环境提供的类库及以往开发类似系统时创建的类)；二是在设计新类的协议时，应该考虑将来的可重复使用性。

2. 面向对象设计的启发式规则

(1)设计结果应该清晰易懂

命名一致(如不同类中相似服务的名称应该相同)、使用已有的协议(公共接口)、减少消息连接的数目、避免模糊的定义。

(2)一般/特殊结构的深度应适当

类的等级层次数应该适当，通常保持在七层左右，不超过九层。

(3)设计简单的类

应设计小而简单的类,以便于开发和管理。设计类时应避免包含过多的属性,类的任务应有明确而精练的定义,尽量简化对象之间的合作关系,不要提供太多的服务。

(4)使用简单的协议

一般来说,消息的参数不要超过三个。在对有复杂消息、相互关联的对象修改时往往会导致其他对象的修改。

(5)设计简单的服务

类中的服务以小为好。如果需要在服务中使用复杂的控制结构(如 CASE 语句等),应考虑用一般/特殊结构来代替这个类。

(6)最小设计变动

通常,设计的质量越高,设计结果保持不变的时间也越长(稳定性好)。

7.6 系统设计

系统设计确定实现系统的策略和目标系统的高层结构设计。系统设计是要将系统分解为若干个子系统,子系统和子系统之间通过接口进行联系。系统设计的一般步骤如图 7-10 所示。

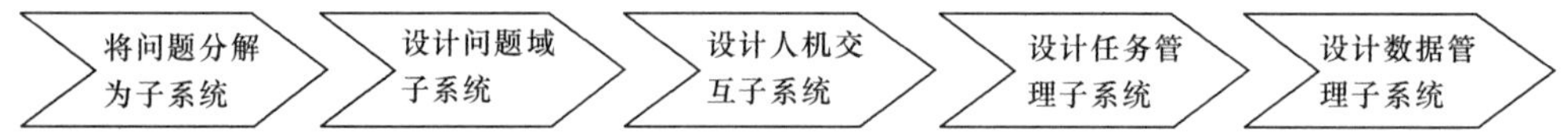

图 7-10 系统设计的一般步骤

1. 将系统分解为子系统

(1)子系统之间的交互方式

在应用系统中,子系统之间的关系可分为客户/服务器(供应商)关系和同等伙伴(端对端)关系。

①在客户/服务器关系中,"客户"的子系统调用作为"服务器"的子系统,"服务器"完成某些服务工作并返回结果。每个子系统只承担一个角色,服务只是单向地从服务器流向客户端。

②在同等伙伴关系中,每个子系统都可能调用其他子系统,因此每个子系统都必须了解其他子系统的接口,该方案比客户/服务器方案交互复杂,易发生设计错误。因此推荐尽量使用客户/服务器关系。

(2)系统组织

通常,系统中子系统结构的组织有两种方式:水平层次组织和垂直块状组织。

①层次组织

层次组织是将子系统按层组织成为一个层次软件系统,每层是一个子系统。上层建立在下层的基础上,下层为上层提供必要的服务。下层子系统提供服务,相当于服务器,上层子系统使用下层提供的服务,相当于客户。同层的对象彼此间相互独立,而不同层的对象可存在客户/服务器关系。

层次组织又可进一步划分成两种方式：

a. 封闭式：每层子系统仅使用其直接下层提供的服务。该方式降低了各层次之间的相互依赖性，更容易理解和修改。

b. 开放式：每层子系统可以使用其下面的任何一层子系统所提供的服务。该方式的优点是减少了需要在每层重新定义的服务数目，使得整个系统更高效、紧凑。缺点是不符合信息隐蔽原则，对任何一个子系统的修改都会影响处在更高层次的那些系统。

②块组织

块组织将系统垂直地分解成若干个相对独立的、弱耦合的子系统，一个子系统相当于一块，每块提供一种类型的服务。

利用层次和块的各种可能的组合，可以成功地将多个子系统组成完整的软件系统。

多数复杂系统采用层次与块状的混合结构，如图 7-11 所示的应用系统就是其中的一个案例。

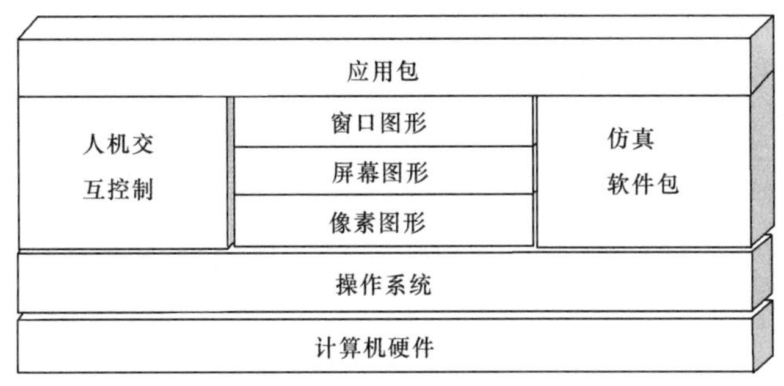

图 7-11　典型应用系统的组织结构

(3)设计系统的拓扑结构

由子系统组成完整的系统时，典型的拓扑结构有管道型、树型、星型等。设计者应该采用与问题结构相适应的、尽可能简单的拓扑结构，以减少子系统之间的交互数量。

2. 设计问题域类子系统

问题域类是指那些直接从 OOA 分析结果模型得到的类，它是让软件系统能够实现对应用问题求解的最基本的类，也是面向对象软件系统的核心类。对问题域子系统的设计，即定义这些类或对象的细节。

虽然在 OOA 阶段已经标识和定义了系统的类与对象，以及它们之间的各种关系，但是随着对需求理解的加深和对系统认识程度的逐步提高，开发人员还需要在 OOD 阶段对 OOA 阶段得到的模型进行改进和增补，主要是对 OOA 模型增添、合并或分解类与对象、属性及服务，调整继承关系等。此外，还需做以下工作：

(1)调整需求

有两种情况会导致 OOA 需求的变更：一是用户需求或外部环境发生了变化；二是分析员对问题域理解不够透彻或缺乏领域专家的帮助，以致 OOA 模型不能完整、准确地反映用户的真实需求。

(2)复用设计

即重用已有的类，其典型过程是：选择可能被重用的类；从被重用的已有类派生出问题域类;增加或修改问题域类中需要的属性和服务;修改与问题域类相关的关联。

(3)把问题域有关的类组合起来

在设计时,还可以分析并引入一个根类把问题域类关联并组合在一起,建立类的层次结构。例如,某办公自动化系统的子系统有日程管理子系统、字处理子系统、桌面印刷子系统,其中,办公自动化系统可看作是三个子系统的根类。

(4)添加一般化类

有时,某些特殊类要求一组类似的服务,此时,应添加一个一般化类,定义所有这些特殊类所共享的一组服务,在该类中定义其实现。

(5)调整继承层次

应使用具有继承机制的语言开发软件系统。如果对象模型包含了多重继承关系,然而所使用的程序设计语言并不提供多重继承机制,必须把多重继承结构转换成单继承结构。

3. 设计用户界面类子系统

用户界面类是指那些为实现人机交互接口而设计的类,它是使软件系统能够接收用户的命令,并能够为用户提供信息所需要的类,所以也叫人机交互类。该类用以确定人机交互的细节,对图形用户界面(GUI),则包括指定窗口和报表的形式、设计命令层次等。

尽管在 OOA 过程中已经对用户界面方面进行了分析,但是在 OOD 过程中仍需继续完成这项工作,必须具体设计确定交互作用的时间、交互的方式和交互的技术等。

(1)设计人-机交互子系统的策略

①将用户分类

按组织层次可分为行政人员、管理人员、专业技术人员及其他办事员等;按职能可分为职员和顾客等;按技能层次可分为外行、初学者、熟练人员和专家等。

②描述用户

通常从用户的类型、需求、爱好及习惯、使用软件系统要达到的目的、个性特征(如受教育程度、年龄、性别和限制因素等)、技能水平、完成本职工作的脚本等方面进行。

③设计命令层次

研究现有的人-机交互的意义和准则。

确定初始的命令层次:如一个选择按钮或一系列图标等。

精化命令层次:研究命令的次序、命令的归纳关系,命令层次不宜太广太深(以三层最为合适)、操作步骤要简单。

④设计人-机交互类

人机交互类与所使用的操作系统及编程语言密切相关。例如,Visual C++语言提供了 MFC 类库,设计人机交互类时,仅需从 MFC 类库中选择适用的类,再派生出需要的类即可。

(2)设计人-机交互界面的准则

人机-界面设计的主要准则有:一致性、减少步骤、及时提供反馈信息、提供“撤销”命令、减少用户记忆的内容、易学易用、屏幕生动有吸引力等。

4. 设计任务管理类子系统

任务(Task)是一个处理过程或进程,它可能包含不同类的多个操作的执行。而任务管理类是指那些为实现对多操作并发执行的管理任务而设计的类,它是使软件系统能够同时处理多个并发行为所需要的类。

当软件系统中有并发行为时,需要依据各个行为的协调和通信关系,划分各种任务,以简化软件系统结构的设计及部分编码工作。设计任务管理子系统主要有以下工作:

(1)设计任务管理子系统

①识别事件驱动型任务:例如一些负责与硬件设备或其他系统通信的任务。

②识别时钟驱动型任务:以特定的时间间隔触发某事件,以执行某些处理。

③识别优先任务和关键任务:根据处理的优先级别来安排各个任务。

④识别协调者:当有三项或更多任务时,应该增加一项任务,用它来协调任务。它的行为可以用状态转换图来描述。

(2)分析评审各个任务

对各个任务进行评审,确保它能满足任务的事件驱动或时钟驱动;确定优先级或关键任务,确定任务的协调者等。

(3)定义各个任务

定义任务工作主要包括:是什么任务?如何协调工作及如何通信。

①是什么任务:为任务命名,并简要说明该任务。

②如何协调工作:定义各任务如何协调工作。指出它是事件驱动型任务还是时钟驱动型任务,对于前者应描述触发它的事件;对于后者应描述触发该任务之前的时间间隔及触发次数。

③如何通信:定义各个任务之间如何通信。任务从哪里取值,结果送往何处。

例如:某任务管理类设计模板如图 7-12 所示。

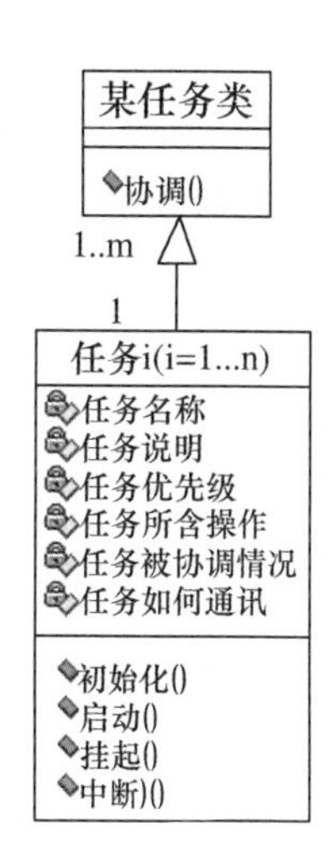

图 7-12　任务管理类设计模板

5. 设计数据管理类子系统

数据管理类是指为实现对数据进行管理而设计的类,它是使软件系统能够对对象的属性值进行存贮和检索所需要的类。设计数据管理类的目的是使得对对象属性值的管理独立于各种不同的数据管理模式,包括对永久性数据的访问和管理。

数据管理子系统是系统存贮和检索对象的基本设施,它建立在某种数据存储管理模式(文件、关系数据库或面向对象数据库)之上,而隔离了数据存储管理模式对对象存储或检索的影响。

(1)选择数据存储管理模式

数据存储管理模式有文件管理、关系数据库管理系统和面向对象数据库管理系统三种。在文件管理模式中,数据格式的设计就是对文件记录结构的设计;在关系数据库模式中,数据格式的设计就是对关系表结构进行设计;在面向对象数据库模式中主要由两种方法实现数据的存储管理,一种是扩充的关系数据库管理系统,二是扩充的面向对象程序设计语言。

(2)设计数据管理类的操作

数据管理类的操作包括增添数据记录、删除数据记录、检索数据记录和更新数据记录等几种形式，问题域类可通过这些操作发送消息给相应的数据管理类实现对数据的存贮、删除、检索和更新。数据管理类设计模板如图 7-13 所示。

某数据管理类
要保存的数据变量
增添() 删除() 检索() 更新()

图 7-13　数据管理类设计模板

(3)数据的存储管理

系统中的内部数据和外部数据的存储管理是一项重要任务。通常各数据存储可以将数据结构、文件、数据库组合在一起，不同的数据存储要在费用、访问时间、容量及可靠性之间做出折中考虑。

7.7　类-&-对象设计

OOA 阶段中得到的对象模型，通常并没有描述类中的服务。OOD 阶段主要是扩充、完善和细化对象模型的过程。类-&-对象设计是低层设计，设计类中的服务、实现服务的算法是 OOD 的重要任务，此外还要设计类的关联、接口形式以及进行设计的优化。

1. 对象的设计描述

对象的设计描述可采用以下两种形式之一。

(1)协议描述。通过定义对象可以接收的每个消息和当对象接收到消息后完成的相关操作来建立对象的接口。协议描述是一组消息和对消息的操作。如果系统中有很多消息，可能需要创建消息的类别。

(2)实现描述。描述由传送给对象的消息所蕴含的每个操作的实现细节，包括对象名称的定义和类的引用、关于描述对象属性的数据结构的定义及操作过程的细节。

2. 设计类中的服务

(1)确定类中应有的服务

需要综合考虑对象模型、动态模型和功能模型才能确定类中应有的服务。如状态图中对象对事件的响应、数据流图中的加工、输入流对象、输出流对象和存储对象等。

(2)设计实现服务的方法

设计实现服务首先要设计实现服务的算法，考虑算法的复杂度，并且使算法容易理解、实现和修改；其次选择数据结构，要选择能方便、有效地实现算法的数据结构；最后是定义类的内部操作，可能需要增加一些用来存放中间结果的类。

3. 设计类的关联

通常关联的遍历方式有单向关联和双向关联。实现类的单向关联，可采用指针实现；而实现类的双向关联，两个方向的关联可分别采用属性实现，或采用独立的关联对象来实现，关联对象是一个独立的关联类的实例，关联对象不属于相互关联的任何一个类。

4. 调整类的继承关系

随着对象设计的深入，常常需要调整类及其服务的定义以提高继承的数目，从而提高类的共享性。调整方法一是重新修改类的定义、二是抽取出公共行为创建超类、三是利用委派(非继承关系)来实现类的行为的共享。所谓委派是指将某类作为其他类的属性及关联。

5. 优化设计

设计的优化需要确定优先级，设计人员必须确定各项质量指标的相对重要性，才能确定优先级，以便在优化设计时制订折中方案。通常在效率和设计清晰性之间寻求折中。有时可以用增加冗余关联以提高访问效率、为提高效率而重新调整计算，或是保留派生的属性等方法来优化设计。

7.8　项目实践："图书管理系统"面向对象的分析与设计

本节以图书管理系统的面向对象分析与设计过程为例，介绍如何利用 UML 语言为软件系统建模。

建立用例模型

7.8.1　面向对象的分析

1. 建立用例模型

UML 的用例技术是业界公认的、非常有效的需求获取和分析技术，结合适当的方法可以很好地获取和描述用户的功能需求。下面要通过对图书管理系统的需求陈述，确定系统的参与者和用例，然后建立用例模型并描述用例。

(1)需求调查分析

需求调查分析的结果一般用文字描述，必要时也可以使用业务流程图辅助描述。图书管理系统的需求陈述如下：

系统管理员要为每个读者建立借阅帐户，分配读者编号或办理借书证，帐户内存储读者的姓名、已借书数量等个人信息。读者凭读者编号或持借书证进入图书室查询图书，读者需要借书或还书(包括图书预借或续借)时，需要通过图书管理员进行办理，图书管理员作为读者的代理人与系统交互。不同类型的读者可借阅的图书数量和期限不同。读者也可以通过互联网或图书室的终端查询图书信息和个人借阅情况，也可以办理图书预借或续借。

图书管理员为读者办理借书事务时，首先输入读者编号(如配有条码扫描枪，也可扫描借书证)，系统检查读者是否是已经注册的合法帐户以及借书证是否有效，若读者编号不存在或借书证超过有效期，系统则给予提示，若读者有效则显示读者的基本信息(包括照片)供图书管理员人工核对；接下来要输入图书编号，由系统在图书信息库中查询指定的图书，如找到图书则显示图书的基本信息，供图书管理员核对，上述操作完成后，图书管理员执行借阅操作，由系统检查读者借阅数量是否超过、图书库存是否足够或图书是否可借等事项，一切正常后创建借阅记录，并修改读者的已借书数量和图书的库存数量与状态信息。最后将借书操作写入借阅流水日志文件。

图书管理员为读者办理还书事务时，输入图书编号和读者编号(如果图书确已被借出，也可以不输入读者编号)，系统验证是否有此借阅记录以及是否超期借阅，如有则显示相应信息供管理员人工审核。如果有超期借阅、图书丢失或损坏情况，先转入超期罚款或图书丢失处理，然后执行还书操作，系统删除相应的借阅记录，修改读者的已借数量和图书的库存数量与状态信息，最后将还书操作写入借阅流水日志文件。

图书管理员定期或不定期对读者信息、图书信息进行增加、删除、查询和修改管理，也包括对用户的帐户、读者类型信息、图书类别信息、出版社信息等进行管理。

读者可以通过图书管理系统的网络子系统进行图书信息查询、个人借阅信息查询、图书预借、续借等操作。

(2)用例建模

用例建模是通过分析用户的功能需求得到用例模型的工作过程。通过用例建模获取用户需求并进行需求分析。为了能够正确地找出系统的用例，需要确定系统的边界，找出系统的参与者，并根据用户需求调查结果进行用例分析。

①识别参与者

通过对系统需求陈述的分析，可知图书管理系统中的参与者共有三个：系统管理员、图书管理员和读者。

- 系统管理员：进行用户管理、读者信息管理、图书信息管理等，也包括系统设置、数据备份、数据恢复等系统维护操作。
- 图书管理员：为读者办理图书借出、归还、预借和续借操作，也包括读者信息和图书信息的查询等操作。
- 读者：通过互联网或使用图书室查询终端，查询图书信息和个人借阅信息，还可以预借图书或在符合规定的情况下续借图书。

②识别用例并绘制用例图

在确定了参与者后，结合图书管理的业务领域知识，进一步分析系统需求，可以确定系统的用例(顶层用例)如下：

- 借还图书：图书管理员为读者办理借书、还书(可扩展图书超期和丢失或损坏罚款)、预借、续借、借阅情况查询等。
- 网上图书借阅：读者通过互联网查询图书信息和个人借阅信息，或者预借、续借图书。
- 系统维护：系统管理员对用户帐户、读者信息、图书信息等维护管理。

图书管理系统的顶层用例图如图 7-14 所示。图中的参与者“管理员”与“图书管理员”以及“系统管理员”之间的关系为泛化关系。

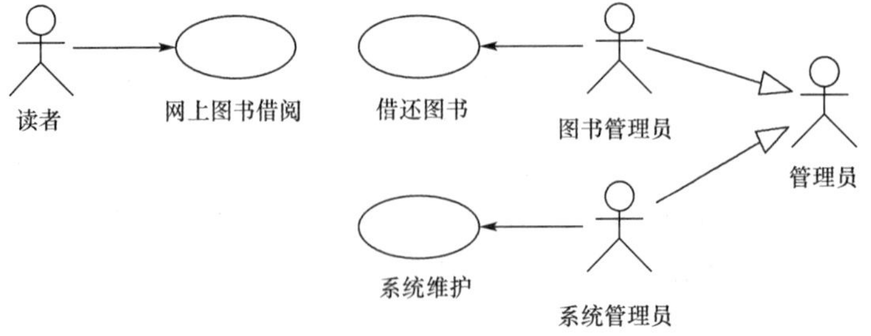

图 7-14 图书管理系统的顶层用例图

对图书管理系统顶层用例分解后得到的“网上图书借阅”“借还图书”“系统维护”、子用例图如图 7-15、图 7-16 和图 7-17 所示。

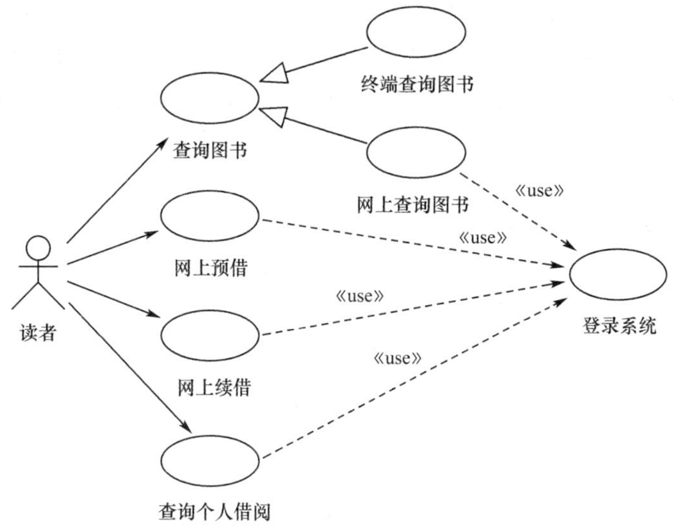

图 7-15　读者"网上图书借阅"子用例图

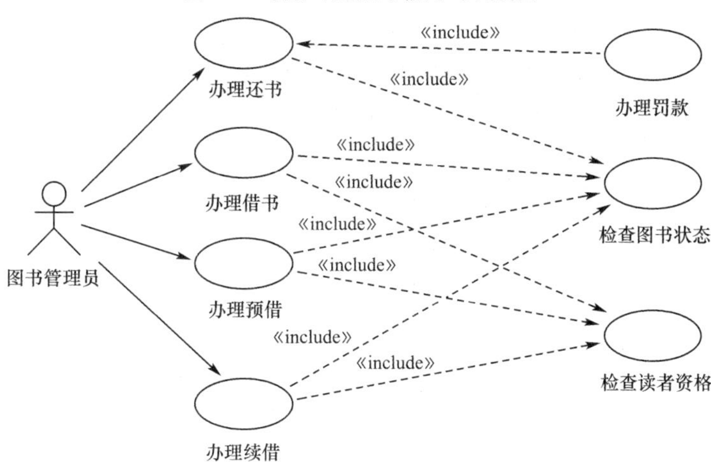

图 7-16　图书管理员"借还图书"子用例图

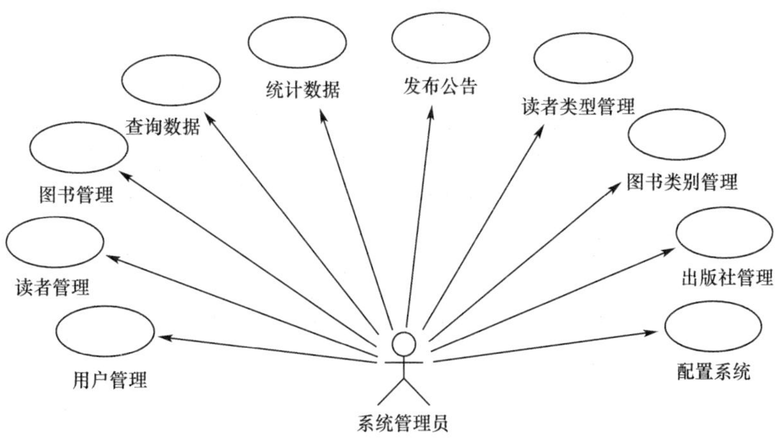

图 7-17　系统管理员"系统维护"子用例图

图 7-15 中的“《use》”表示两个用例之间的“使用”关系，即一个用例使用了另一个用例，如读者要进行网上续借图书，必须先登录网上系统，因此“网上续借”需要使用“登录系统”功能。（注意：在 Rose 工具中，需要使用文本框 Text Box 直接输入，其图标是 ABC）。

③编写用例描述

图书管理系统中的主要用例见表 7-2。

表 7-2　　图书管理系统用例表

编　号	参与者	用例名称	用例说明
1	读者	登录系统	读者通过已注册的用户名和密码登录图书管理系统网上子系统进行图书查询、个人借阅查询、预借和续借
2		查询图书	读者可以通过网上系统或通过图书室的查询终端查询图书信息
3		网上查询图书	读者通过网上系统查询图书信息
4		终端查询图书	读者通过图书室的查询终端查询图书信息
5		查询个人借阅	读者通过网上系统查询个人借阅信息
6		网上预借	读者通过网上系统预借图书
7		网上续借	读者通过网上系统续借图书
8	图书管理员	检查读者资格	在读者办理借阅等手续时检查读者的借书资格
9		检查图书状态	在读者办理借阅等手续时进行图书状态信息的检查
10		办理借书	处理读者的借书操作
11		办理还书	处理读者的还书操作
12		办理罚款	用于对还书超期、图书丢失或损坏等情况进行罚款处理
13		办理预借	处理读者的预借图书操作
14		办理续借	为读者办理图书续借，修改图书的归还日期
15		查询图书信息	给定查询条件，查询条件的图书信息
16		查询读者信息	给定查询条件，查询条件的读者信息
17	系统管理员	用户管理	添加、删除、修改各类用户（图书管理员和系统管理员）
18		图书管理	添加、删除、修改各类图书信息
19		读者管理	添加、删除、修改读者信息
20		查询数据	根据需要对图书、读者、借阅信息等进行查询
21		统计数据	根据需求统计图书借阅情况、在库图书情况、图书逾期情况等
22		发布公告	发布网上系统后台公告
23		读者类型管理	添加、删除、修改读者类型信息
24		图书类别管理	添加、删除、修改图书类别信息
25		出版社管理	添加、删除、修改出版社信息
26		配置系统	完成数据导入、导出、数据备份与恢复、系统初始化、密码与权限设置、系统参数设置等操作

用例描述的模板如下：

用例编号：

用例名称：

简要说明：

参与者：

前置条件：

后置条件：

基本事件流：(或称活动步骤)

1. . . . XXXX

2. . . . XXXX

其他事件流：(或称扩展点)

异常事件流：

补充说明：

限于教材篇幅，下面仅给出“办理借书”用例和“办理续借”用例的文字性描述。

“办理借书”用例描述：

用例编号： 10

用例名称： 办理借书

简要说明： 读者凭借书证或其他有效证件，到图书室借阅图书。

参与者： 图书管理员

前置条件： 图书室开放时间。

后置条件： 如果读者借书成功，则该读者的已借数量增加；相应图书的馆内剩余量减少，图书状态置于“借出”；产生新的借阅记录；产生新的借还日志(借阅流水)信息。如果读者借书未成功，读者的已借数量等信息均不改变。

基本事件流：

1. 读者进入图书室。
2. 读者查找感兴趣的图书。
3. 读者出示借书证(教工也可报出自己的读者编号)。
4. 图书管理员检查读者身份或借书证的有效性。
5. 图书管理员检查读者已借图书数量，如果未超限额而且图书可借，则借出图书。
6. 读者拿走图书。
7. 该读者已借数量增加。
8. 相应图书的馆内剩余量减少。
9. 相应图书的状态置于“借出”。
10. 在借阅信息表中创建新的借阅记录，记录读者与图书的借阅关系。
11. 在借还日志表中创建新记录，记录借阅信息。

其他事件流：

①读者编号错误或无效的借书证

- 系统弹出“读者编号无效”或“借书证无效”警告信息；

• 图书管理员告知读者并归还读者借书证。

• 读者离开。

②读者已借数量达到限额数量

• 系统弹出当前读者可借阅数量为 0 的警告信息。

• 图书管理员告知读者并归还读者借书证。

• 读者离开。

异常事件流:

若所借图书库存数量为 0 或图书被预借等不可借,则给出提示信息。

补充说明: 无

"办理续借"用例描述:

用例编号: 7

用例名称:网上续借

简要说明:在读者所借图书到期之前,如想继续阅读,读者可以登录网上系统,进行图书续借以延长图书的还书日期。

参与者:读者

前置条件:读者登录网上图书系统,并通过了身份验证。

后置条件:如果读者续借成功,则该读者所续借图书的还书日期被延长。

基本事件流:

1. 读者登录网上图书系统。
2. 读者查找已借阅的图书。
3. 续借该图书。

其他事件流:

1. 如果读者身份验证失败,则用例结束。
2. 如果查询图书的条件错误,则查询失败。
3. 如果借阅规则不允许,则续借失败。

异常事件流:无

补充说明: 无

④用活动图描述用例

对用例的描述除可以用文字描述外,也可以用活动图进行描述。如图 7-18 所示的是带泳道的活动图,它描述"办理借书"用例。

⑤绘制时序图

通常,在绘制用例图的基础上,为每个主要用例画一张时序图是很有必要的。时序图可以准确反映某一用例或某一场景的具体操作流程。在此阶段,我们绘制时序图的目的不是为了进行系统设计,而是要把整个系统看成一个黑盒,观察发往系统的所有消息的顺序和流程。时序图具体画法请参见第 6 章。

2. 建立分析模型

用例模型主要用于描述系统功能,可以辅助明确需求。对象结构模型则是系统诸模型中最为重要的一个模型。面向对象分析的主要任务就是根据用户需求,建立一个准

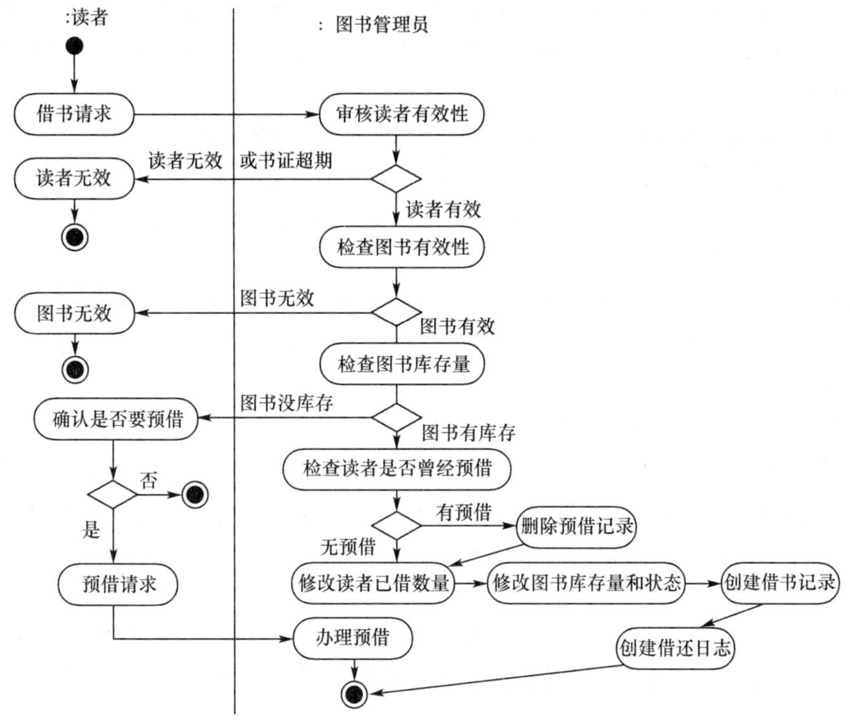

图 7-18 “办理借书”用例的活动图

确、完整、一致的结构模型。

在系统分析阶段，主要关心的是问题域中的主要概念，例如抽象、类和对象等内容，并且需要识别这些类、对象以及它们之间的相互关系，使用 UML 的类图来描述静态关系。要体现用例、类之间的协作关系，则需要使用 UML 的动态模型来描述，可以使用的图有状态图、时序图、协作图和活动图等。

在分析阶段一般主要使用用例图、类图和时序图来表示需求的获取、分析描述。此阶段的类图是针对业务领域的概念，是概念层面的类，用类图描述时，一般只给出主要的类及主要的类间关系。

(1)识别对象类

在系统的分析中，可以从需求陈述以及用例描述文本中出现的名词和名词短语入手，结合图书管理的领域知识，首先提取出候选的对象类，然后经过筛选、审查，最后确定图书管理系统的类。

比如针对“网上续借”的用例描述：在读者所借图书到期之前，如想继续阅读，读者可以登录网上系统，进行图书续借以延长图书的还书日期。该描述中出现的名词或名词短语有：读者、图书、系统、还书日期。“系统”代表整个软件系统，多数情况下，这个实体对象不必存在，予以排除；“还书日期”是图书的属性，也予以排除，所以“网上续借”的用例中得到的候选业务类是：读者和图书。

(2)识别属性

确定属性的方法是在用例的描述中寻找一些与对象相关的形容词，以及无法归类为对象的名词。比如针对“网上续借”的用例描述:在读者所借图书到期之前,如想继续阅读,读者可以登录网上系统,进行图书续借以延长图书的还书日期。还书日期就是图书的一个属性。

有时并不能从用例说明中找到对象的所有属性,这种情况下就应该对每一个对象考虑以下问题:对象包含了什么信息,对象需要将哪些信息长期保存下来,对象能够以哪些状态存在,不同的对象之间通信时需要哪些信息等。回答这些问题的过程能够帮助分析人员找到遗漏的对象属性。

这里仅与“读者”类为例列出该类的主要属性和操作,其他类的属性可参阅第 4 章“项目实践:图书管理系统概要设计”中的“4. 系统数据结构设计”部分,类的操作与“读者”类相似。

“读者”类的主要属性和操作如下:

①私有属性:读者编号、读者姓名、读者性别、出生日期、读者类型编号、读者类型、办证日期、读者卡号、身份证号、押金金额、已借数量、读者状态、读者有效期截止日期等。

②公有操作:写入读者信息、读取读者信息等。

(3)识别关系

可以从需求陈述以及用例描述文本中出现的动词和动词短语中找出到类的主要方法,对每个类的方法进行分析,可以找出主要的类间关系。如图 7-19 所示是带有主要属性和关系的类图(对象模型)描述。

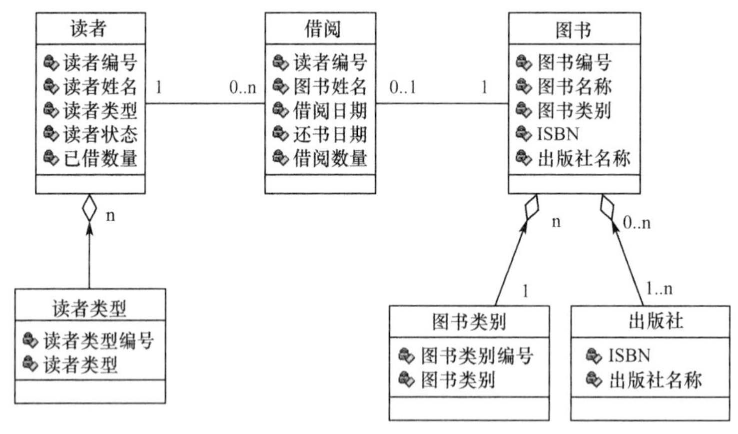

图 7-19 “图书管理系统”类图

7.8.2 面向对象的设计

面向对象的设计就是根据需求分析的结果定义实现目标系统的解决方案的过程。在面向对象设计阶段需要完成的模型包括静态模型、动态模型和数据模型。在静态模型中,常用类图,对于复杂的系统还会用到包图;在动态模型中,常用时序图和协作图;在数据模型中可以在实体关系图的基础上得到目标系统的物理数据表。

除此之外,在面向对象的设计阶段还要完成用户界面的设计。下面以图书管理系统中的“网上续借”用例为例绘制它的时序图、类图,并完成其用户界面的设计。

1.“网上续借”用例的时序图

首先要分析与“网上续借”用例相关的实体类、控制类为边界类。“网上续借”用例如图 7-20 所示。

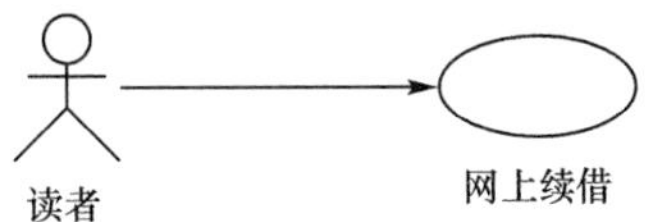

图 7-20　“网上续借”类图

通常要为每一参与者/用例定义一个边界类，为每一个用例定义一个控制类，而实体类可以从分析阶段得到的业务对象演化而来(注意：在软件系统建模过程中，实体类是必要的，而边界类和控制类可以根据需要进行绘制。一般情况下，实体类可以不含方法，而控制类可以不含属性)。通过分析，与“网上续借”用例相关的类如图 7-21 所示。

当参与者(读者)向“续借边界”类发送续借图书的请求后，“续借边界”类把该请求发送给“续借控制”类进行处理，续借成功后，“续借控制”类要改变图书的状态和读者的借阅信息。

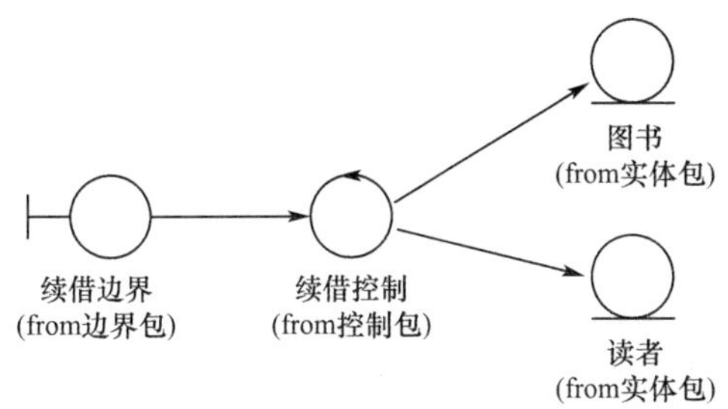

图 7-21　“网上续借”模块相关的类

“网上续借”用例的时序图如图 7-22 所示。图中的“×”号表示撤销对象。

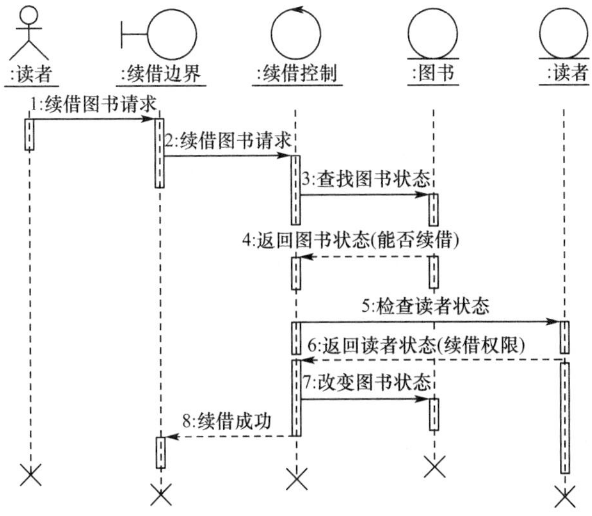

图 7-22　“网上续借”用例的时序图

2."网上续借"模块的类图

对于图 7-21"网上续借"模块相关的类图,为"续借边界""续借控制""读者"和"图书"类添加属性和方法后,就可以得到"网上续借"用例的类图,如图 7-23 所示。

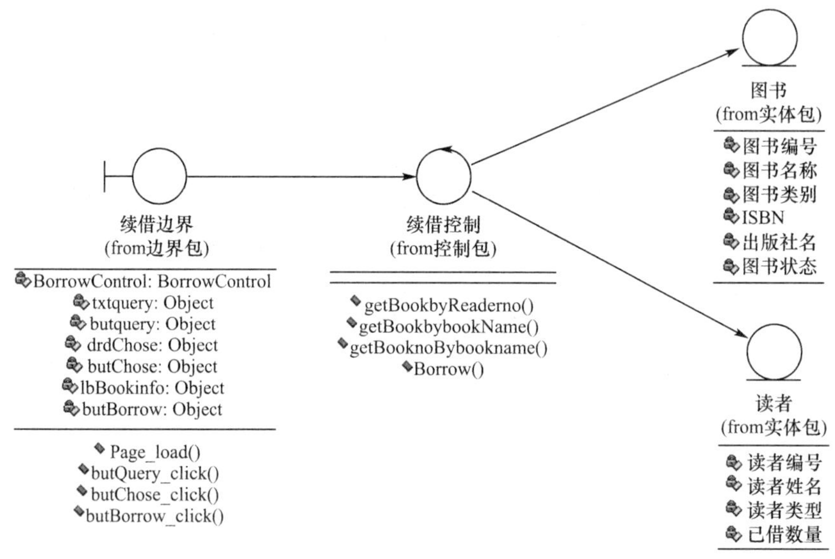

图 7-23 "网上续借"模块的类图

为了编程方便,图中的类的方法名和部分属性名使用了英文命名,下面给出对应的汉语含义:

①"续借控制"类的方法:

getBookbyReaderno():根据读者编号获得所借图书的列表框。

getBookbybookName():根据读者选取的图书名称获得图书信息。

getBooknoBybookname():根据读者选取的图书名称获得图书编号。

Borrow():办理续借。

②"续借边界"类的属性:

txtQuery:输入读者编号的文本框。

butQuery:读者编号文本框后的确定按钮。

drdChose:读者所借图书信息的下拉框。

butChose:读者选取图书后的确定按钮。

lbBookinfo:显示读者所选取图书信息的标签。

butBorrow:续借确定按钮。

另外:"BorrowControl"指续借控制类,"Object"表示对象。

③"续借边界"类的方法:

Page_load():加载并显示续借页面。

butQuery_click():读者编号确定按钮的单击事件。

butChose_click ():选择图书名称后确定按钮的单击事件。

butBorrow_click():确认续借的按钮单击事件。

3."网上续借"模块的用户界面

面向对象设计阶段还需要设计出目标系统的用户界面。如图 7-24 所示是"网上续借"模块的用户界面示意图。

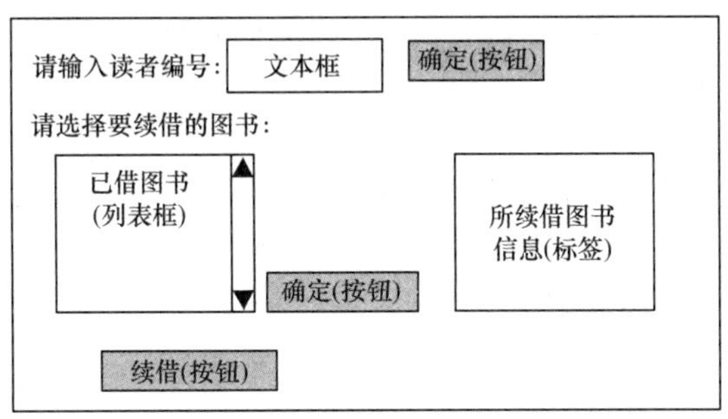

图 7-24　"网上续借"模块的用户界面示意图

读者在"请输入读者编号"后的文本框内输入读者编号,然后单击其后的【确定】按钮,此时,系统会在借阅记录中搜索该读者所借阅的全部图书,并在下方的列表框中显示,读者在列表框中查找要续借的图书并单击其后的【确定】按钮,欲续借的图书信息将显示在右侧的标签内,如果决定续借,读者单击【续借】按钮即可完成续借操作。

本章小结

面向对象分析的目标是分析用户需求,并建立问题域模型的过程,是解决系统"做什么"问题的。OOA 阶段需要建立的模型主要包括对象模型、动态模型和功能模型三种,其中的对象模型是最基本、最重要、最核心的模型。

面向对象设计是根据 OOA 得到的需求模型,建立求解域模型的过程,是解决系统"怎么做"问题的。OOD 阶段也可以分为系统设计和类-&-对象设计两个阶段。面向对象设计工作主要包括问题域类、用户界面类、任务管理类和数据管理类四个大类的设计。

习　题

一、选择题

1. 汽车有一个发动机,汽车和发动机之间的关系是(　　)关系。

A. 一般具体　　B. 整体部分　　C. 分类关系　　D. is a

2. 火车是一种陆上交通工具,火车和陆上交通工具之间的关系是(　　)关系。

A. 组装　　B. 整体部分　　C. has a　　D. 一般具体

3. 面向对象程序设计语言不同于其他语言的最主要特点是(　　)。

A. 模块　　B. 抽象性　　C. 继承性　　D. 共享性

4. 软件部件的内部实现与外部可访问性分离,这是指软件的(　　)。

A. 封装性　　B. 抽象性　　C. 继承性　　D. 共享性

5. 面向对象分析阶段建立的三个模型中，核心模型是(　　)模型。

A. 功能　　B. 动态　　C. 对象　　D. 分析

6. 对象模型的描述工具是(　　)。

A. 状态图　　B. 数据流图　　C. 对象图　　D. 结构图

7. 动态模型的描述工具是(　　)。

A. 状态图　　B. 结构图　　C. 对象图　　D. 流程图

8. 在只有单重继承的类层次结构中，类层次结构是(　　)层次结构。

A. 树型　　B. 网状型　　C. 星型　　D. 环型

9. 模型表示了对象的相互行为。

A. 功能　　B. 对象　　C. 动态　　D. 静态

10. 在确定类时，所有(　　)是候选的类。

A. 名词　　B. 形容词　　C. 动词　　D. 代词

11. 面向对象分析的原则不包括(　　)。

A. 抽象　　B. 封装　　C. 依赖　　D. 继承

12. 常用动词和动词词组来表示(　　)。

A. 对象　　B. 类　　C. 关联　　D. 属性

13. 在确定属性时，所有(　　)是候选的属性。

A. 名词　　B. 修饰性名词词组

C. 动词　　D. 词组

14. 在面向对象方法中，信息隐蔽是通过对象的(　　)来实现的。

A. 封装性　　B. 分类性　　C. 继承性　　D. 共享性

15. 面向对象设计的准则不包括(　　)。

A. 模块化　　B. 抽象　　C. 信息隐藏　　D. 强耦合

二、简答题

1. 面向对象分析通常要建立哪三种模型？它们分别描述系统的哪些方面？

2. 对象模型有哪五种层次？

3. 建立对象模型的基本过程是什么？

三、应用题

1. 写出图书管理系统中“办理还书”用例的用例描述。

2. 分析图书管理系统中“查询个人借阅”用例相关的实体类、控制类和边界类，绘制该用例的相关类图，并设计该模块的用户界面。

第8章 编　码

教学提示

本章介绍编码的目的与要求，程序设计语言的发展、分类与选择原则，程序设计风格，结构化程序设计方法等内容。本章重点是程序设计风格。

教学要求

- 理解编码的目的与要求。
- 了解程序设计语言的发展与分类。
- 了解常见的程序设计语言。
- 了解程序设计语言的选择原则。
- 掌握良好的编码风格。
- 理解结构化程序设计方法。
- 了解面向对象的程序设计方法。

项目任务

- 从网站下载本教材配套资源“图书管理系统 Web 子系统”软件包。
- 按 8.6.2 给出的步骤安装、配置开发与运行环境，启动“图书管理系统 Web 子系统”界面，登录系统并使用其各项功能。
- 分析“图书管理系统 Web 子系统”的软件结构，熟悉面向对象程序开发的基本思路。
- 阅读并分析程序代码，修改、完善或扩充系统功能。

8.1 编码的目的与要求

编码(coding)俗称编程序，其目的是使用选定的程序设计语言，把设计模型“翻译”为用该语言书写的源程序(或称源代码)。源程序经过编译等环节，再“转换”为可执行代码。

设计模型（不可执行）——编码——→源程序——→可执行代码（可执行）

编码产生的源程序应该正确可靠、简明清晰，而且具有较高的效率。

设计是编码的前导。程序的质量首先取决于设计的质量，但程序设计语言和编码风格也将对程序的可读性、可靠性、可测试性和可维护性产生重要影响。

为了保证编码的质量，程序员要注意以下几点：

(1)仔细阅读设计文档，彻底理解设计模型，弄清所编码模块的外部接口与内部过程。

(2)要选择合适的编码语言。

(3)要十分熟悉所使用的语言和程序开发环境。

(4)养成良好的编码风格。

8.2 程序设计语言

8.2.1 程序设计语言的发展与分类

自20世纪60年代以来,世界上公布的程序设计语言已经有上千种之多,但是只有很小一部分得到了广泛的应用。按照软件工程的观点,语言的发展至今已经历了四代、三个阶段,如图8-1所示。

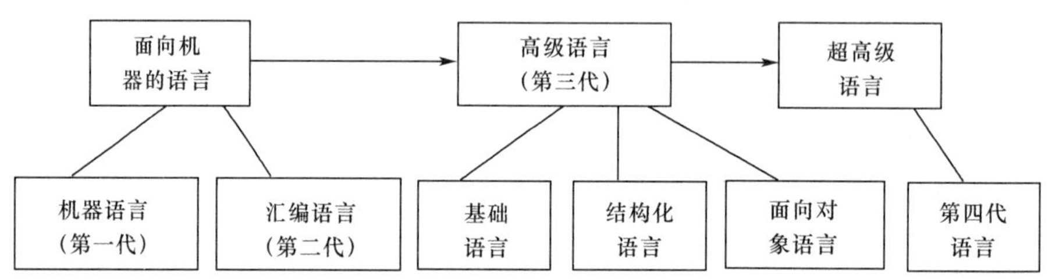

图8-1 语言的发展与分类

1. 第一代语言(机器语言)

自从有了计算机,就有了机器语言。机器语言由机器指令代码二进制0、1构成,不同CPU的计算机有不同的机器语言。用机器语言编写的程序占用内存少,执行效率高,其缺点是难编写、难修改、难于维护和移植,编程效率低。目前,这种语言已经被淘汰。

2. 第二代语言(汇编语言)

汇编语言用助记符来代替机器语言中的二进制代码,比机器语言直观,容易理解。在执行时必须由特定的翻译程序转化为机器语言才能由计算机执行。与机器语言一样,汇编语言依赖于计算机硬件结构,也是面向机器的低级语言。其优点是易于实现系统接口,执行效率高。

在软件开发中,一般优先选择高级语言,只有以下三种情况时选用汇编语言。

(1)软件系统对程序执行时间和存储空间都有严格限制。

(2)系统硬件是特殊的微处理机,不能使用高级语言。

(3)软件系统中对执行时间要求严格或直接依赖于硬件的某一部分程序。

3. 第三代语言(高级语言)

高级语言是面向用户的、基本上独立于计算机种类和结构的语言。从语句结构上看,它比较接近人类的自然语言,所使用的运算符和运算表达式也与数学中的形式相似,因此也称为算法语言。和机器语言和汇编语言相比,高级语言不依赖于计算机硬件结构,易学易用、通用性强、应用广泛。

高级语言种类繁多,又可分为传统的基础语言、结构化语言和专用语言三类。

(1)基础语言的特点是历史悠久、应用广泛,有大量的函数库。这类语言有 BASIC、FORTRAN,COBOL、ALGOL 等。

(2)结构化语言的特点是具有很强的过程控制能力和数据结构处理能力,并提供结构化的逻辑构造。ALGOL 是最早的结构化语言,PL/1、Pascal、C 以及 Ada 语言都是由它派生出来的。

(3)专用语言是为特殊应用而专门设计的语言,通常具有特殊的语法形式。这类语言的应用范围比较狭窄,移植性和可维护性不如结构化语言,代表语言有 APL、LISP、PROLOG、Smalltalk、C++、Java 等。

4. 第四代语言(简称 4GL)

4GL 是非过程化语言,它是面向应用的语言。其主要特征有:

(1)有可视化的、友好的用户界面。操作简单,使非计算机专业人员也能方便地使用它。

(2)兼有过程性和非过程性双重特性。非过程性语言只需要告诉计算机"做什么",而不必描述"怎么做","怎么做"由计算机语言来实现。

(3)有高效的程序代码。能缩短开发周期,并减少维护的代价。

(4)有完备的数据库管理功能。

(5)有应用程序生成器。提供一些常用的程序来完成文件的维护、屏幕管理、报表生成和查询等任务,从而有效地提高了软件生产率。

Uniface、PowerBuilder、Informix 4GL 以及各种扩充版本的 SQL 等都不同程度地具有上述特征。

8.2.2 常用的程序设计语言

1. Visual Basic 语言

Visual Basic 简称 VB 适合初涉编程的人员,它对学习者的要求不高,几乎每个人都可以在一个比较短的时间里学会 VB 编程,并用 VB 做出自己的作品。对于那些把编程当作游戏的人来说,VB 是最佳的选择。

2. C 语言

C 语言兼有高级语言和汇编语言的特点,灵活性很好,效率高,常用于开发比较底层的软件,是当代最优秀的程序设计语言之一。但它并不十分适合初学者。

3. C++语言

C++在 C 语言的基础上加入了面向对象的特性,既支持结构化编程又支持面向对象编程,其应用领域十分广泛。

4. Java 语言

Java 具有平台无关性、安全性、面向对象、分布式、健壮性等特点,适合企业应用程序和各种网络程序的开发,是现在非常流行的编程语言。

5. Delphi 语言

Delphi 语言以 Pascal 语言为基础,扩充了面向对象的能力,并加入了可视化的开发手段,用于开发 Windows 环境下的应用程序。

6. C#语言

C#语言是微软公司发布的一种简洁的、类型安全的面向对象的、运行于. NET Framework之上的编程语言，它充分借鉴了C++、Java、Delphi的优点，是现在微软. NET网络框架的主角。

8.2.3 程序设计语言的选择

D. A. Fisher说过："设计语言不是引起软件问题的原因，也不能用它来解决软件问题。但是，由于语言在一切软件活动中所处的中心地位，它们能使现存的问题变得较易解决，或者更加严重。"这段话言简意赅地揭示了语言在软件开发中的作用，因此，我们要重视在编码之前选好适当的语言。语言选择合适，会使编码困难减少，程序测试量减少，并且可以得到易读、易维护的软件。

在选择语言时要从问题入手，确定它的要求是什么，以及这些要求的相对重要性。由于一种语言不可能同时满足它的各种需求，所以要对各种要求进行权衡，比较各种可用语言的使用程度，最后选择较适合的语言。

一般情况下，程序设计语言的选择常从以下几方面考虑。

(1)项目的应用领域。项目应用领域是选择语言的关键因素。各种语言都有自己的适用领域。通常，FORTRAN适用于工程和科学计算领域；COBOL适用于商业数据处理；SQL语言、Delphi适用于数据处理领域；Java和C#适用于Wed开发及网络应用；LISP和PROLOG语言适用于人工智能与专家系统。

(2)用户的要求。当系统交付使用后由用户负责维护时，应该选择用户所熟悉的语言。

(3)软件开发工具。特定的软件开发工具只支持部分程序设计语言，所以应该根据将要使用的开发工具确定采用哪种语言。

(4)算法和数据结构的复杂性。对于科学计算、实时处理和人工智能领域中的问题，算法较复杂但数据结构简单，而数据处理、数据库应用、系统软件领域内的问题，算法简单而数据结构较复杂。因此，要考虑语言是否有完成复杂算法或者构造复杂数据结构的能力。

(5)软件开发人员的知识。采用软件开发人员熟悉的语言能够缩短软件开发的时间。

(6)系统的可移植性要求。可移植性好的语言可以使系统方便地在不同的计算机系统上运行。如果目标系统要适用于多种计算机系统，那么程序设计语言的可移植性是重要的。

8.3 程序设计风格

程序设计风格也叫编码风格(coding style)，指编写源程序时所表现出的特点、习惯和逻辑思路。在软件开发和维护过程中，程序代码的可读性是程序可维护性的前提。一个公认的、良好的编程风格可以减少编码的错误，减少读程序的时间，从而提高软件的开发效率和可维护性。

良好的编码风格主要从源程序文档化、数据说明、语句构造、输入与输出和效率五方面体现。

编码风格

8.3.1　源程序文档化

为了提高程序的可维护性,源程序(也称为源代码)也需要实现“文档化”。即在源程序中包含一些内部文档,以帮助阅读和理解。源程序文档化主要包括:标识符命名、内部注释以及程序的视觉组织三个方面。

1. 标识符的命名

标识符包括模块名、变量名、常量名、标号名、子程序(函数)名以及数据区名、缓冲区名等。在命名时要注意以下几点:

(1)标识符命名要清晰、明了,直观易读,有实际意义,力求见名知意。例如:表示个数用 counter;表示总量用 total;表示累加和用 sum,表示最大值用 max 等。

(2)标识符长度要适当。全局变量的名称可以长一些,以提供足够的说明性,而局部变量应使用较短的名称。建议变量名除有具体含义外,还能表明数据类型,因此最好不要用单个字符命名,但用单个字符表示局部循环变量是允许的(如 i,j,k 等)。

(3)遵循一定的命名规则,比如缩写的使用、字母大小写的选择、对常量和变量命名的区分等。较短的单词可通过去掉“元音”形成缩写,较长的单词可取单词的头几个字母形成缩写。一些单词应采用大家公认的缩写。

(4)同一名称不要有多个含义。在一个程序中,一个变量应有且只能有一个用途,而不要把一个变量用作多种用途。

(5)不要混用英文字母和汉语拼音,如使用 StudentJg 表示“学生籍贯”。

(6)不要使用相似的名称。名称中避免使用易混的字符。

(7)自己特有的命名风格,要自始至终保持一致,不可来回变化。

(8)命名规范必须与所使用的系统风格保持一致,并且在项目中统一。比如采用 UNIX/LINUX 的全小写加下划线方式或大小写混排方式(如 add_role 或 AddRole),不要使用 Add_Role 方式。

2. 程序代码的视觉组织

在程序编写中应该注意代码的排版布局,以使代码更加清晰易读。可以在程序中利用空格、空行、缩进等技巧提高程序代码的视觉效果。代码版式没有统一标准,但是在编程实践中,程序员们积累了一些良好的布局规则,例如:

(1)在每个类声明之后、每个函数实现结束之后都要加空行。

(2)在一个函数体内,逻辑上密切相关的语句之间不要加空行,而与其他语句间应加空行分隔。

(3)相对独立的程序块之间、变量说明之后必须加空行。

(4)一元操作符前后不加空格,“=”“+=”等多元操作符前后至少加一个空格(如 i+=1;);注释符与注释内容之间要用一个空格分隔(如/* 注释内容 */)。

(5)一行代码只完成一个功能,即一个变量定义占一行,一个语句占一行;不允许把多个短语句写在一行中。

(6)程序中一行代码及其注释的总字数不能超过80列;超过80字符的长表达式应在低优先级操作符处拆分新行,操作符放在新行之首。

(7)源程序中关系较为紧密的代码应尽可能相邻。

(8)尽可能在定义变量的同时初始化该变量。

(9)if、else、for、while等语句独占一行,执行语句不得紧跟其后,不论执行语句有多少条都要用花括号"{"和"}"括起来。

(10)程序的分界符"{"和"}"应独占一行并且位于同一列,同时与引用它们的语句左对齐。{ }内的代码块使用缩进规则对齐(一般缩进4个空格)。

例如:

不符合规范的写法:

```
if (pUserCR = = NULL)  return;
```

应如下书写:

```
if (pUserCR = = NULL)
{
    return;
}
```

3. 程序的注释

注释有助于理解代码,是程序员之间进行交流的有效途径,合理的注释有利于日后的软件维护。注释可分为序言性注释和功能性注释两大类。

序言性注释通常置于每个程序或模块的开头部分,它是对程序或模块的整体说明。主要内容有:模块的功能、模块的接口、重要的局部变量及开发历史(包括模块的设计者、评审者、评审日期、修改日期及对修改的描述等)。

功能性注释通常嵌在程序体内,主要描述程序段的功能。

注释应遵守的基本原则是:

(1)一般情况下,源程序中有效注释量必须在20%以上。

(2)注释应当准确、易懂,防止注释二义性。

(3)注释是对代码的"提示",而不是文档,注释的花样要少。

(4)注释应与其描述的代码相邻,可放在代码的上方或右方,不可放在下方。将注释与其上方的代码用空行隔开。

(5)使用缩进和空行,使注释与代码容易区分。注释应与所描述内容同样缩排。

(6)变量注释应放在变量定义之后,并说明变量的用途和取值约定。

(7)文件头部必须进行注释,包括.h文件、.c文件、.cpp文件等。注释要列出版权说明、文件名称、版本号、生成日期、作者、内容提要、功能、与其他文件的关系、修改日志等。

(8)函数头部注释要列出函数名称、功能、输入/输出参数、返回值、修改信息等。

(9)在用{ }包含的代码块的结束处应加注释。特别是有多重嵌套时。

(10)应在代码的功能、意图层次上进行注释,要提供有用、额外的信息。

(11)避免在注释中使用缩写,特别是不常用的缩写。

(12)如果数据结构声明(包括数组、结构、类等)不能充分自注释的,必须加以注释。对数据结构的注释应放在其上方相邻位置,对结构中每个域(成员)的注释放在此域的右方。

(13)全局变量要有较详细的注释,包括对其功能、取值范围、哪些函数或过程存取它以及存取时注意事项等进行说明。

(14)对变量的定义和分支语句(条件分支、循环语句等)必须进行注释。

(15)对于 switch 语句下的 case 语句,如果因为特殊情况需要处理完一个 case 语句后进入另一个 case 语句进行处理,则必须在该 case 语句处理完、进入下一个 case 语句前加上明确的注释。这样做一方面能有效防止遗漏 break 语句,也能使维护人员清晰地了解程序流程。

(16)修改代码的同时要修改相应的注释,以保持注释和代码的一致性。

例 8-1 文件头部的序言性注释示例。

```
/*************************************************************************
*  版权所有:©2008,XX 省 XX 市股份有限公司
*  文件名称://文件名,如 SumPrimes.c
*  当前版本://当前版本,如 V2.1
*  作    者://作者姓名及其单位
*  完成日期://例:2008 年 5 月 10 日
*  内容提要://简要说明本程序文件完成的主要功能,与其他模块或函数的接口,
            //输出值,取值范围、含义及参数间的控制、顺序、独立或依赖等关系
*  其他说明://其他内容说明
*
*  主要函数://主要函数列表,每条记录应包括函数名及功能简要说明
*      1. ……
*  修改记录 1://修改历史记录,包括修改日期、修改者及修改内容
*     修改日期://如:2008 年 8 月 8 日
*     版 本 号:
*     修 改 人:
*     修改内容:
*  修改记录 2:……
*************************************************************************/
```

例 8-2 函数头部注释和功能性注释示例。

```
/*************************************************************************
*  函数名称:IsPrime(int x)
*  功能描述:判别一个整数 x 是否是素数
*  输入参数:一个整数 x
*  输出参数:无
*  返 回 值:0 表示不是素数,1 表示是素数
*  其他说明:使用列举法。依次用 2 至 x-1 去除 x,检查能否被整除。x 一旦被整除,
*            则 x 不是素数;如 x 不能被 2 至 x-1 中的所有数整除,则 x 是素数
```

```
* 修改日期              版本号         修改人         修改内容
* ---------------------------------------------------------------------------
* 2012/8/8              V2.1           刘铁柱    增加了对 1 及 1 以下数据的处理
******************************************************************************/
int IsPrime(int x)
{
    int i;
    int prime = 1;              /* 素数标志,1:是素数,0:不是素数 */
    int flag=1;                 /* 标志变量,用于控制循环 */
    /*  用 2 至 x-1 去除 x,一旦 x 被 i 除尽,则 x 不是素数  */
    for(i = 2;i < x && flag; i++)
    {
        if (x % i == 0)
        {
            prime=0;            /* 素数标志置 0,x 不是素数  */
            flag=0;
        }
    }
    if(x <= 1)                  /* 对 1 及 1 以下数据的处理    */
    {
        prime=0;
    }
    return prime;
}
```

8.3.2 数据说明

为了使程序中的数据说明更易于理解和维护,必须注意以下几点:

(1)显式地说明一切变量。

(2)数据说明的次序应该规范化,比如哪种数据类型的说明在前,哪种在后,以便于查找。

(3)当多个变量用一条语句说明时,应当对这些变量按字母顺序排列。例如,将

```
int length,width,area,cost,price;
```

写成:

```
int area,cost,length,price,width;
```

(4)使用注释说明复杂数据结构。

例 8-3 对学生结构体类型的定义

```
struct  student        /* 学生信息结构体 */
{
    char name[8];   /* 姓名 */
    int age;        /* 年龄 */
```

```
    char sex;          /* 性别,'1'男,'0'女 */
};
```

8.3.3 语句构造

语句构造要简单直接,清晰易读。以下是一些常用的规则:

(1)要简单清楚,直截了当地说明程序员的用意(参见例 8-4)。

(2)不要为了节省空间而在同一行中写多个语句。

(3)使用括号使逻辑表达式和算术表达式的运算次序直观清晰。

(4)利用添加空格来清晰地表示语句的成分。

(5)尽可能使用库函数,应使用函数或公共过程去代替具有独立功能的程序段。

(6)尽量不用或少用 goto 语句,避免 goto 语句不必要的转移和相互交叉。

(7)尽量不用或少用标准文本以外的语句,以利于提高可移植性。

(8)对于多分支语句,应尽量把出现可能性大的分支放在前面,以节省运算时间。

(9)每个循环要有终止条件,不要出现死循环,更要避免出现不可能被执行的循环。

(10)避免使用过于复杂的条件判定。

(11)避免使用测试条件"非"。如要使用 if(ch>='0') 取代 if(! (ch<'0'))。

(12)避免过多的循环嵌套和条件嵌套,嵌套深度不要超过三层。

(13)避免使用临时变量而使可读性下降(参见例 8-5)。

(14)避免使用空的 else 语句和 if…then　if …语句。例如:

```
char ch;
ch=getchar();
if(ch>='a')
    if(ch<='z')
        printf("%d 是小写字母",ch);
else
    printf("%d 不是字母",ch);
```

可能产生二义性问题。

(15)避免使用 else goto 和 else return 结构。

(16)使与判定相联系的动作尽可能地紧跟着判定。

(17)用逻辑表达式代替分支嵌套(参见例 8-6)。

(18)对递归定义的数据结构尽量使用递归过程。

(19)确保所有变量在使用前都进行初始化。

(20)不要修补不好的程序,要重新编写。也不要一味追求代码的复用,要重新组织。

(21)不要进行浮点数相等的比较,因为两个浮点数难于精确相等(参见例 8-7)。

例 8-4　语句要简单明了。要直截了当地说明程序员的用意。

请看下面的 C 语言程序段:

```
/* * * * * * * * * * *   版本 1   * * * * * * * * * * */
int  i, j;
int  a[5][5];
```

```
for (i=0; i<5; i++)
    for (j=0; j<5; j++)
        a[i][j] = (i / j) * (j / i);
```

经仔细分析才会发现，程序的功能是将 a[i][j]数组的主对角线元素置 1，其他元素置 0，即得到一个 5×5 的单位矩阵。因为，在 C 程序中，两个整型数据做整除运算“/”的结果也是整型数。仅当 i=j 时，i/j 和 j/i 才得 1，从而使 a[i][j]=1，而 i≠j 时，或者 i/j 得 0，或者 j/i 得 0，使得 a[i][j]=0。

这个程序虽然构思巧妙，却不易理解，从而给软件维护带来很大困难。将主要语句 a[i][j]=(i/j) * (j/i)改写成以下几种形式(版本 2 至版本 4)，就可以提高可读性。

```
/ ********** 版本 2    ********** /
    a[i][j] = (i= =j) ? 1: 0;
/ ********** 版本 3    ********** /
    if(i= =j)
        a[i][j] = 1;
    else
        a[i][j] = 0;
/ ********** 版本 4    ********** /
    {
        a[i][j] = 0;
        a[i][i] = 1;
    }
```

其实，版本 3 形式最为简单明了。

例 8-5 避免使用临时变量。

下面的 C 程序求 $ax^2+bx+c=0$ 方程的根，其中 a、b、c 由键盘输入。

方案 1：

```
# include <stdio.h>
# include <math.h>
void main()
{
    float a,b,c,disc, p,q ,x1,x2;
    printf("请输入三个浮点数:");
    scanf("%f%f%f",&a,&b,&c);
    disc = b * b-4 * a * c;
    p = -b / (2 * a);
    q = sqrt(disc) / (2 * a);
    x1 = p + q;
    x2 = p - q;
    printf("x1=%5.2f\n x2=%5.2f\n",x1,x2);
}
```

方案 1 中使用了 disc、p、q 三个临时变量，使程序的可读性下降了，下面的方案 2(部分代码)不使用临时变量，使程序变得直接易读。

方案2：

```
float a,b,c,x1,x2;
printf("请输入三个浮点数:");
scanf("%f%f%f",&a,&b,&c);
x1 = -b / (2 * a) + sqrt(b * b-4 * a * c) / (2 * a);
x2 = -b / (2 * a) - sqrt(b * b-4 * a * c) / (2 * a);
```

例 8-6 用逻辑表达式代替分支嵌套。

下面给出了判断某一年是否是闰年的C程序。

```
# include <stdio.h>
void main()
{
    int  leap, year;
    printf("请输入年份:");
    scanf("%d",&year);
    if(year % 4= =0)
    {
        if(year.% 100 = =0)
        {
            if(year % 400 = =0)
            {
                leap = 1;
            }
            else
            {
                leap = 0;
            }
        }
        else
        {
            leap = 1;
        }
    }
    else
    {
        leap = 0;
    }
    if(leap)
    {
        printf("%d 是闰年\n",year);
    }
    else
```

```
        {
            printf("%d 不是闰年\n",year);
        }
}
```

如使用下列逻辑表达式代替求闰年的分支嵌套，就使程序变得简洁易读。

```
if( (year % 4= =0 && year % 100! =0 ) || year % 400= =0 )
{
    leap = 1;
}
else
{
    leap = 0;
}
```

例 8-7 注意浮点数的比较。

下面的程序中进行浮点数 x 与 10.0 的相等比较，实际上会产生“死”循环。

```
#include <stdio.h>
void main()
{
    float x=1.0;
    while(1)
    {
        printf("%f\t",x);
        if(x= =10.0)   /* 此处有问题，应改为 if(x>=10.0) */
        {
            break;
        }
        x=x+0.2;
    }
}
```

两个浮点数相等的问题，应该改用两个浮点数之差的绝对值与一个足够小的正数(如 e)作“>=”或“<=”比较，如果差的绝对值小于或等于 e，即认为两数“相等”。这个足够小的正数 e 视具体应用中的总体精度而定。

8.3.4 输入与输出

设计输入/输出界面的原则是友好、简洁、统一，符合用户的日常工作习惯。在编写输入和输出程序时要考虑以下原则：

(1)检验输入数据的合法性、有效性。

(2)批量输入数据时，使用数据输入结束标志，而不是要求用户预先输入数据个数。

(3)检查输入项的重要组合的合理性。

(4)输入格式要简单，输入格式要一致。

(5)提示输入的请求,并简要地说明可用的选择或边界值。

(6)输入数据时应允许默认值。

(7)输出信息中不要有文字错误,要保证输出结果的正确性。

(8)输出数据表格化、图形化。

(9)给所有的输出数据加标志。

8.3.5 效 率

程序的效率是指程序的执行速度及程序所需占用内存的存储空间。提高效率的原则如下:

(1)效率是一个性能要求,应当在需求分析阶段确定效率方面的要求。

(2)效率是靠好的设计来提高的。

(3)程序的效率与程序的简单性相关。

(4)除非对效率有特殊要求,否则程序编写的原则是"清晰第一、效率第二"。不要为了追求效率而丧失了清晰性。

8.4 结构化程序设计

所谓结构化程序设计,一种较为流行的定义是:"如果一个程序的代码块仅仅通过顺序、选择和循环这三种基本控制结构进行连接,并且每个代码块只有一个入口和一个出口,则称这个程序是结构化的"。

结构化程序设计通常采用自顶向下、逐步求精的设计方法,这种方法符合抽象和分解的原则,是人们解决复杂问题常用的方法。采用这种先整体后局部、先抽象后具体的步骤开发的软件一般都具有较清晰的层次结构。结构化程序设计方法能提高程序的可读性、可维护性和可验证性,从而提高软件的生产率。

8.4.1 结构化程序设计的原则

(1)尽量使用语言提供的基本控制结构,即顺序、选择和循环结构。

(2)选用的控制结构只准许有一个入口和一个出口。

(3)将程序语句组织成容易识别的块,每块只有一个入口和一个出口。

(4)复杂结构应该用基本控制结构进行组合或嵌套来实现。

(5)对于语言中没有的控制结构,可用一段等价的程序段模拟,但要求该程序段在整个系统中前后一致。

(6)严格控制 goto 语句,仅在两种情况下才可使用。一是用非结构化的程序设计语言去实现一个结构化的构造时;二是在某种可以改善而不是损害程序可读性的情况下。

8.4.2 自顶向下,逐步求精

在总体设计阶段,已经采用自顶向下、逐步细化的方法把一个复杂问题的解法分解和细化成了一个由许多模块组成的层次结构的软件系统。在详细设计和编码阶段，还应当采取这种方法，把一个模块的功能逐步分解、细化为一系列具体的步骤，进而编制出用某种程序设计语言书写的程序。

自顶向下、逐步求精方法的优点如下：

(1)符合人们解决复杂问题的普遍规律，可提高软件开发的成功率和生产效率。

(2)用先全局后局部、先整体后细节、先抽象后具体的逐步求精过程开发出来的程序具有清晰的层次结构，程序易读、易理解。

(3)程序自顶向下、逐步细化，分解成一个树形结构，同一层上各结点的细化工作相互独立。

(4)程序清晰和模块化，使得在修改和重新设计一个软件时，可重用的代码量最大。

(5)每一步工作仅在上层结点的基础上做少量设计扩展，便于检查。

(6)有利于设计的分工与协作。

例 8-8 程序设计逐步求精示例。

某程序的功能是：输入一串整数，若其值为 0，则打印 0 并换行；如为正数，则打印几个“ * ”号，然后换行；如为负数则结束。

第 1 版本：根据功能写出程序框架。

```
void main()
{   变量的类型说明；
    读入第 1 个数；
    当读入的数非负时，循环以下工作
    {   根据输入的数作相应处理；/ * * * * * * * * *   1   * * * * * * * * */
        换行。
        读入下一个数。
    }
}
```

第 2 版本：对第 1 版本中的“简单加工”细化成语句。对注释“1”部分只做适当细化。

```
void main()
{
    int  num;
    printf("输入若干个整数，输入负数则结束")。
    scanf("%d",&num);
    while(num>=0)
    {   if (num= =0)
        {
            printf("%d",num);
        }
        else
        {
            输出 num 个“ * ”号； / * * * * * * * * * *   2   * * * * * * * * */
        }
```

```
        printf("\n")。
        scanf("%d",&num);
    }
}
```

第 3 版本：对注释“2”进行细化。

```
int  i=1;
while (i<=num)
{   printf("*")。
    i++;
}
```

8.5 面向对象的程序设计

面向对象程序设计就是把面向对象设计的结果翻译成用某种程序设计语言书写的面向对象程序。尽管面向对象的程序也可以用非面向对象的语言来编写，但是一般应尽量使用面向对象语言。原因是面向对象语言本身支持面向对象概念的实现，编译程序可以自动地把面向对象概念映射到目标程序中。

1. 选择面向对象语言的原则

采用面向对象方法开发软件的基本目的和主要优点是通过复用提高软件的生产率。因此，应该优先选用能够最完善、最准确地表达问题域语义的面向对象语言。目前，面向对象语言有两类：一类是纯面向对象语言，其特点是组成语言的所有元素都是对象，例如 Smalltalk 和 Eiffel 语言；另一类是混合型面向对象语言，如 C++、VB、Java、C# 等语言，它们既有面向过程的特性，又引入了面向对象的机制。

在选择面向对象编程语言时应重点考虑以下因素：

(1)语言的发展前景

软件开发成功的一个主要因素是软件的生存周期要长，其中的重要表现就是要选用合适的面向对象语言，使得开发出来的软件能在将来很长一段时间内仍具有很强的生命力。因此，应选用将来占主导地位可能性最大的语言编程。

(2)可重用性

面向对象编程的一个重要特征是继承性，没有继承性则不能称之为真正的面向对象设计，软件的可重用性很大程度是通过继承来实现的，因此，要提高可重用性，选择一种继承机制较好的语言是很重要的。

(3)类库和开发环境

面向对象方法开发软件的一个重要优点是通过可重用性提高软件生产率。决定可重用性的因素，不仅需要选用一种继承机制良好的编程语言，还要选择良好的开发环境和类库。选择类库时，应考虑类库中提供了哪些有价值的类。随着类库的日益成熟和丰富，在开发新的应用系统时，需要开发人员自己编写的代码将越来越少。

为便于积累可重用的类和重用已有的类，在开发环境中，除了提供前述的基本软件工具外，还应该提供使用方便的类库编辑工具和浏览工具，其中的类库浏览工具应该具有强大的联想功能。

（4）其他因素

在选择编程语言时，应该考虑的其他因素还有：对用户学习面向对象分析、设计和编码技术所能提供的培训服务；能提供给开发人员使用的开发工具、开发平台和发行平台。

2. 面向对象程序设计的步骤

在面向对象的分析和设计阶段完成之后，即进入了面向对象的编码和实现阶段。在开发过程中，类的实现是核心问题。在用面向对象风格设计的系统中，所有的数据都被封装在类的实例中，而整个程序则被封装在一个更高级的类中。在使用已有类和构件的面向对象系统中，可以花费少量时间和工作量来实现软件。只要增加类的实例，开发少量的新类和实现各个对象之间互相通信的操作，就能建立需要的软件。

面向对象程序设计的步骤如下：

（1）建立软件系统的动态模型

• 根据问题域和具体要求确定组成软件系统的对象及该对象所应具备的固有处理能力。

• 分析各对象之间的联系，并确定它们相互间的消息传递方式。

• 设计对象的消息模式，由消息模式和对象的处理能力共同构成对象的外部特性。

（2）建立软件系统的静态模型

• 分析各对象的外部特性，将具有相同外部特性的对象归为一类，进而确定系统中所用的不同的类。

• 确定类间的继承关系，将具有公共性质的对象放在较上层的类中描述，并通过继承来共享公共类成员。

• 根据以上两点设计各对象的外部特性和层次结构。

（3）实现

• 为每个对象设计其内部实现，包括内部状态的表现形式和固有处理能力的实现。

• 为每个类设计其内部实现，包括数据结构和成员函数的实现。

• 创建所需要的对象（类的实例），以实现这些对象之间的联系。

在面向对象实现中，涉及的主要技术有：类的封装和信息隐藏、类继承、多态和重载、模板、持久保存对象、参数化类、异常处理等。

8.6 项目实践："图书管理系统 Web 子系统"程序开发

在 7.8 节中，我们简要介绍了图书管理系统面向对象的分析与设计，本节将以一个实际的"图书管理系统 Web 子系统"为案例介绍面向对象程序开发的基本过程。

8.6.1 "图书管理系统 Web 子系统"简介

1. 系统功能

图书管理系统中的读者，通过浏览器登录"图书管理系统 Web 子系统"，通过网络使用图书管理系统中的部分功能。

图书管理系统 Web 子系统登录界面如图 8-2 所示。

图书管理系统Web子系统登录

读者编号：	*
密　码：	*
验证码：	6 W6 J
登录	重置

图 8-2　登录界面

图书管理系统 Web 子系统主要有以下功能：

(1)网上查询图书。查询所有图书信息，或按条件查询读者感兴趣的图书信息。

(2)查询个人借阅。查询读者已借阅图书的基本信息。

(3)网上预借。符合图书预借条件的读者，当发现欲借的图书没有库存时，可以通过网络预借图书，当图书归还后，能得到图书已归还信息并及时借阅。

(4)网上续借。当读者在某图书临近到期前，可以续借该图书，以延长图书归还日期。

(5)修改个人口令。读者初次系统时使用系统设定的默认密码(如 111111)，读者随时可以修改自己的登录密码。

系统不提供用户自行注册功能。

个人借阅信息查询界面如图 8-3 所示。图书信息查询界面如图 8-4 所示。

返回首页　　退出登录

共 2 页，当前第 1 页。
[首页/上一页] 1, 2[下一页/尾页]

序号	图书编号	图书名称	作者信息	ISBN	借阅日期	应还日期	续借次数
1	1001	软件工程（第三版）	高树芳	9787561122617	2013年11月28日	2013年12月28日	0
2	1004	JavaEEWeb编程技术教程	刘甫迎	9787121065040	2013年12月11日	2014年01月10日	0
3	1005	C语言程序设计	徐永青	9787561143326	2013年12月23日	2014年01月22日	0

导出为： CSV | Excel | XML | PDF | RTF

Copyright ©石家庄邮电职业技术学院 · 计算机系

图 8-3　个人借阅信息查询界面

重新检索　　退出登录

共 4 页，当前第 1 页。
[首页/上一页] 1, 2, 3, 4[下一页/尾页]

序号	图书编号	图书名称	作者	ISBN	书架位置	出版社	出版日期	操作
1	1001	软件工程（第三版）	高树芳	9787561122617	TP311.5/3	大连理工大学出版社	2009-01	详细 预约
2	1003	实用软件工程教程	陈雄峰	9787111261094	TP311.5/4	机械工业出版社	2008-03	详细 预约
3	1002	软件工程与Rose建模案例教程	刘志成，陈承欢	9787561145814	TP312/1	大连理工大学出版社	2009-01	详细 预约

导出为： CSV | Excel | XML | PDF | RTF

Copyright ©石家庄邮电职业技术学院 · 计算机系

图 8-4　图书信息查询界面

2. 系统开发与运行环境

Java Web 应用系统的开发模式可以是 JSP 模式、JSP Model1 模式和 JSP Model2 模式，分别如图 8-5、图 8-6 和图 8-7 所示。

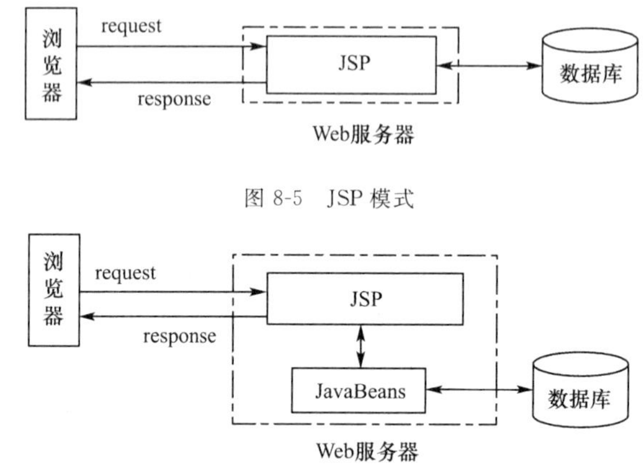

图 8-5　JSP 模式

图 8-6　JSP Model1 模式

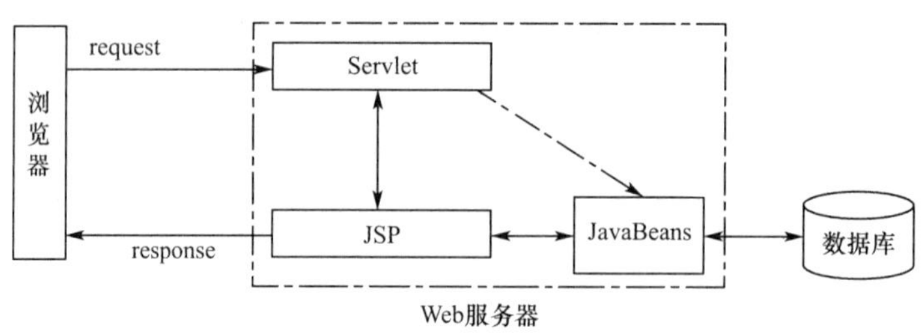

图 8-7　JSP Model2 模式

早期的 Java Web 应用采用如图 8-5 所示的 JSP 模式，JSP 文件既负责业务逻辑，又要控制网页流程，还要负责页面展示。这种模式需要开发者既精通网页设计，又能够编写健壮的 Java 代码。采用这种模式进行开发，HTML 标记、Java 代码和 JavaScript 代码集中在一起，调试非常困难；当应用错综复杂时，后期维护也举步维艰。

为了解决 JSP 模式的问题，Sun 公司先后提出了如图 8-6 和图 8-7 所示的 JSP Model1 模式和 JSP Model2 模式。在 JSP Model1 模式中，JSP 既要负责业务流程控制，又要负责提供展示层数据，同时充当展示者和控制器。不加选择地随意运用 Model1，会导致 JSP 文件内嵌入大量的 Java 代码，使得网页设计人员开发维护 JSP 困难，给项目管理带来麻烦。

在基于 J2EE 的 JSP Model2 模式中，JSP 负责展示，Servlet 实现控制，JavaBean 专注业务数据和业务逻辑。这是一种突破性的软件设计方法，它很清楚地分离了表达和内容，明确了 Java 编码者和网页设计人员的分工。虽然使用这种模式需要花费一定的时间去理解其中的内部原理，运用到应用程序开发中会带来额外的工作量，提高应用的复杂性，但从长远的角度来看，越是复杂的项目，使用 JSP Model2 模式的好处就越大，它会大大提高后期软件开发的效率。

本系统即采用了 JSP Model2 软件开发模式(JSP+Servlet+JavaBean),其具体开发与运行环境如下:

(1)Web 服务器:apache-tomcat-7.0.47。

(2)开发平台:jdk-7u45、MyEclipse 10.6。

(3)数据库管理系统:MySQL 5.0.45。

8.6.2 系统开发与运行环境搭建

1. 资源准备

为了运行本系统,需要从网站上下载如下资源:

(1)jdk-7u45:JDK 即 Java Development Kit,是 Java 开发工具包。它包括 Java 运行环境、Java 工具和 Java 基础的类库。

(2)apache-tomcat-7.0.47:Tomcat 既是 Web 服务器(其作用和 IIS 相似),也是翻译、解释、执行 JSP 的引擎。

(3)MyEclipse 10.6:是 Java 项目的可视化集成开发平台。

(4)MySQL 5.0.45:一种数据库管理系统。

(5)Navicat Premium:是一个可多重连接的数据库管理工具,使用它可以轻松连接到 MySQL、Oracle 及 SQL Server 等数据库,使数据库的管理更加方便。

2. 安装及配置过程

(1)安装 jdk-7u45 及环境变量的配置

Tomcat 是基于 Java 的一个 Servlet 容器,它的运行离不开 JDK 的支持。所以,要首先安装 JDK,然后才能正常使用 Tomcat。

将文件 jdk-7u45-windows-i586.exe 复制到硬盘,双击该文件在安装向导的指引下完成 jdk7 的安装。安装时可以更改 JDK 的安装位置(如:D:\Program Files\Java\jdk1.7.0_45\)。正确安装后,在 JDK 目录下有 bin、lib、jre 等目录,其中 bin 下保存了 java、javac、appletviewer 等命令文件;lib 下保存了 Java 的类库文件;jre 下保存的是 Java 的运行时环境(JRE)。

正常使用 JDK 之前,需要配置 JDK 环境变量。在 Windows 7 环境下是右击桌面上的"计算机"图标→属性→高级系统设置→环境变量;在 Windows XP 环境下是右击桌面上的"我的电脑"图标→属性→高级→环境变量。按以下要求配置:

①修改系统变量 Path 的值,在其值最前面添加"D:\Program Files\Java\jdk1.7.0_45\bin;"。

②新建 ClassPath 环境变量,将其值设置为".;D:\Program Files\Java\jdk1.7.0_45\lib"。

③新建 Java_Home 环境变量,将其值设置为"D:\Program Files\Java\jdk1.7.0_45"。

(2)安装 apache-tomcat-7.0.47

解压 apache-tomcat-7.0.47.zip,将其中的 apache-tomcat-7.0.47 文件夹解压到系统的任意目录(比如 D 盘根目录)下即可。

(3)安装及配置 MyEclipse

运行 myeclipse-10.6-offline-installer-windows.exe，在 MyEclipse 10.6 Installer 向导的指引下完成安装，安装过程中可以更改 MyEclipse 的默认安装位置。

首次运行 MyEclipse 时会出现如图 8-8 所示的工作空间(Workspace)设置对话框，更改 MyEclipse 的默认工作空间，选中“Use this as the default and do not ask again”复选框后，这样工作空间就固定下来，以后再启动 MyEclipse 时将不再弹出该对话框。

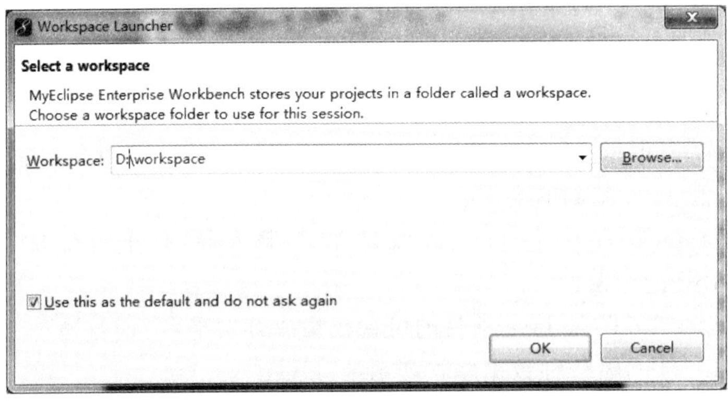

图 8-8 更改 MyEclipse 的默认工作空间

启动 MyEclipse，选择菜单“Window”→“Preferences”，显示 MyEclipse 配置窗口，单击左边目录树中“MyEclipse”→“Servers”→“Tomcat”→“Tomcat 7.x”，选择 JDK，如图 8-9 所示，单击窗口右上部的【Add...】按钮，在如图 8-10 所示的窗口单击【Directory...】按钮，将 JRE home 设置为 JDK 的安装目录，JRE name 可改为任意合法名称。

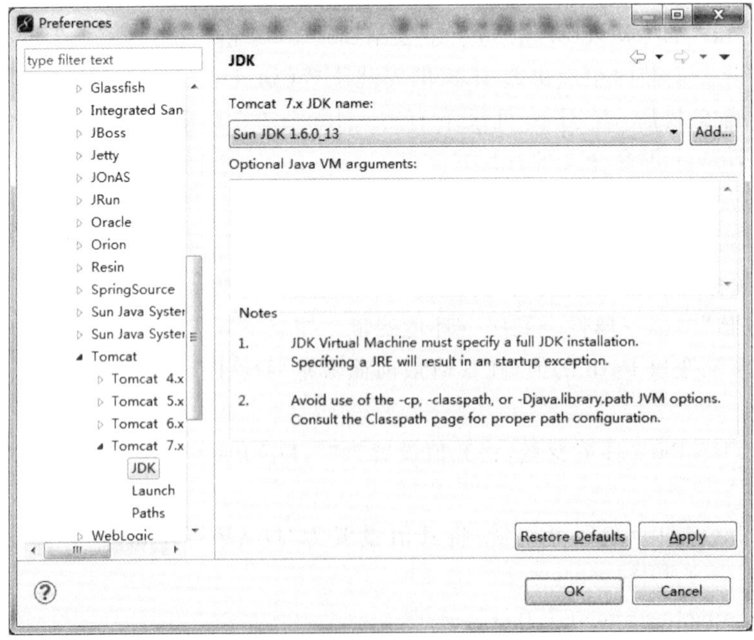

图 8-9 配置 MyEclipse 界面之一

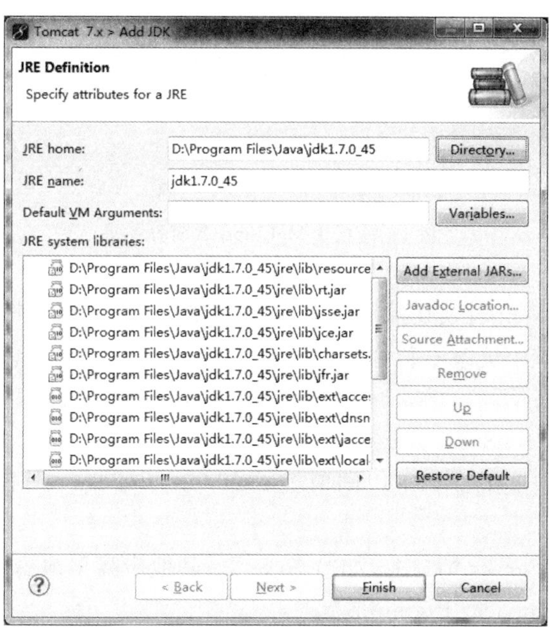

图 8-10 配置 MyEclipse 界面之二

单击【Finish】按钮完成 JDK 设置后，在如图 8-11 所示的 Preferences 窗口左侧目录树中单击 Tomcat 7. x，在窗口右边设置 Tomcat 7. x Server 为 Enable，将 Tomcat home directory 设置为 Tomcat 的安装目录。

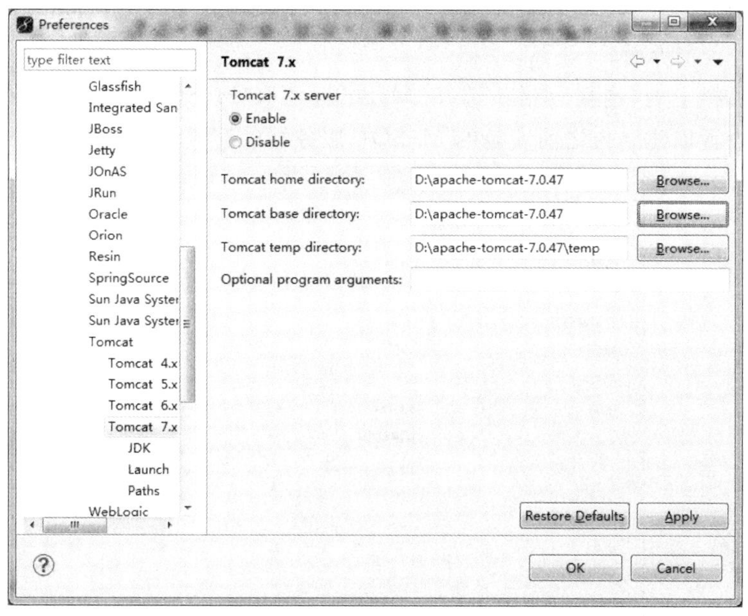

图 8-11 配置 MyEclipse 界面图之三

如图 8-12 所示，在 MyEclipse 主窗口下部的 Servers 选项卡中的 Tomcat 7. x 项上右击选择“Debug server”，随之 Console 选项卡会显示 Tomcat 7. x 的启动过程，如果没有看到警告或错误信息，就说明在 MyEclipse 里已经正确配置了 Tomcat 与 JDK。

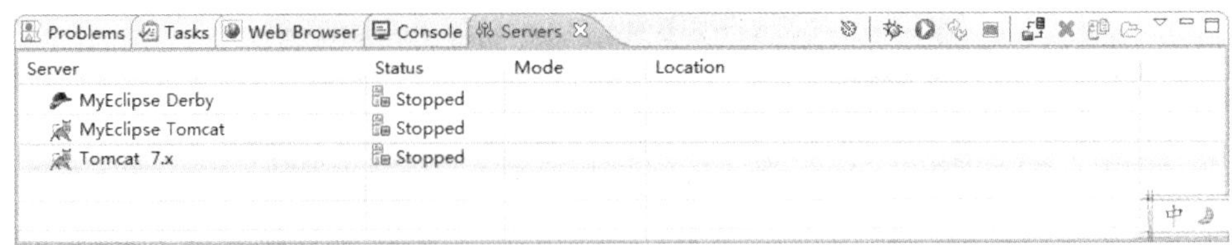

图 8-12　配置 MyEclipse 界面图之四

(4)安装 MySQL 5.0.45

①运行 mysql-essential-5.0.45-win32.msi,启动安装向导,选择 Custom 进行自定义安装,可以在后续步骤中更改安装位置。

②在"MySQL Server Instance Configuration Wizard"对话框中可更改其默认端口(如把默认 3306 改为 10086)。

③设置默认字符集(如 utf8),同时选中"Manual Selected Default CharacterSet/Collation"单选按钮。

④设置 MySQL Server 的口令,如"123456"。其他步骤无须更改设置。

(5)安装及配置 Navicat Premium

①安装 Navicat Premium

使用 Navicat Premium 工具可以以图形化界面管理 MySQL 数据库。运行 navicat101_premium_cs.exe,在安装向导的指引下完成安装即可。

②启动 Navicat Premium,并连接 MySQL 数据库

依次单击"开始"→"所有程序"→"PremiumSoft"→"Navicat Premium"→"Navicat Premium",进入主界面。

单击工具栏上的"连接"按钮,选择"MySql",显示"MySQL-新建连接"对话框,在其中进行相应设置以建立与之前安装的 MySQL 服务器的连接,如图 8-13 所示。

图 8-13　新建 MySQL 连接

③新建数据库并导入数据库表

在主界面左侧目录树中的 mysql 上右击，选择“新建数据库”，在数据库名文本框中输入：library，字符集选择：utf8-UTF-8Unicode，单击【确定】按钮即可完成数据库 library 的建立。

右击主界面左侧目录树中 mysql 下的数据库 library，选择“运行 SQL 文件...”，指定下载资源中的文件 library. sql，单击【开始】按钮即可导入表及记录，如图 8-14 所示。

图 8-14 导入 mySql 数据库表

8.6.3 面向对象的程序开发思路说明

1. Mysql 数据库及数据表说明

使用 Navicat Premium 工具查询表结构的方法：

(1)依次单击“开始”→“程序”→“Navicat Premium”，进入主界面。

(2)双击左侧目录树中的“mysql”。

(3)在左侧目录树中单击 mysql 下的 library 数据库下的“表”，即可显示 booktbl 等表名称，右击某个表选择“设计表”可以查看或修改表结构；右击某个表选择“打开表”可以查看或修改表记录。

本系统使用的主要表及其主要字段如下：

(1)booktbl：图书信息表，主要字段：booknum(图书编号)、bookname(图书名称)，author(作者信息)、press(出版社)等。

(2)booktypetbl：图书类别表，主要字段：图书类别编号、图书类别等。

(3)borrowinfotbl：借阅信息表，主要字段：读者编号、图书编号、借阅日期、应还日期、续借次数等。

(4)readertbl：读者信息表，主要字段：读者编号、读者姓名、性别、口令等。该表同时也是 Web 子系统的用户帐户信息表。

(5)readtypetbl：读者类型表，主要字段：读者类型代码、读者类型、最长借阅天数、最多借阅本数等。

(6)usertbl：用户表，主要字段：用户名、密码等。该表存放超级用户(或称系统管理员)的帐户信息，用于通过网络维护读者和图书信息。

2. 图书管理系统 Web 子系统的框架结构及文件组织结构

图书管理系统 Web 子系统的框架结构如图 8-15 所示。其中：

(1)展示层主要通过 JSP 实现，负责与用户交互，提供接收用户输入的界面或展示系统处理结果。

(2)控制层通过 Servlet 类实现，这些 Servlet 调用工具类或持久层的 DAO 类，根据对用户输入的判断结果或持久层的处理结果决定程序下一步的走向。

(3)持久层由 DAO 类实现，这些 DAO 类直接与底层数据库打交道，封装了对数据库表的增删、改、查操作。

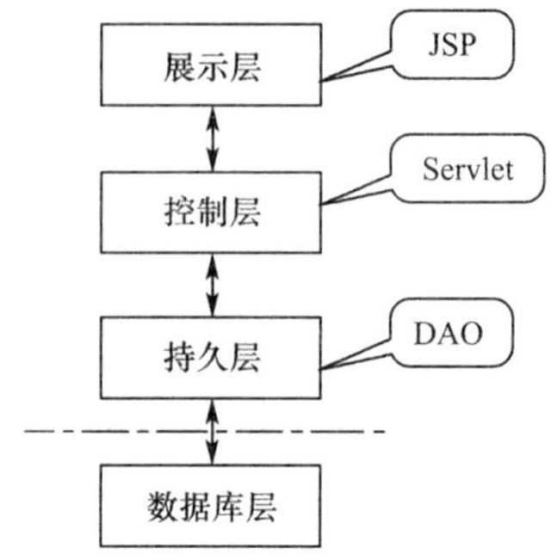

图 8-15 图书管理系统 Web 子系统的框架结构

按照上述框架结构，建立图书管理系统 Web 子系统的文件组织结构，如图 8-16 所示。

框架结构中展示层的内容位于图 8-16 中的 WebRoot 下，控制层、持久层及与数据库层对应的实体类、为便于界面显示而定义的中间类、工具类等位于图 8-16 中的 src 下。

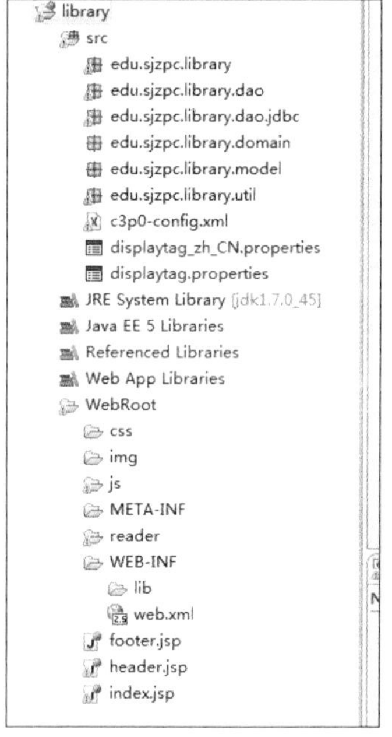

图 8-16 图书管理系统——Web 子系统的文件组织结构

下面结合图 8-17 以检索图书为例说明这些文件之间的关系：

对应图书信息表 booktbl 定义了 Book 类，这种与表一一对应的类都放在 edu. sjzpc. library. model 包中。某些图书的信息不适合于直接显示，例如 booktbl 中有类似 bookstatus(书籍状态)的字段，表中记录的是状态代码 0、1 值，显示给用户之前要转换成“在库可借”“遗失”等，通常需要设计一个新的类与 Book 类对应，本项目中为 UIBook 类，这样的类都放在 edu. sjzpc. library. domain 包中。

对 booktbl 增删改查的操作概要定义在 BookDAO 接口中，比如增加一本书的信息，增加的是 Book 的实例，对应方法的参数是 Book 类的对象，这些方法都是抽象的；类似 BookDAO 接口都放在 edu. sjzpc. library. dao 包中，而针对 BookDAO 的实现 BooKDAOJdbc 类则位于 edu. sjzpc. library. dao. jdbc 包中。

BooKDAOJdbc 类直接针对数据库进行操作，其间需要借助通用数据库操作工具类 MySqlUtil、分页工具类 MySqlPagination 等，这些工具类位于 edu. sjzpc. library. util 包中。

bookRetrieve. jsp 是查询书时提供给用户输入条件的界面，BookServlet 接收检查用户的输入，根据用户设定的条件决定是提示用户条件设定错误，还是调用 dao 层的 BookDAOJdbc 类去实现查所有书、一本书等，这些查询的结果是一个或一堆 UIBook 的实例，需要拿到 bookDetail. jsp 或 bookRetrieveResult. jsp 去进行显示。

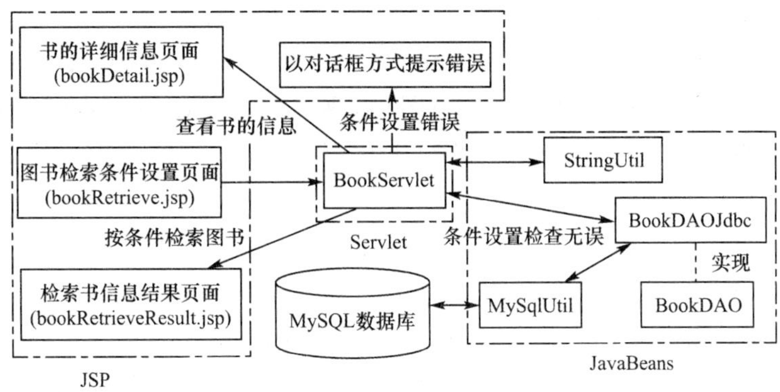

图 8-17 图书管理系统 Web 子系统中文件间的关系

3. MyEclipse 环境下建立项目的过程

(1)建立项目

在 MyEclipse 主窗口中选择菜单“File”→“New”→“Web Project”,产生如图 8-18 所示窗口,在该窗口的 Project Name 文本框中输入项目名称(如:library),其中的 J2EE Specification Level 可以选择为 Java EE 6.0,单击【Finish】按钮完成项目创建。

在 MyEclipse 主窗口的 Package Explore 视图中可以看到所建立的 library 项目图标,例如 library。

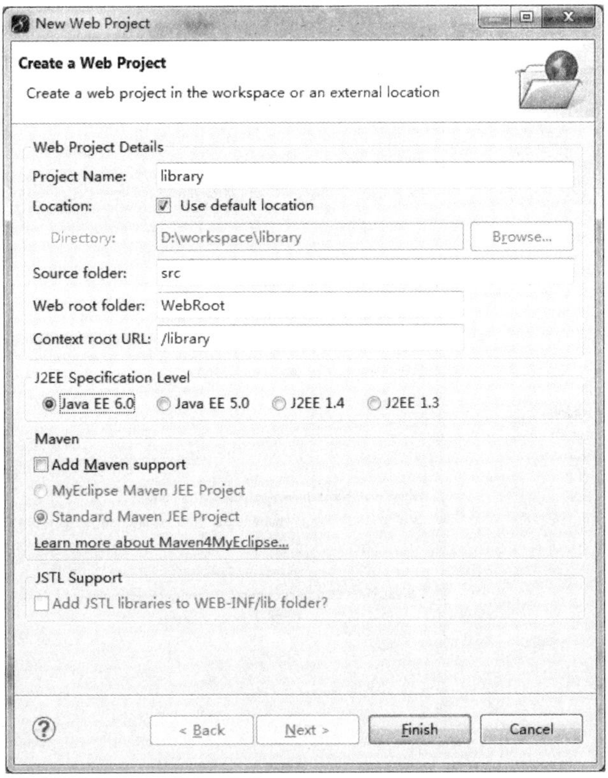

图 8-18 建立项目

(2)为项目添加支持类库

从网站下载支持类库(c3p0-0.9.5-pre6.jar、commons-beanutils-1.7.0.jar 等),在 MyEclipse 主窗口的 Package Explore 视图中,展开"library"→"WebRoot"→"WEB-INF",选择 lib,然后将这些类库文件粘贴到 lib 文件夹下。

(3)建立各级包

在 MyEclipse 主窗口的 Package Explore 视图中的 library 项目下的 src 上右击,选择"New"→"package",在 New Java Package 窗口中的 Name 文本框中输入包名如:edu.sjzpc.library(规范要求全部小写,而且是域名倒写方式),单击【Finish】按钮完成。其他包的建立过程类似,但是名称上有父子关系的包,子包可以在父包名上右击建立,这样可以减少字符的录入。本项目所有包建立完成后 Package Explore 视图结果如图 8-19 所示。

(4)建立实体类与 domain 类

在 MyEclipse 主窗口的 Package Explore 视图中的"library"→"src"→"edu.sjzpc.library.model"上右击,选择"New"→"Class",在如图 8-20 所示窗口的 Name 文本框中输入实体类的名称(如:Book),单击【Finish】按钮完成该类的建立。在 MyEclipse 主窗口的文本编辑区会自动打开刚刚建立的类。实体类与数据库表一一对应,表中的字段要转成相应的属性定义到实体类中,这些属性需要手工一一输入(在 Book 类后的花括号中输入各属性),如图 8-21 所示。

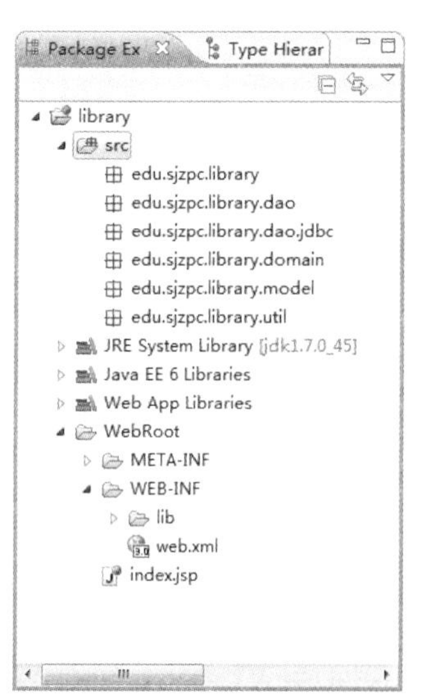

图 8-19 项目中的包

图 8-20 利用向导初步建立实体类与 domain 类

```java
package edu.sjzpc.library.model;

public class Book {
    private int id;                  //图书编号
    private String bookname;         //图书名称
    private String author;           //作者
    private String bookTypeId;       //图书类别id
    private String bookDemandNum;    //索书号
    private String press;            //出版社
    private String publishAddress;   //出版地址
    private Date publishDate;        //出版日期
    private int bookPages;           //书籍页数
    private double price;            //价格
    private Date enterDate;          //入库日期
    private String bookSize;         //书籍开本
    private String bookEdition;      //书籍版次
    private String isbn;             //isbn
    private String printSurface;     //印刷版面
    private String theLanguage;      //所属语种
    private String clc;              //中图分类号
    private String supplies;         //配给物品
    private String bookStatus;       //书籍状态：0-在库可借、1-遗失、2-遗失赔书、3-原本、4-借出、5-预约
    private String volumeNum;        //卷册号
    private String obtainWay;        //获得方式：如：购买、交换、捐赠、自编
    private String remark;           //备注
}
```

图 8-21　设置 Book 类的属性

当出现不识别标识的错误提示（如图 8-21 中的红色波浪线）时，可通过右击鼠标，选择“Source”→“Organize Imports”，确定要引入的类。

实体类的构造函数，可通过在代码区最后定义的一个属性的后边右击鼠标，选择“Source”→“Generate Constructors from Superclass”或“Generate Constructors using Fields”创建。

实体类中针对私有属性的 set、get 方法，可通过在代码区类体中右击鼠标，选择“Source”→“Generate Getters and Setters”，打开如图 8-22 所示窗口，选择其中的属性，单击【OK】按钮完成相应 set、get 方法的建立。最后保存以上修改即可。

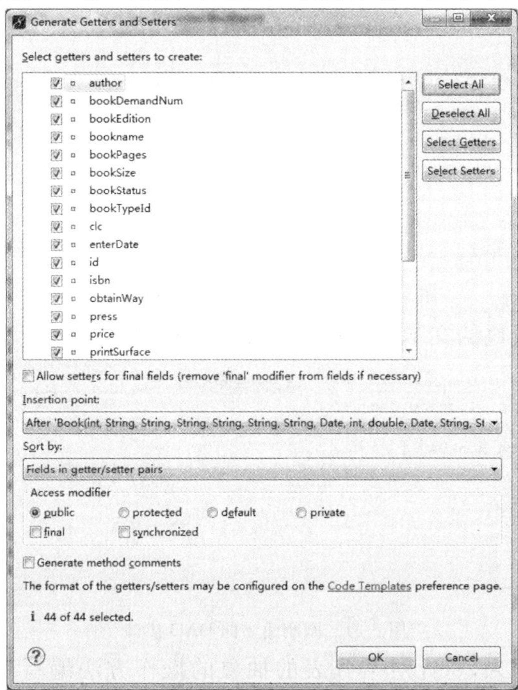

图 8-22　建立 Book 类的 set 和 get 方法

edu. sjzpc. library. domain 包中的类建立过程与实体类建立过程相同，这个包中的类是考虑便于界面显示需要而定义的，其中所有的属性都是 String 类型。

(5)编写工具类或接口

这些工具类的建立过程与实体类的建立过程相同。在类体中，根据业务分析结果，编写输入相应方法即可。

某些工具类定义之前可能需要先抽象成接口，然后再实现。其具体操作可参考步骤(6)和(7)。

(6)编写 DAO 接口

在 MyEclipse 主窗口的 Package Explore 视图中，“library”→“src”→“edu. sjzpc. library. dao”上右击，选择“New”→“Interface”，在如图 8-23 所示窗口的 Name 文本框中输入 DAO 的名称(如：BookDAO)，单击【Finish】按钮完成该接口的建立。

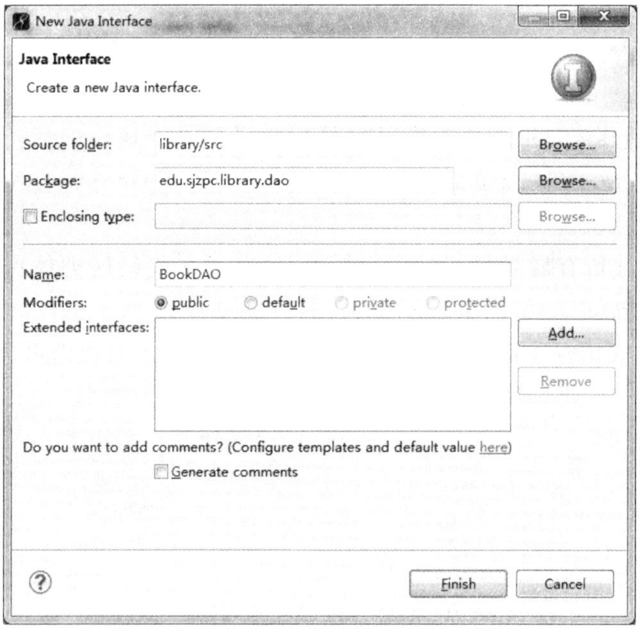

图 8-23 利用向导初步建立 DAO 接口

在 MyEclipse 主窗口的文本编辑区会自动打开刚刚建立的接口，如图 8-24 所示。

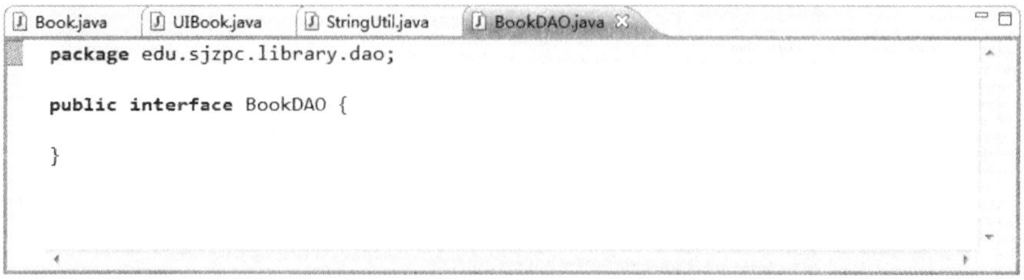

```
package edu.sjzpc.library.dao;

public interface BookDAO {

}
```

图 8-24 刚刚建立的 DAO 接口

根据业务分析的结果，将针对某张表的抽象的操作方法编写到该接口中，如图 8-25 所示。

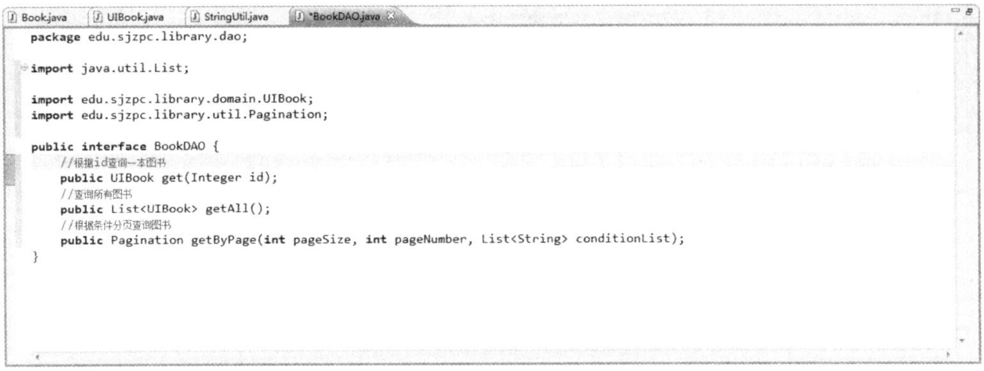

```
package edu.sjzpc.library.dao;

import java.util.List;

import edu.sjzpc.library.domain.UIBook;
import edu.sjzpc.library.util.Pagination;

public interface BookDAO {
    //根据id查询一本图书
    public UIBook get(Integer id);
    //查询所有图书
    public List<UIBook> getAll();
    //根据条件分页查询图书
    public Pagination getByPage(int pageSize, int pageNumber, List<String> conditionList);
}
```

图 8-25 在 DAO 接口中建立方法

(7)编写 DAO 实现类

在 MyEclipse 主窗口的 Package Explore 视图中,“library”→“src”→“edu. sjzpc. library. dao. jdbc”上右击,选择“New”→“Class”,在如图 8-26 所示窗口的 Name 文本框中输入实现类的名称(如:BookDAOJdbc),单击【Add】按钮,在如图 8-27 所示窗口中的 Choose interface 文本框中输入“boo”即可看到 Matching items 列表框中出现上一步定义的 BookDAO,鼠标选择该 BookDAO 单击【OK】按钮,回到上图所示的窗口,单击【Finish】按钮完成该实现类的建立。

图 8-26 利用向导初步建立 DAO 实现类

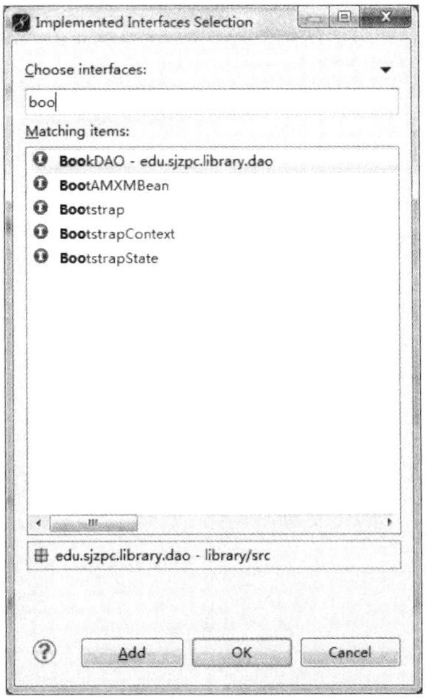

图 8-27 选择 DAO 实现类实现的接口

在 MyEclipse 主窗口的文本编辑区会自动打开刚刚建立的类,如图 8-28 所示。根据业务分析结果,修改相应的方法,完成具体代码编写即可。

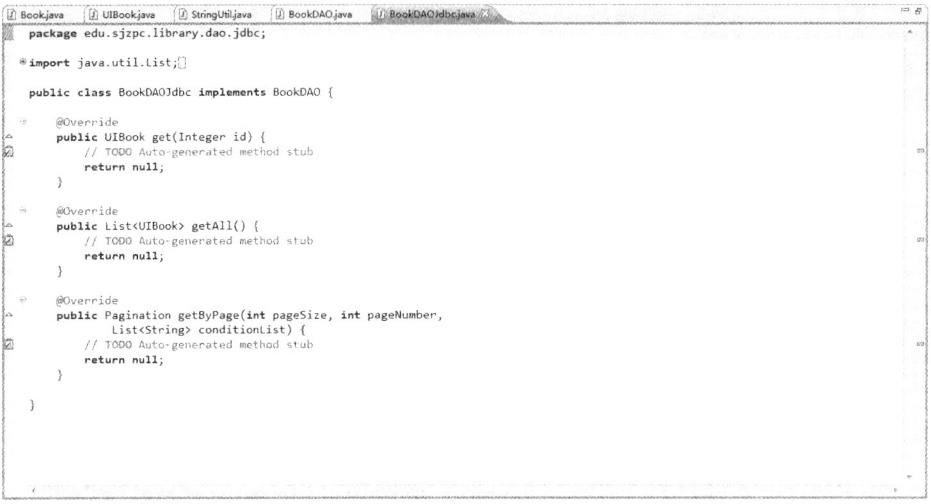

Book.java UIBook.java StringUtil.java BookDAO.java BookDAOJdbc.java

```
package edu.sjzpc.library.dao.jdbc;

import java.util.List;

public class BookDAOJdbc implements BookDAO {

    @Override
    public UIBook get(Integer id) {
        // TODO Auto-generated method stub
        return null;
    }

    @Override
    public List<UIBook> getAll() {
        // TODO Auto-generated method stub
        return null;
    }

    @Override
    public Pagination getByPage(int pageSize, int pageNumber,
            List<String> conditionList) {
        // TODO Auto-generated method stub
        return null;
    }

}
```

图 8-28 编写 DAO 实现类的方法

(8)建立 Servlet

在 MyEclipse 主窗口的 Package Explore 视图中的"library"→"src"→"edu. sjzpc. library"上右击，选择"New"→"Servlet"，在如图 8-29 所示窗口的 Name 文本框中输入 Servlet 的名称(如:BookServlet)，单击【Next】按钮，在如图 8-30 所示的窗口中，为后续权限处理(比如必须是登录读者才能检索图书)考虑，修改 Servlet/JSP Mapping URL 为：/reader/bookServlet。

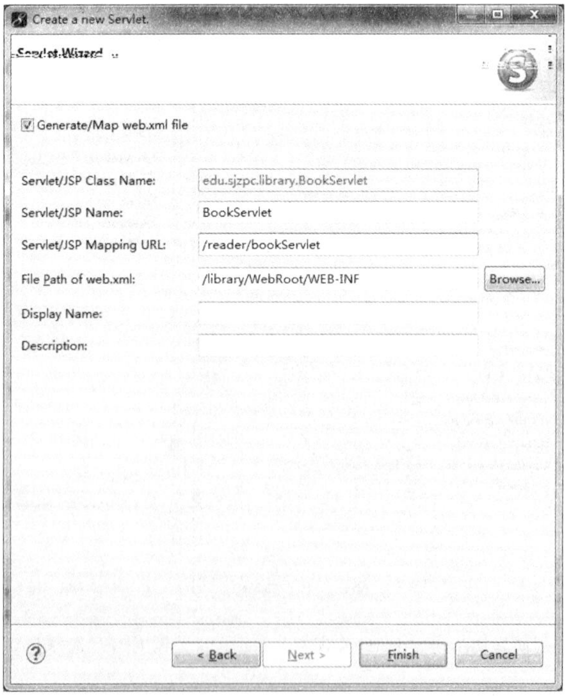

Create a new Servlet

Servlet Wizard

Generate/Map web.xml file

Servlet/JSP Class Name: edu.sjzpc.library.BookServlet

Servlet/JSP Name: BookServlet

Servlet/JSP Mapping URL: /reader/bookServlet

File Path of web.xml: /library/WebRoot/WEB-INF Browse...

Display Name:

Description:

< Back Next > Finish Cancel

图 8-29 利用向导初步建立 Servlet 图一

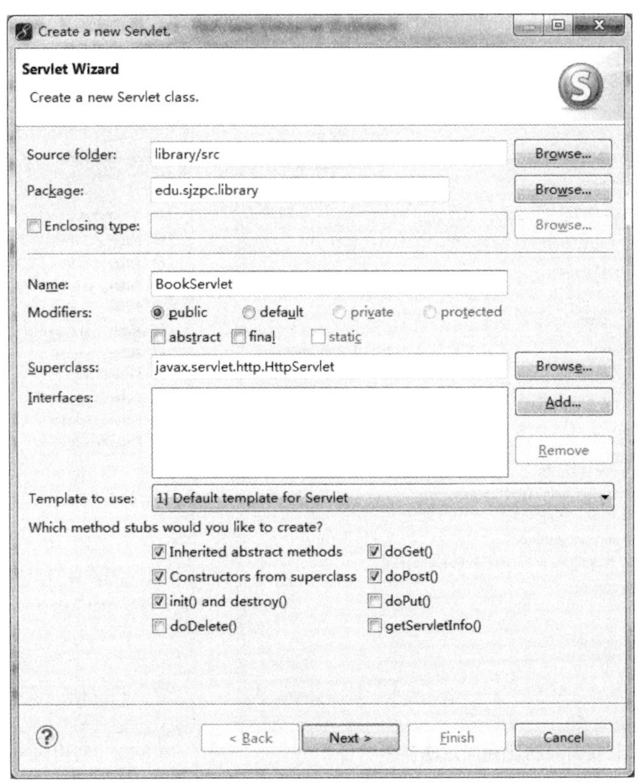

图 8-30 利用向导初步建立 Servlet 图二

单击【Finish】按钮，完成 Servlet 初步建立，在 MyEclipse 主窗口的文本编辑区中，按照前期业务分析，修改系统自动生成的 Servlet 代码。其中，init 方法是 Servlet 产生时会执行的方法，destroy 方法是 Servlet 销毁时执行的方法，都只执行一次，doPost 方法和 doGet 方法分别针对 post 方式和 get 方式的请求进行处理，可以在 doPost 方法中写处理逻辑，doGet 方法调用 doPost 方法即可。

(9)建立 Filter

这一步可根据实际情况取舍。Java Web 项目会有中文乱码问题，解决该问题有很多方法，本项目采用的是过滤器处理方式，因此需要建立 Filter。

在 MyEclipse 主窗口的 Package Explore 视图中的 library-src-edu. sjzpc. library 上右击，选择“New”→“Class”，在如图 8-31 所示窗口的 Name 文本框中输入 Filter 的名称(如:CharacterEncodingFilter)，单击【Add】按钮，在如图 8-32 所示窗口中的 Choose interface 文本框中输入“filter”，在 Matching items 列表框中选择 javax. servlet 包下的 Filter。

单击【OK】按钮，回到图 8-31 所示的窗口，单击【Finish】按钮完成该 Filter 类的建立。

在 MyEclipse 主窗口的文本编辑区中，修改系统自动生成的 Filter 类的代码。其中，init 方法是 Filter 产生时执行的方法，destroy 方法是 Filter 销毁时执行的方法，这些方法均只执行一次，doFilter 方法里是过滤处理的代码。

图 8-31 利用向导初步建立过滤器图一

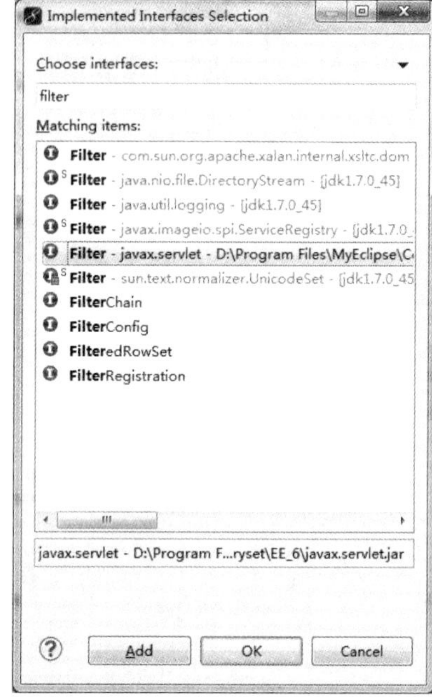

图 8-32 利用向导初步建立过滤器图二

(10)修改 web. xml 文件

在 MyEclipse 主窗口的 Package Explore 视图中，双击打开 WebRoot/WEB/INF/web. xml 文件，在<web-app></ web-app>标签对中增加如下代码：

```
<filter>
    <filter-name>EncodingFilter</filter-name>
    <filter-class>edu. sjzpc. library. CharacterEncodingFilter</filter-class>
    <init-param>
        <param-name>encoding</param-name>
        <param-value>UTF-8</param-value>
    </init-param>
</filter>
<filter-mapping>
    <filter-name>EncodingFilter</filter-name>
    <url-pattern>/ * </url-pattern>
</filter-mapping>
```

这段代码是针对上述字符过滤器的配置。增加新的过滤器，同样需要在 web. xml 里添加类似代码。

(11)建立 JSP 页面文件

在 MyEclipse 主窗口的 Package Explore 视图中，右击 WebRoot，选择“New”→“Folder”，可以建立文件夹。项目中负责显示页面的 JSP 文件就位于 WebRoot 文件夹或其下级文件夹中。右击文件夹,选择“New”→“JSP(Advanced Templates)”,在如图8-33所示窗口的File Name文本框中输入JSP文件的名称,单击【Finish】按钮即可。在MyEclipse主窗口的文本编辑区中,可以对生成的JSP文件进行修改。通常,页面是借助Dreamweaver之类的软件事先设计好静态部分的内容,然后复制粘贴到项目相应的目录里进行修改的。

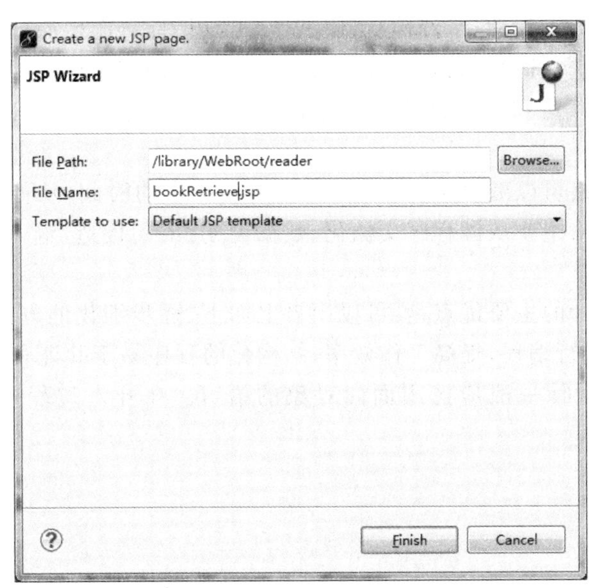

图8-33 利用向导初步建立JSP页面文件

(12)建立相关配置文件

从网站下载下列参考配置文件:

c3p0-config.xml、displaytag.properties、displaytag_zh_CN.properties

这些是项目中使用到的第三方开源组件,包括c3p0数据库连接池和displayTag分页组件,它们需要一些配置文件才能在项目中正常使用,这些配置文件按其文档说明需要复制粘贴到项目的src目录下。

(13)发布测试项目

在MyEclipse主窗口的Package Explore视图中单击项目library,单击工具栏上的发布按钮,在Project Deployments窗口中的Project之后的下拉列表中选择要发布的项目library,单击【Add】按钮,在New Deployment窗口中选择Server为Tomcat 7.x(在前面配置好的),单击【Finish】按钮完成发布。

(14)测试本网站

单击工具栏上按钮中的黑三角,选择“Tomcat 7.x”→“Start”,启动Tomcat7。在MyEclipse主窗口下部的Console窗口看到最后一行显示Tomcat的启动用时(类似:信息:Server startup in 6542 ms)时,表明Tomcat正常启动。打开本机任意浏览器如(IE),在URL地址栏输入:http://localhost:8080/library/index.jsp,即可测试本项目。

本章小结

所谓编码就是把软件设计的结果用计算机能理解的形式表示,需要使用某种程序设计语言编写程序。虽然程序的质量主要取决于软件设计的质量,但程序设计语言的特性和编码风格对程序的可靠性、可读性、可测试性、可维护性将产生深远的影响。

在编码之前要选择适当的语言,选择时要考虑以下因素:项目的应用领域、用户的要求、软件开发工具、算法和数据结构的复杂性、软件开发人员的知识和系统的可移植性要求。

良好的编程风格可以减少编码的错误,减少读程序的时间,从而提高软件的开发效率。良好的编码风格主要从源程序文档化、数据说明、语句构造、输入与输出和效率五方面体现。

结构化程序设计的主要优点是:可以用自上而下、逐步细化的方式来编写;易于阅读和修改;便于多人平行编程,提高工作效率;结构化的程序易于验证和维护。

面向对象程序设计一般应选用面向对象的语言。在开发过程中,类的实现是核心问题。

习 题

一、判断题

1. 使用括号改善表达式的清晰性。 ( )
2. 对递归定义的数据结构不要使用递归定义的过程。 ( )
3. 尽可能对程序代码进行优化。 ( )
4. 不要修改不好的程序,要重新编写。 ( )
5. 不要进行浮点数的相等比较。 ( )
6. 应尽可能多地使用临时变量。 ( )
7. 利用数据类型对数据值进行防范。 ( )
8. 用计数方法而不是用文件结束符判别批量数据输入的结束。 ( )
9. 程序中的注释是可有可无的。 ( )
10. 使用有意义的标识符。 ( )
11. 应尽量把程序编写的短一些。 ( )
12. 应尽量使用 goto 语句。 ( )

二、选择题

1. 在编码中首先要考虑的是( )。

A. 程序的执行效率　　B. 程序的可读性

C. 程序的一致性　　D. 程序的安全性

2. 不属于序言性注释内容的是( )。

A. 模块设计者　　B. 修改日期

C. 程序的整体说明　　D. 语句功能

3. 序言性注释应置于文件或模块的(　　)位置。

A. 起始　　B. 结束　　C. 中间　　D. 起始和结束

4. 如果编写系统软件,可选用的语言是(　　)。

A. FoxPro　　B. COBOL　　C. C　　D. FORTRAN

5. 选择程序设计语言不应该考虑的是(　　)。

A. 应用领域　　B. 语言的功能　　C. 用户的要求　　D. 用户的使用水平

6. 与编程风格有关的因素不包括(　　)。

A. 源程序文档化　　B. 语句构造

C. 输入输出　　D. 程序的编译效率

7. 最早用于科学计算的程序设计语言是(　　)。

A. PROLOG　　B. Smalltalk　　C. FORTRAN　　D. COBOL

8. 功能性注释的主要内容不包括(　　)。

A. 程序段的功能　　B. 模块的功能

C. 数据的状态　　D. 语句的功能

9. 对建立良好的编程风格,下面描述正确的是(　　)。

A. 程序应简单、清晰、可读性好　　B. 符号名的命名只要符合语法即可

C. 充分考虑程序的执行效率　　D. 程序的注释可有可无

10. 源程序中应包含一些内部文档,以帮助阅读和理解程序,源程序的内部文档通常包括合适的标识符、注释和(　　)。

A. 程序的布局组织　　B. 尽量不使用或少用 goto 语句

C. 检查输入数据的有效性　　D. 设计良好的输出报表

11. 编制一个好的程序应强调良好的编程风格,例如,选择标识符的名称时应考虑(　　)。

A. 名称长度越短越好,以减少源程序的输入量

B. 多个变量共用一个名称,以减少变量名的数目

C. 选择含义明确的名称,以正确提示所代表的实体

D. 尽量用关键字作名称,以使名称标准化

12. 以下关于编程风格的叙述中,不应提倡的是(　　)。

A. 使用括号以改善表达式的清晰性

B. 用计数方法而不是文件结束符来判断输入的结束

C. 一般情况下,不要直接进行浮点数的相等比较

D. 使用有清晰含义的标识符

13. 在结构化程序设计思想提出之前,在程序设计中曾强调程序的效率,现在人们更重视程序的(　　)性。

A. 技巧性　　B. 保密性　　C. 一致性　　D. 可理解性

14. 为了提高易读性,源程序内部应加功能性注释,用于说明(　　)。

A. 模块总的功能　　B. 程序段或语句的功能

C. 模块参数的用途　　D. 数据的用途

15. 适合在互联网上编写程序可供不同平台上运行的面向对象的程序设计语言是(　　)。

A. ALGOL　　B. Java　　C. Smalltalk　　D. Lisp

16. 使用(　　)语言开发的软件具有较好的可移植性。

A. COBOL　　B. BASIC　　C. C　　D. C++

17. 用低级语言开发的程序,具有(　　)特点。

A. 运行效率低,开发效率低　　B. 运行效率低,开发效率高

C. 运行效率高,开发效率低　　D. 运行效率高,开发效率高

三、简答题

1. 程序设计语言发展至今已经历了哪几个时代?

2. 良好的编码风格包括哪几方面?

3. 在软件开发时,应根据哪些因素选择程序设计语言?

四、应用题

1. 指出下面的程序段在风格上的问题并改正。

```
if(! (x>0)) x= -x;
```

2. 请将语句 printf(((i+1)%10= =0)?"%5d\n":"%5d", *(a+i));改写为更为清晰的格式。

3. 王永涛同学于 2008 年 4 月 22 日编写了下面的 C 程序,其名称为 sumint.c。请阅读该程序,并根据程序设计风格的一般要求改写下面的程序。

```
# include <stdio.h>
void main()
{ int  x,i=0,j=0,k; scanf("%d",&k);
while (! (j>k))
{ scanf("%d",&x); i+=x;j++;}
printf("%d,%d",j,i);}
```

4. 请对以下代码的布局进行改进,使其符合良好的编码风格。

```
for(i=0;i<n-1;i++){
t=i;
for(j=i+1;j<n;j++)
if(a[j]<a[t]) t=j;
if(t! =i){
temp=a[t];
a[t]=a[i];
a[i]=temp;}}
```

5. 求整数 1～n 的累加和 sum,其中 n 的值由键盘输入。使用您熟悉的语言编写程序,注意编码风格。

第9章 软件测试

教学提示

本章介绍软件测试的目标与原则、方法与步骤以及测试用例的设计方法。重点是测试方法和测试用例的设计,难点是测试用例的设计。

教学要求

- 掌握软件测试的目标与原则。
- 理解软件测试方法。
- 掌握等价类划分法、边界值分析法、错误推测法等黑盒法测试用例的设计。
- 熟悉逻辑覆盖法等白盒法测试用例的设计。
- 理解软件测试的过程。
- 了解软件测试工具。
- 了解软件调试概念。
- 了解面向对象软件测试的特点。

项目任务

- 对瑞天图书管理系统主要模块进行功能测试,设计测试用例。
- 对瑞天图书管理系统主要模块进行界面测试,设计测试用例。
- 根据本节提供的测试用例,完成对瑞天图书管理系统相应模块的实际测试。

9.1 软件测试概述

9.1.1 软件测试的目标

软件测试的目的是发现软件产品中存在的软件缺陷,进而保证软件产品的质量。软件测试是软件开发过程中的一个重要阶段,是软件产品正式投入运行前,对软件需求分析、设计规格说明和编码的最终复审,是软件质量保证的关键步骤。软件测试的结果也是分析软件可靠性的重要依据。

测试阶段的根本目标是以最少的人力、物力和时间,尽可能多地发现并排除软件中潜在的错误,最终把一个高质量的软件系统交给用户使用。

Grenford J. Myers 在《The Art of Software Testing》一书中就软件测试的目的提出了以下观点:

(1)软件测试是为了发现错误而执行程序的过程。

(2)一个好的测试用例是指很可能找到迄今为止尚未发现的错误的用例。

(3)一个成功的测试是发现了至今尚未发现的错误的测试。

E. W. Dijkstra 指出:程序测试能证明错误的存在,但不能证明错误的不存在。也就是说,测试的目的是发现程序中的错误,是为了证明程序有错,而不是证明程序无错。把证明程序无错当作测试目的不仅是不正确的,完全做不到的,而且对做好测试没有任何益处,甚至是十分有害的。能够发现错误的测试是成功的测试,否则是失败的测试。

测试阶段的基本任务是根据软件开发各阶段的文档资料和程序的内部结构,精心设计一组“高效”的测试用例,利用这些用例执行程序,找出软件中潜在的各种错误和缺陷。

9.1.2 软件测试的原则

在软件测试中,应注意以下指导原则:

(1)所有测试都应追溯到需求。

最严重的错误不外乎是导致程序无法满足用户需求的错误。程序中的问题根源可能在开发前期的各阶段,解决、纠正错误也必须追溯到前期工作。

(2)坚持“尽早地和不断地进行软件测试”。

测试工作应该尽早开始,并且贯穿于整个开发过程中。坚持在软件开发的各个阶段的技术评审,这样才能在开发过程中尽早发现和预防错误,把出现的错误克服在早期,杜绝某些隐患,提高软件质量。

(3)测试用例应由输入数据和预期的输出结果两部分组成。

测试用例(Test Case)是为测试而精心设计和选择的数据,测试用例不仅需要测试的输入数据,而且要有相应的预期输出结果,测试人员可以通过实际的测试结果与预期的输出结果进行对照,方便地检验程序运行的正确与否。

(4)程序员应避免测试自己的程序。

开发队伍和测试队伍应该分别建立,即软件开发工作和测试工作不能由同一部分人来完成。由于思维的局限性,开发人员很难发现自己的错误。如果由开发人员来完成软件测试,那么很多缺陷有可能被忽视。

(5)在设计测试用例时,应当包括合理的输入条件和不合理的输入条件。

合理的输入条件是指能验证程序正确的输入条件,不合理的输入条件是指异常的、临界的、可能引起问题的输入条件。由于用户在使用软件时,不可避免地会输入一些非法的数据。而软件产品是否能对非法输入做出准确的响应也是其质量的一个重要方面。

(6)充分注意测试中的群集现象。

错误群集现象是指在所测试的模块中,若发现的错误数目多,则残存的错误数目也多,即程序中存在错误的概率与该程序中已发现的错误数成正比。在软件测试工作中,存在着二八定律,即80%的错误很可能是由程序中20%的模块造成的。为了提高测试效率,测试人员应当集中对付那些错误群集的程序。

(7)严格执行测试计划,排除测试的随意性。

软件测试应当制订明确的测试计划并按照计划执行。测试计划包括:被测软件的功能、输入和输出、测试内容、各项测试的目的和进度安排、测试资料、测试工具、测试用例的选择、资源要求、测试的控制方式和过程等,还要包括系统的组装方式、跟踪规程、调试规程、回归测试的规定以及评价标准等。

(8)应当对每个测试结果做全面检查。

有些错误的征兆在输出测试结果时已经明显地出现了,但是如果不仔细地、全面地检查测试结果,就会使这些错误被遗漏掉。所以必须对预期的输出结果明确定义,对测试的结果仔细分析检查,暴露错误。

(9)在测试程序时,不仅要检验程序是否做了该做的事,还要检验程序是否做了不该做的事。多余的工作会带来副作用,影响程序的效率,有时会带来潜在的危害或错误。

(10)应长期保留所有测试用例。保留测试用例有助于以后修改程序后的回归测试。

9.1.3　软件测试的信息流

软件测试时需要三类测试信息流,如图 9-1 所示。

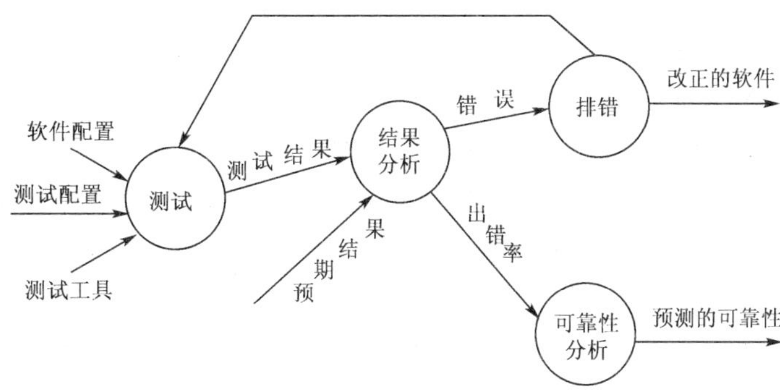

图 9-1　软件测试的信息流

(1)软件配置:包括软件需求规格说明、软件设计规格说明、源代码等。

(2)测试配置:包括测试计划、测试用例、测试驱动程序等。

(3)测试工具:测试工具为测试的实施提供某种服务,以减轻测试过程中的手工劳动,提高测试效率,包括静态分析工具、动态分析工具、测试数据自动生成工具和集成化测试环境等。

测试完成后,对测试结果和预期结果进行比较,如果有错误的数据,则需通过调试进行排错。同时,通过对测试结果数据进行分析,建立软件的可靠性模型。

如果测试发现不了错误,并不能说明软件没有错误,只能说明测试配置考虑得不够细致充分,错误仍然潜伏在软件中。如果这些错误在维护阶段由开发者去改正,改正错误的费用将比在开发阶段改正错误要高出 40～60 倍。

9.2　软件测试方法

软件测试方法很多,按照测试过程是否执行程序来分,一般分为静态测试方法和动态测试方法。动态测试方法又根据测试用例的设计方法不同,分为黑盒测试和白盒测试两类。测试方法的分类如图 9-2 所示。

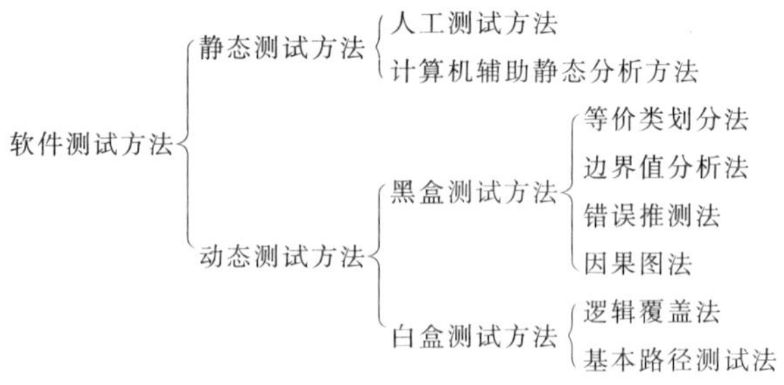

图 9-2 软件测试方法

9.2.1 静态测试

静态测试包括代码检查、静态结构分析、代码质量度量等，是指不在计算机上执行被测试软件，而是采用人工检测和计算机辅助静态分析的手段对程序进行检测。静态测试可以由人工进行，充分发挥人的逻辑思维优势，也可以借助软件工具自动进行。经验表明，人工测试能有效发现30％～70％的逻辑设计错误和编码错误。

(1)人工测试：是指不依靠计算机而靠人工审查程序或评审软件。人工审查程序的重点是对编码质量的检查，而软件审查除了审查编码还要对各阶段的软件产品(各种文档)进行复查。人工检测可以发现计算机不易发现的错误，特别是软件总体设计和详细设计阶段的错误。

(2)计算机辅助静态分析：指不需要执行所测试的程序，而只是通过扫描程序正文，对程序的数据流和控制流等信息进行分析，找出系统的缺陷，得出测试报告。

9.2.2 动态测试

动态测试是真正运行被测程序，在执行过程中，通过输入有效的测试用例，对输入与输出的对应关系进行分析，以达到检测的目的。通常意义上的测试大多是指动态测试。设计高效、合理的测试用例是动态测试的关键。同测试任何产品一样，动态测试一般有黑盒测试法与白盒测试法两种，前者是测试产品的功能，后者是测试产品的内部结构和处理过程。

1. 黑盒测试法

黑盒法又称功能测试或数据驱动测试，该方法把被测试对象看成一个不透明的“黑盒子”，测试人员完全不考虑程序的内部结构和处理过程，只在软件的接口(界面)处进行测试，依据需求说明书，检查程序是否满足功能要求，是否能很好地接收数据，并产生正确的输出。

通过黑盒测试主要发现以下错误：

(1)是否有不正确或遗漏了的功能。

(2)界面是否有错，能否正确地接受输入数据，能否产生正确的输出信息。

(3)是否有数据结构或外部数据库访问错误。

(4)性能是否满足要求。

(5)是否有初始化或终止性错误。

用黑盒法测试时，必须在所有可能的输入条件和输出条件中确定测试数据，但要列举所有合法或非法的数据(穷举测试)是不可能的。例如测试一个程序，需要输入 3 个整型数据，假设微机的字长为 16 位，则每个整数的可能取值有 2^{16} 个，3 个整数的排列组合数为 $2^{16}\times2^{16}\times2^{16}=2^{48}$。假设执行一次程序需要 1 ms，用这些所有的数据去测试要用 1 万年！若将无效的和错误的输入数据也算在内，程序执行时间还要长，而且输出数据更是多得让人无法分析。可见，穷举地输入测试数据进行黑盒测试是不可能的。

黑盒测试法是一种宏观功能上的测试，该方法适合测试部门的测试人员或用户使用。

2. 白盒测试法

白盒法又称结构测试或逻辑驱动测试，该方法把被测试对象看成一个透明的盒子，测试人员可以了解程序的内部结构和处理过程，以检查处理过程为目的，对程序中尽可能多的逻辑路径进行测试，检验内部控制结构和数据结构是否有错，实际的运行状态与预期的状态是否一致。

白盒测试法是一种程序级的微观上的测试，不适合于大单元、大系统的测试，主要用于很小单元的测试，以及从事软件底层工作、生产构件的测试人员使用。

白盒法也不可能进行穷举测试，企图遍历所有的路径，往往是做不到的。

无论黑盒法和白盒法都不能使测试达到彻底，软件测试不能发现程序中的所有错误，因此，通过测试并不能证明程序是正确的。在实际应用中，常把黑盒法和白盒法结合起来进行，这也称为灰盒法。为了用有限的测试发现更多的错误，必须精心设计测试用例。

9.3　测试用例的设计

9.3.1　黑盒技术

常用的黑盒测试技术有等价类划分、边界值分析、错误推测法、因果图等。

1. 等价类划分法

(1)等价类划分法的基本思想

把所有可能的输入或输出数据(有效的和无效的)划分成若干个等价的子集，称为等价类，使得每个子集中的一个典型值在测试中的作用与这一子集中所有其他值的作用相同，可从每个子集中选取一组数据来测试程序，这种方法称等价类划分法。

等价类可分为有效等价类和无效等价类两种。前者主要用来检验程序是否实现了规格说明中的功能；后者主要用来检验程序否做了规格说明以外的事情。

(2)等价类划分的一般规则

划分等价类需要一定的经验，下面几条启发式规则有助于等价类的划分：

①如果输入条件是一个布尔量，则可定义一个有效等价类和一个无效等价类。

②如果输入条件规定了确切的取值范围,可定义一个有效等价类和两个无效等价类。

例如,输入值是学生成绩,范围是 0～100。可确定一个有效等价类:成绩在 0～100,两个无效等价类:成绩<0 和成绩>100。

等价类划分示例

③如果规定了输入数据的个数,则可定义一个有效等价类和两个无效等价类。

例如,三角形相关程序的输入值是三角形的三个边长。则:

有效等价类:正好 3 个数据。

无效等价类:少于 3 个数据、多于 3 个数据。

④如规定了输入数据的一组值,且程序对不同输入值做不同处理,则每个允许的输入值是一个有效等价类,并有一个无效等价类(所有不允许的输入值的集合)。

例如,输入条件规定学历可为:专科、本科、硕士、博士四种之一,则分别取这四种值作为四个有效等价类,另外把四种学历之外的任何学历(如高中)作为无效等价类。

⑤如果规定了输入数据必须遵循的规则,可确定一个有效等价类(符合规则)和若干个无效等价类(从不同角度违反规则)。

例如,判断某年份是否是闰年的程序。根据年份能除尽 4 但不能除尽 100,或者能除尽 400 这一规则划分等价类。

有效等价类:2 000;2 004。

无效等价类:1 900;2 007。

⑥如已划分的等价类各元素在程序中的处理方式不同,则应将此等价类进一步划分成更小的等价类。

例如,要求输入整数,可将整数细分成正整数、0、负整数。

⑦如果处理对象是表格,则应使用空表、只含 1 项的表,包含多项的表。

以上列出的启发式规则只是测试时可能遇到的情况中很小的一部分,实际情况千变万化,根本无法一一列出。为了正确划分等价类,一是要注意积累经验,二是要正确分析被测程序的功能。此外,在划分无效等价类时还必须考虑编译程序的检错功能,一般来说,不需要设计测试数据用来暴露编译程序肯定能发现的错误。另外注意,上述绝大部分启发式规则也同样适用于输出数据。

(3)用等价类划分法设计测试用例的步骤

①划分等价类,形成等价类表,为每一等价类规定一个唯一的编号。

②根据等价类选取相应的测试用例。

设计一个新的测试用例,使其尽可能多地覆盖尚未覆盖的有效等价类,重复这一步骤,直到所有有效等价类均被覆盖。

设计一个新的测试用例,使其覆盖一个而且只覆盖一个尚未覆盖的无效等价类,重复这一步骤,直到所有无效等价类均被覆盖。

注意:通常程序发现一类错误后就不再检查是否还有其他错误,因此,应该使每个测试方案只覆盖一个无效的等价类。

例 9-1　运用等价类划分法设计测试用例。

某报表查询系统，要求用户输入报表日期，然后对所指定日期的业务报表进行查询显示，其中的“日期录入”模块完成日期的输入与检查功能。规定报表日期由 6 位数字字符组成，格式为：YYYYMM，前四位代表年份，后两位代表月份，并且限制日期从 2005 年 1 月至 2007 年 12 月，即系统只能对该期间内的报表进行查询，如日期不在此范围内，则显示错误信息。请使用等价类划分法为“日期录入”模块设计测试用例。

第一步：等价类划分。

划分等价类见表 9-1。

表 9-1　“日期录入”输入条件的等价类划分表

输入等价类	有效等价类	无效等价类
日期的类型及长度	6 位数字字符　(1)	有非数字字符　(4) 少于 6 个数字字符　(5) 多于 6 个数字字符　(6)
年份范围	在 2005～2007　(2)	小于 2005　(7) 大于 2007　(8)
月份范围	在 01～12　(3)	小于 01　(9) 大于 12　(10)

第二步：为等价类设计测试用例。

为有效等价类设计测试用例。对表中编号为(1)、(2)、(3)的三个有效等价类用一个测试用例覆盖。

为每一个无效等价类设计至少一个测试用例。

画出测试用例表，见表 9-2。

表 9-2　“日期录入”测试用例表

测试数据	期望结果	覆盖范围
200608	输入有效	等价类(1)(2)(3)
2006－8	输入无效	等价类(4)
20068	输入无效	等价类(5)
2006010	输入无效	等价类(6)
200410	输入无效	等价类(7)
200808	输入无效	等价类(8)
200600	输入无效	等价类(9)
200615	输入无效	等价类(10)

2. 边界值分析法

边界值分析是一种补充等价类划分法的测试用例设计技术。边界值分析就是测试边界线数据。

使用边界值分析法设计测试用例时，应考虑选取正好等于、刚刚大于和刚刚小于边界的值作为测试数据，这样发现程序中错误的概率较大。

边界值分析法选取测试数据应遵循以下原则：

①如果输入条件规定了取值范围，则应以范围的边界值以及刚刚超过范围边界外的值作为测试数据。如以整数 18 和 60 为上下边界，测试用例应当包含 18 和 60 及略小于 18 和略大于 60 的值。即应选取 17、18、60、61 等值进行测试。

②如果规定了输入值的个数，分别以满足条件的个数及稍少于、稍多于当前个数值作为测试数据。例如程序要求输入 3 个数据，则应设置 2、3、4 个数据分别测试。

③针对每个输出条件使用上述①、②条规则。

④如果程序规格说明中提到的输入或输出域是个有序的集合(如顺序文件、线性表、链表等)，则应选取有序集中的第一个和最后一个作为测试数据。

边界值分析法与等价类划分法的区别如下：

①边界值分析不是从每个等价类中选取典型值或任意值，而是要选择等价类的每个边界数据都作为测试数据。

②边界值分析不仅考虑输入条件，还要考虑输出空间产生的测试情况。

设计测试方案时总是结合使用等价类划分和边界值分析两种技术。

例如，为了测试前述“日期录入”程序，除了用等价类划分方法设计出的测试用例外，还应该用边界值分析方法补充的测试用例，见表 9-3。

表 9-3 “日期录入”边界值分析法测试用例

输入条件	测试用例说明	测试数据	期望结果	选取理由
日期的类型及长度	1 个数字字符	8	显示出错	仅有 1 个合法字符
	5 个数字字符	20058	显示出错	比有效长度少 1
	7 个数字字符	2005008	显示出错	比有效长度多 1
	有 1 个非数字字符	2005.8	显示出错	只有 1 个非法字符
	全部是非数字字符	Mar---	显示出错	6 个全为非法字符
	6 个数字字符	200505	输入有效	类型及长度均有效
日期范围	在有效范围边界上选取数据	200501	输入有效	最小日期
		200712	输入有效	最大日期
		200500	显示出错	刚好小于最小日期
		200713	显示出错	刚好大于最大日期
月份范围	月份为 1 月	200501	输入有效	最小月份
	月份为 12 月	200512	输入有效	最大月份
	月份<1	200500	显示出错	比最小月份小 1
	月份>12	200513	显示出错	比最大月份大 1

3. 错误推测法

错误推测法是根据经验来设计测试用例以找出可能存在但尚未发现的错误的方法。

错误推测法的基本思想是：列举出程序中所有可能有的错误和容易发生错误的特殊情况，根据这些情况选择测试用例。

人们一般靠经验和直觉推测程序中可能存在的各种错误。例如输入数据为 0 或输出数据为 0 的地方往往容易出错；数据库表中没有记录或只有一条记录时也容易出错。

例如，某一分页打印程序，要求每页打印 20 条记录，可考虑以下情况：

(1)数据库表不存在。

(2)数据库表没有记录、只有一条记录、19 条记录、20 条记录、21 条记录。

(3)未连接打印机，打印机未加电、未联机，打印机缺纸。

4. 因果图法

因果图法用于检查程序输入条件的各种组合情况。等价类划分法和边界值分析法都侧重考虑输入数据，而因果图法主要考虑输入数据之间的联系。该方法能够生成没有重复的且发现错误能力强的测试用例，而且对输入输出数据同时进行分析。

9.3.2　白盒技术

常用的白盒测试技术有逻辑覆盖、基本路径测试等。

逻辑覆盖是以程序的内部逻辑结构为基础的测试用例设计方法。它要求测试人员十分清楚程序的逻辑结构，考虑的是测试用例对程序内部逻辑覆盖的程度。根据覆盖的目标，逻辑覆盖又可以分为：语句覆盖、判定覆盖、条件覆盖、判定/条件覆盖、条件组合覆盖和路径覆盖。为了提高测试效率，我们希望选择最少的测试用例来满足指定的覆盖标准。

1. 语句覆盖

语句覆盖的测试用例能使被测程序中每个执行语句至少执行一次。语句覆盖是很弱的逻辑覆盖标准。

2. 判定覆盖

判定覆盖的测试用例，使得被测程序中每个判定至少取得一次“真”和一次“假”，从而使程序的每个分支至少都通过一次，因此又叫分支覆盖。判定覆盖比语句覆盖强，满足判定覆盖时必定满足语句覆盖。

3. 条件覆盖

条件覆盖的测试用例，使得每个判定的每个条件至少取得一次“真”和一次“假”。

条件覆盖不一定能够包含判定覆盖。有时满足条件覆盖的测试用例不一定能满足判定覆盖。

4. 判定/条件覆盖

判定/条件覆盖的测试用例既满足判定覆盖，又满足条件覆盖。

5. 条件组合覆盖

条件组合覆盖的测试用例，使得每个判定中所有可能的条件取值组合至少出现一次。条件组合覆盖比判定/条件覆盖强。

6. 路径覆盖

路径覆盖的测试用例使程序的每条可能路径都至少执行一次。满足路径覆盖不一定能满足条件组合覆盖。

六种覆盖标准的比较见表9-4。

表9-4 各种逻辑覆盖标准的比较

逻辑覆盖标准	含　义	发现错误的能力
语句覆盖	每条语句至少执行一次	弱
判定覆盖	每个判定的每个分支至少执行一次	↓
条件覆盖	每个判定的每个条件应取到各种可能的值	↓
判定/条件覆盖	同时满足判定覆盖和条件覆盖	↓
条件组合覆盖	每个判定中各条件的每一种组合至少出现一次	↓
路径覆盖	每一条可能的路径至少执行一次	强

在前五种逻辑覆盖标准中，条件组合覆盖发现错误的能力最强，凡满足其标准的测试用例，也必然满足前四种覆盖标准。

前五种覆盖标准把注意力集中在单个判定或判定的各个条件上，可能会使程序某些路径没有执行到。

路径覆盖是根据各判定表达式取值的组合，使程序沿着每条可能的路径执行，查错能力强。但由于它是从各判定的整体组合出发设计测试用例的，可能使测试用例达不到条件组合覆盖的要求。在实际的逻辑覆盖测试中，一般以条件组合覆盖为主设计测试用例，然后再补充部分用例，以达到路径覆盖测试标准。

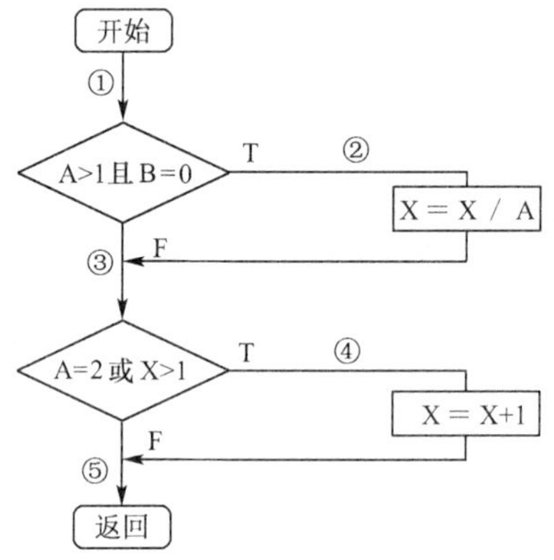

图9-3 被测模块流程图

例9-2 运用逻辑覆盖法设计测试用例。

有一被测程序的程序流程图如图9-3所示（假设该程序由C语言实现）。试设计测试用例，分别满足六种逻辑覆盖。

其中，输入数据为A、B和X，输出数据为X。满足各种覆盖程度的测试用例见表9-5。

表9-5 逻辑覆盖测试用例

覆盖类型	输入数据			预期结果	测试路径	判定	判定	条件	条件	条件	条件
	A	B	X	X		A>1且B=0	A=2或X>1	A>1	B=0	A=2	X>1
语句覆盖	2	0	3	2	①②④	T	T				
判定覆盖	3	0	1	0	①②⑤	T	F				
	2	1	2	3	①③④	F	T				
条件覆盖	1	0	3	4	①③④	F	T	F	T	F	T
	2	1	1	2	①③④	F	T	T	F	T	F
判定/条件覆盖	2	0	3	2	①②④	T	T	T	T	T	T
	1	1	1	1	①③⑤	F	F	F	F	F	F

（续表）

覆盖类型	输入数据			预期结果	测试路径	判定	判定	条件	条件	条件	条件
	A	B	X	X		A>1 且 B=0	A=2 或 X>1	A>1	B=0	A=2	X>1
条件组合覆盖	2	0	2	2	①②④	T	T	T	T	T	T
	2	1	1	2	①③④	F	T	T	F	T	F
	1	0	2	3	①③④	F	T	F	T	F	T
	1	1	1	2	①③⑤	F	F	F	F	F	F
路径覆盖	2	0	2	2	①②④	T	T				
	2	1	1	2	①③④	F	T				
	1	1	1	1	①③⑤	F	F				
	3	0	1	0	①②⑤	T	F				

说明：

该案例中，共有两个判定，每个判定各有两个条件。

对于语句覆盖，只需让②和④执行即可，两个判定均应为“真”。

对于判定覆盖，需让两个判定的判定结果均取“真”和“假”一次。

对于条件覆盖，着眼点是每个判定的两个条件，需要让每个条件均取“真”和“假”一次。

对于判定/条件覆盖，不仅要让每个判定的两个条件均取“真”和“假”一次，同时还要保证两个判定的判定结果均取“真”“假”一次。

对于条件组合覆盖，由于每个判定都有两个条件，因此每个判定会有四种条件组合，两个判定共有八种条件组合，应根据这八种条件组合设计测试用例。

对于路径覆盖，由于该案例共有四条路径，因此应通过设计两个判定的“真”“假”组合，保证每条路径都有机会执行。

9.3.3 综合测试策略

前面介绍的软件测试方法，各有所长。每种方法都能设计出一组有用的测试用例，用这组用例可能容易发现某种类型的错误，但可能不易发现另一种类型的错误。

因此，对软件系统进行实际测试时，应该联合使用各种测试方法，形成综合策略。通常是先用黑盒法设计基本的测试用例，再用白盒法补充一些必要的测试用例。具体方法如下：

（1）在任何情况下都应该使用边界值分析方法。经验表明，用这种方法设计出的测试用例暴露程序错误的能力最强。注意，应该既包括输入数据的边界情况又包括输出数据的边界情况。

（2）用等价类划分法补充测试用例。

（3）用错误推测法补充测试用例。

（4）对照程序逻辑，检查已经设计出的测试用例的逻辑覆盖程度，如果没有达到所要求的覆盖标准，则应当再补充一些测试用例。

(5)如果程序的功能说明中含有输入条件的组合情况,则一开始就可选用因果图法。

应该强调指出,即使使用上述综合策略设计测试方案,仍然不能保证测试能发现一切程序错误,但是,这个策略确实是在测试成本和测试效果之间的一个合理折中。

9.3.4 测试实例分析

下面给出一个三角形分类程序的测试方案的设计。程序的功能是,读入三个整数值代表三角形的三条边的长度,程序判断这三个值能否构成三角形,如果能够,则输出三角形是等边、等腰或任意三角形的分类信息。

综合使用边界值分析、等价类划分和错误推测等技术为此程序设计测试用例。

第一步:确定测试策略。因为在本例中对被测程序已有明确的要求,即:判断能否构成三角形,如能构成,则再判断能构成等边、等腰或任意三角形哪一种。因此,可首先运用黑盒测试法设计测试用例,然后再用白盒测试法验证其完整性,必要时再补充测试用例。

第二步:在黑盒测试中首先要用等价类划分法划分输入等价类,然后用边值分析法和错误推测法作补充。

(1)运用等价类划分法。根据程序的输入条件,给出了等价类划分表见表 9-6。

表 9-6　“三角形分类程序”输入条件的等价类划分表

输入等价类	有效等价类	无效等价类
三个数	正好三个数　(1)	少于三个数　(6) 多于三个数　(7)
三个数的相等关系	三个数相等　(2) 三个数中两数相等　(3) 三个数均不等　(4)	
构成三角形	任意两数之和大于第三个数　(5)	两数之和小于第三个数　(8) 两数之和等于第三个数　(9)

(2)运用边界值分析法。并为未曾编号的情况编号。

- 数据个数:输入正好三个数;输入两个数;输入四个数。

注:此种情况已在等价类划分表中进行了编号,对应编号为(1)、(6)、(7)。

- 两数之和正好等于第三个数。

注:此种情况会出现退化的三角形(即两边之和等于第三边),包括三种不同排列方法。此情况对应于等价类划分表中的编号(9)。

(3)运用错误推测法。并为未曾编号的情况编号。

- 零值:三个数全为零;一个为零;两个为零。设此情况编号为(10)。
- 负值:三个数全为负;一个为负;两个为负。设此情况编号为(11)。
- 非整数:三个数全为浮点数;一个为浮点数;两个为浮点数。设此情况编号为(12)。
- 非数字数据:三个数全部非数字;一个为非数字;两个为非数字。设此情况编号为(13)。

第三步:给出一组初步的测试用例。见表 9-7。

第四步：用白盒法验证测试用例的充分性。实际上，表 9-7 前八个测试用例已能够满足对被测试程序的完全覆盖，不需再补充其他测试用例。

表 9-7　“三角形分类程序”测试数据

序号	测试内容	测试数据			期望结果	覆盖范围
1	等边	10,10,10			等边三角形	(1)(2)(5)
2	等腰	10,10,17	10,17,10	17,10,10	等腰三角形	(1)(3)(5)
3	任意	8,10,12	8,12,10	10,12,8	任意三角形	(1)(4)(5)
4	非三角形	10,10,21	10,21,10	21,10,10	不是三角形	(8)
5	退化三角形	10,5,5	5,10,5	5,5,10	不是三角形	(9)
6	遗漏数据	3	3,4		运行出错	(6)
7	多余数据	3,4,5,6			运行出错	(7)
8	零数据	0,0,0 17,0,0 0,10,12	 0,17,0 12,0,10	 0,0,17 12,10,0	不是三角形	(10)
9	负数据	−10,−10,−10 −10,−10,17 −8,10,17	 −10,17,−10 17,−8,10	 17,−10,−10 10,17,−8	不是三角形	(11)
10	非整数	3.3,4.4,5.5 3.3,4,5 3,4.4,5.5	 3,4.4,5 3.3,4,5.5	 3,4,5.5 3.3,4.4,5	运行出错	(12)
11	非数字字符	A,B,C A,4,5 A,B,5	 3,A,5 A,4,B	 3,4,A 3,A,B	运行出错，无效输入	(13)

在本例中，先使用等价类划分法，后使用边界值分析法。但也并非总是如此。在有些程序的测试中，先采用边界值分析法可能效果会更好。

9.4　软件测试步骤

与软件的开发过程类似，测试必须分步骤进行。对于大型的软件系统，测试基本上由单元测试、集成测试、确认测试和系统测试四个步骤组成，如图 9-4 所示。

单元测试又称模块测试，主要是检查每个程序模块是否正确实现了规定的功能。

集成测试又称组装测试，主要检查概要设计中模块接口设计问题。

确认测试主要检查已实现的软件是否满足需求说明书中确定的各种需求。

系统测试是综合检验软件与整个计算机系统的测试。

测试的每个过程都可以采用灵活的测试方法和测试策略，通常在单元测试中采用白盒测试方法，而在其他测试中主要采用黑盒测试方法。

图 9-5 列出了软件测试各阶段与软件开发各阶段之间的关系。

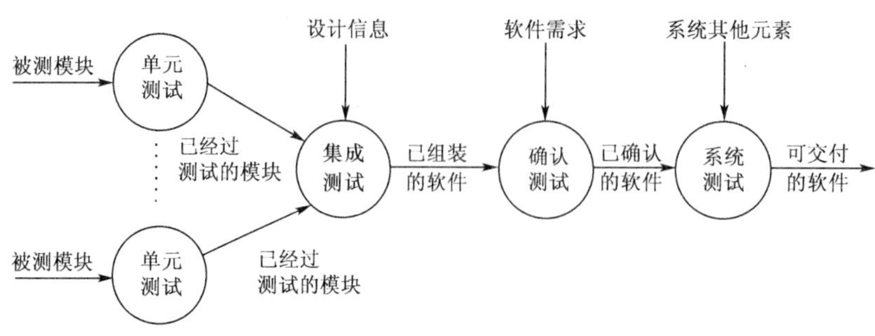

图 9-4 软件测试的步骤

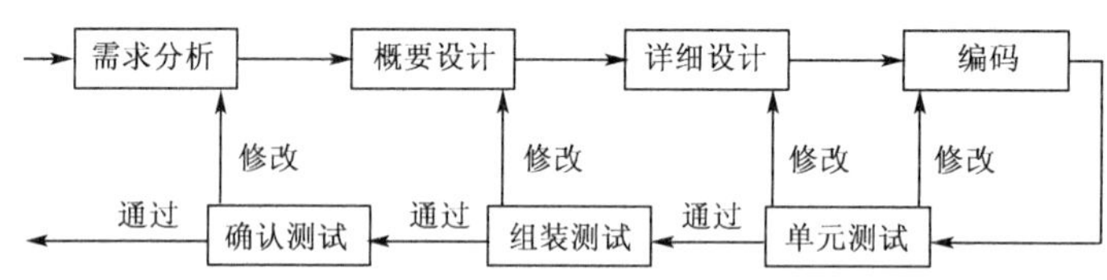

图 9-5 软件测试与软件开发各阶段的关系

9.4.1 单元测试

单元测试是对软件设计的最小单位——程序模块的测试，也是对程序模块进行正确性检验的测试，其目的在于发现各模块内部可能存在的各种差错。通常单元测试可以放在编码阶段，程序员在编写完成一个模块且无编译错误后就可以进行，主要是检查模块是否实现了详细设计说明书规定的模块功能和算法。

单元测试需要从程序的内部结构出发设计测试用例，通常采用白盒测试方法，以路径覆盖为最佳测试准则。多个模块可以并行独立地进行单元测试。

1. 单元测试的内容

单元测试的内容主要有以下五方面：

(1)模块接口测试

测试 I/O 接口数据，看 I/O 是否正常，如果 I/O 不正常，则其他测试就无法进行。为此，对模块接口，包括参数表、调用子模块的参数、全程数据、文件输入/输出操作等都必须进行检查。

(2)局部数据结构测试

测试模块内部数据结构是否完整，检查数据类型说明、初始化、缺省值等问题，还要查清全程数据对单元的影响。

(3)重要路径测试

选择适当的测试用例，对模块中重要的执行路径进行测试。对基本执行路径和循环路径进行测试可以发现大量的路径错误。

(4)错误处理测试

检查单元模块的错误处理功能是否有错误或缺陷。如出错的描述是否难以理解、是否对出错定位有误、是否对出错原因报告有误、是否对错误条件的处理不正确、在对错误处理之前，错误条件是否已经引起系统的干预等。

（5）边界测试

边界测试是单元测试中最后的、也可能是最重要的工作。要特别注意数据流、控制流中刚好等于、大于或小于确定的比较值时出错的可能性。精心设计测试用例对这些方面加以测试。

此外，如果对模块运行时间有要求的话，还要专门进行关键路径测试，以确定最坏情况下和平均意义下影响模块运行时间的因素。这类信息对于性能评价是十分有用的。

2. 单元测试的步骤

（1）配置测试环境

模块不是独立的程序，自己不能独立运行，要靠其他模块来调用和驱动。通常要为每个单元测试开发两类程序模块：驱动模块和桩模块两种。

驱动模块：相当于被测模块的主程序。用来接收测试数据，启动被测试模块，输出测试结果。

桩模块：用以模拟被测模块所调用的子模块。桩模块可以做少量的数据操作，一般情况下，不需要把实际子模块的所有功能都带进来，但不允许什么事情也不做。

被测模块、驱动模块和桩模块共同构成了一个“测试环境”，如图 9-6 所示。

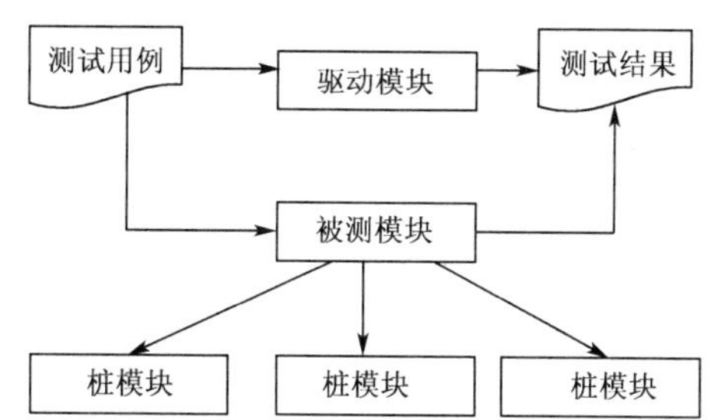

图 9-6　单元测试的测试环境

驱动模块和桩模块通常不作为软件产品的一部分交给用户，但是为了进行单元测试必须编写这些模块。

（2）编写测试数据

根据逻辑覆盖及上述关于单元测试要解决的问题设计测试用例。

（3）进行多个单元的并行测试

在编码完成后、进行计算机测试之前，可先做静态代码复审，由人工测试模块中的错误。人工静态测试可由程序员本人非正式地进行，也可以组织审查小组正式进行。通过人工代码审查后，再进行基于计算机的动态测试，可以大大提高测试效率。人工测试和计算机测试是相互补充、相辅相成的。

例 9-3　驱动模块和桩模块的设计。

下面是用 C 语言编写的一个模块，模块的功能是求 1～n 所有素数的和。

```
long SumPrime(int n)
{
    int i;
```

```
    long sum=0;
    for( i= 2; i <= n; i++)
    {    if(IsPrime(i))
         {
              sum += i;
         }
    }
    return sum;
}
```

对于这个模块,在测试时需要编写驱动模块和桩模块。其中驱动模块可以这样写:

```
void main()
{
    int n;
    printf("请输入一个整数:");
    scanf("%d",&n);
    printf("1~%d 中的所有素数之和为:%ld\n",n,SumPrime(n));
}
```

桩模块可以参照第 8 章 8.3.1 中例 8-2 的 IsPrime 函数来编写。

当然还有更好的求素数的算法,但是我们只是写桩模块,不是写子模块,因此写法简单一些会比较好。

模块的内聚程度直接影响单元测试的测试过程,显然,高内聚的模块设计将会明显减少设计测试用例的数目,也更容易预测和发现模块中的错误。

9.4.2 集成测试

集成测试也称为组装测试或联调,是在单元测试的基础上,将所有模块按照软件设计要求组装成系统并进行测试的过程。组装测试主要通过检查模块间的结构和通信发现软件设计阶段产生的错误,通常采用黑盒测试方法。在组装测试过程中,需要考虑如下几个问题:

(1)数据穿越模块接口是否会丢失。

(2)一个模块的功能是否会对另一个模块的功能产生不利的影响。

(3)各个子功能组合起来,能否达到预期要求的父功能。

(4)全局数据结构是否有问题。

(5)单个模块的误差累积起来,是否会放大,以至于达到不能接受的程度。

把多个模块组装成系统,通常有两种方式:非渐增式组装和渐增式组装。

1. 非渐增式组装方式

也称为整体拼装。即将单元测试后的模块按照系统总体结构图一次性集成起来,然后进行全程序测试。其优点是效率高,缺点是发现错误难以诊断定位,所以又称"莽撞测试",只适宜小规模的系统。

2. 渐增式组装方式

也称为增殖式方式。从一个模块开始,测试一次添加一个模块,边组装边测试,以发现与接口相联系的问题,直至所有模块全部集成到程序中。该方式适合于大规模的系统。

渐增式组装方式有两种:自顶向下组装和自底向上组装。

(1)自顶向下组装方式

从主模块开始,按照结构图自顶向下,采用深度优先或广度优先的策略,逐层组装和测试,直到测试结束。组装步骤如下:

①以主模块为被测模块兼驱动模块,所有直属于主模块的下属模块全部用桩模块代替,对主模块进行测试。

②采用深度优先或广度优先的策略,每次用一个实际模块替换相应桩模块,再用桩模块替代它们的直接下属模块,直至与已测试的模块或子系统组装成新的子系统。

③回归测试,即通过重新进行以前做过的全部或部分测试,来排除组装过程中可能引入的新错误。

④重复步骤②、③,直至完成所有的组装测试。

自顶向下、深度优先的组装过程如图 9-7 所示,其中的 Si 为桩模块。注意实际模块 BECDF 的逐渐加入过程。

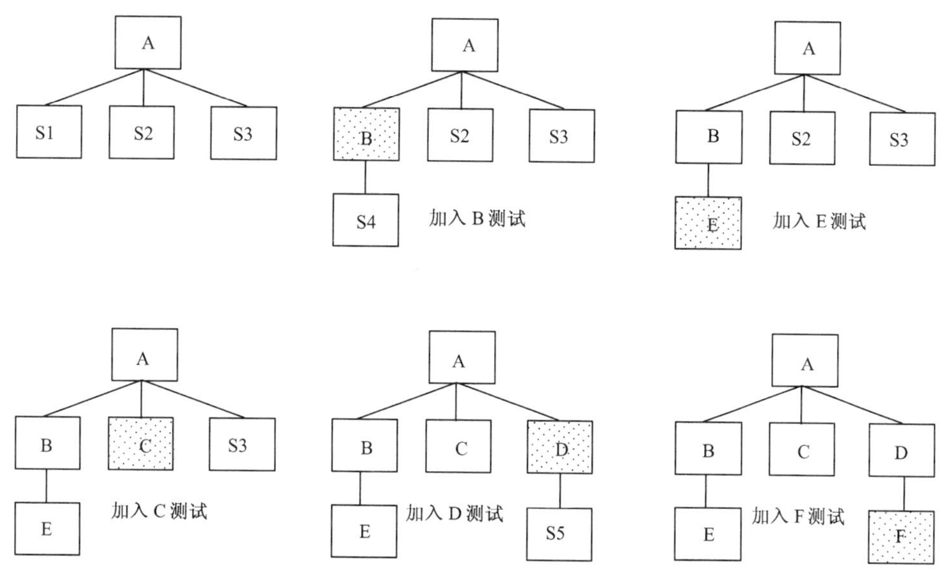

图 9-7　自顶向下组装测试(深度优先)

自顶向下组装的优点是:不需设计驱动模块,能尽早对程序的主要控制和决策机制进行检验,能较早发现整体性错误。缺点是需要设计桩模块。

(2)自底向上组装方式

这种组装方式从程序结构的最底层模块开始,按照软件结构图的控制层次将其上层模块组装到整个结构中,并对其进行测试。组装步骤如下:

①编写驱动模块,驱动和控制最底层模块或把最底层的模块组合成实现某一特定软件子功能的模块族,由驱动模块统一控制进行测试,并且协调测试数据的输入和输出。

②用实际模块替换驱动模块,沿软件结构自下向上移动,把子功能族组合起来形成更大的功能族。

③为子系统编写驱动模块,进行新的测试过程。

④重复步骤②、③,直到完成所有的模块组装测试。

图 9-8 描绘了自底向上的组装过程,其中 Di 为驱动模块,注意实际模块 EBCFD 的逐渐加入过程。

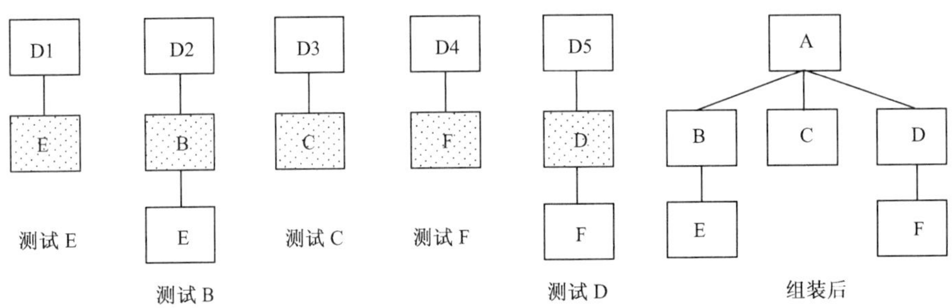

图 9-8 自底向上组装测试

自底向上组装的优点是不需要桩模块,它的下层模块(已测试过)可用作它的桩模块,所以容易组织测试。缺点是整体性错误发现得较晚。

(3)混合组装测试

该方式是渐增式自顶向下和自底向上两种方式的结合,对软件结构的上层使用自顶向下组装测试方式,对中下层使用自底向上组装测试方式,是较好的折中方案。

9.4.3 确认测试

确认测试也称为有效性测试,目的是确认组装完毕的软件是否满足软件需求规格说明书的要求。典型的确认测试通常包括有效性测试和软件配置审查等内容,测试结束后,软件就要交付验收了。

1. 有效性测试

有效性测试是在模拟的环境(可能就是开发环境)下运用黑盒测试方法,验证软件是否满足需求规格说明书所列出的需求。

2. 软件配置审查

软件配置审查的任务是检查软件的文档是否配齐,以及文档内容的一致性。

3. α 测试和 β 测试

如果一个软件是为很多用户开发的,让每个用户都进行正式的验收测试显然是不切实际的,这时可使用 α 测试和 β 测试来发现那些通常只有最终用户才能发现的错误。

α 测试是由用户在开发者场地进行,用户在开发者的指导下进行测试,由开发者负责记录程序出现的错误以及用户提出的修改意见。

β 测试是由软件的最终用户在自己的场地进行,开发者通常不会在场。由用户记录测试过程中遇到的所有问题,并定期向开发者报告,开发者在接到 β 测试的问题报告之后,对系统进行最后的修改,然后着手准备向所有的用户发布最终的软件产品。

4. 验收测试

如果软件是给一个客户开发的，需要进行一系列的验收测试，以使客户确认该软件是他所需要的。验收测试主要是由用户而不是开发者来进行，开发人员和质量保证人员也应参加。验收测试可以进行几周或几个月，因而可发现随时间的积累而产生的错误。

确认测试的结果有两种：

(1)测试结果与预期的结果相符，软件的功能和性能满足用户需求，该软件系统是可以接受的。

(2)测试结果与预期的结果不相符，此时需列出问题清单。

9.4.4　系统测试

系统测试是把已经经过确认的软件纳入实际运行环境中，与其他系统成分组合在一起进行测试。其目的是检查软件能否与系统的其余部分协调运行，并且实现软件需求规格说明书的要求。

系统测试是验收测试的一部分，应由用户单位组织实施。软件开发单位应该为系统测试创造良好的条件，负责回答和解决测试中可能发现的一切质量问题。常见的系统测试主要有以下几方面。

(1)恢复测试：主要检查系统的容错能力。当系统出现错误时，能否在指定时间间隔内修正错误并重新启动系统。恢复测试首先要采用各种办法强迫系统失败，然后验证系统能否尽快恢复。

(2)安全测试：主要检查系统对非法侵入的防范能力。安全测试期间，测试人员假扮非法入侵者，采用各种办法试图突破防线，检验系统预防机制的漏洞。

(3)强度测试：主要检查程序对异常情况的抵抗能力。强度测试总是迫使系统在异常的资源配置下运行。如运行一些超过正常输入量或需要最大存储空间的测试用例。

(4)性能测试：主要检查软件在集成的系统中的运行性能。它对实时系统和嵌入式系统尤为重要。性能测试常与强度测试相结合进行。经常需要其他软、硬件的配套支持。

对于比较重要的系统还需要平行运行。平行运行是指软件投入运行后，与旧系统同时使用的一种测试，是系统测试的一种，一般持续几个月到一年。

9.5　软件测试工具简介

测试工具即测试软件，就是可以替代部分人工测试工作的高效测试手段，既可以显著减少测试开销，也能够保证测试的有效性。但到目前为止，完全自动化的测试软件还没有实现，自动化测试只是针对大部分的测试工作。市场上有独立的软件测试工具，也有集成多个功能的自动测试工具集。下面简要介绍一些自动测试工具。

1. 静态分析程序

静态分析程序不需要执行测试程序，它仅仅通过扫描被测程序文本，从中找出可能导致错误的逻辑错误或异常，并输出测试报告。例如，变量在使用前未初始化或变量在定义后未使用，函数形参与实参个数或类型不匹配等。

2. 动态分析程序

动态分析程序主要用来评估正在运行的软件，统计并显示被测程序中指定语句或者语句集合的执行次数。动态分析程序可以测试语句执行的覆盖程度，并且查找未被执行的语句，从而增加相应的测试数据，有助于发现循环是否正常终止或判定逻辑是否正确等情况。

3. 断言处理程序

"断言"指的是变量应满足的条件。在所测试源程序的指定位置按一定格式，用注释语句写出的断言叫作断言语句。当程序执行时，看程序的工作情况是否真正满足事先指定的断言的要求，从而可以帮助复杂系统的检验、调试和维护。

4. 测试数据生成程序

测试数据生成程序可以为测试某个系统而自动产生大量的输入数据，以此来减少设计测试数据的工作量，不过它不能自动产生预期的输出结果。

5. 文件比较程序

文件比较程序用来自动评价测试结果和预期结果之间的差异，从而提供测试人员分析程序错误的有用信息。使用文件比较程序可以保证文件比较的全面性和高效性。

6. 性能测试工具

采用模拟实际运行环境的手段，测试正常状态下系统运行的情况，以及在一些特殊或极限状态下系统运行的情况，对软件产品进行性能评估。

目前，市场上较流行的测试工具有：企业级自动化测试工具 WinRunner，工业标准级负载测试工具 LoadRunner，全球测试管理系统 TestDirector，嵌入式软件测试工具 LOGISCOPE 等。

9.6 调 试

9.6.1 调试目的和步骤

软件测试的目的是尽可能多地发现程序中的错误，而调试则是指成功的测试之后才开始的工作。调试的目的是根据测试时发现的错误，找出错误的原因和具体位置，并改正错误，因此，调试也称为纠错或排错。测试与调试的不同见表 9-8。

表 9-8 测试与调试的不同

测试（test）	调试（debug）
目的是发现错误	目的是找出错误位置并排除
有计划	被动的
以已知条件开始，使用预先定义的程序，有预知的结果	以不可知内部条件开始，结果一般不可预见
由独立的测试组，在不了解软件设计的条件下完成	由程序作者进行，谁开发的程序就由谁来调试

调试过程由两部分组成：一是确定程序中错误的确切性质和位置，二是对程序代码进行分析，确定问题的原因，并设法改正错误。

调试的一般步骤是：错误定位；修改设计和代码以排除错误；进行回归测试，防止引入新的错误。

9.6.2 调试策略

调试是技巧性很强的工作，调试的关键在于推断程序内部的错误位置及原因。调试工作的困难与人的心理因素和技术因素都有关系，而心理因素的影响常常高于技术手段而占主导地位。常用的调试策略有：

1. 强行排错

这是原始法排错，也称为试探法，是目前使用较多但效率较低的调试方法。它的主要思想是通过分析运行程序时数据信息的变化情况查找错误原因。常见的形式有：

(1)通过输出存储器内容来排错。

(2)在程序的特定位置设置打印语句。

(3)利用自动调试工具设置断点，当程序执行到某个特定位置时程序暂停，程序员观察程序的状态。

强行排错方法适合于结构比较简单的程序。

2. 回溯法

从发现错误症状的位置开始，人工沿着程序的控制流程往回跟踪代码，直到找出错误原因为止。该方法适合于小型程序，路径数目很大时无法进行。

3. 归纳法

从测试所暴露的问题出发，收集所有正确或不正确的数据，分析它们之间的关系，提出假设的错误原因，然后再证明或否定这些假设，从而查出错误所在。

4. 演绎法

测试人员首先列出所有可能出错的原因或假设；然后通过测试，逐一排除不可能正确的假设；最后，证明剩下的原因确实是错误的根源，并进一步定位错误位置。

9.6.3 调试原则

由于调试工作有查错和排错两项任务，因此调试原则也分成两组：

1. 查错原则

(1)注重用头脑去分析思考与错误征兆有关的信息。

(2)避免用试探法，最多只能把它当作最后手段。

(3)调试工具不能代替人的思考，只能把它当作辅助手段来使用。

(4)避开死胡同。

2. 排错原则

(1)注意错误的群集现象，在错误近邻检查。

(2)采用回归测试，避免因修改引起的新错误。

(3)不能只修改错误的表现，要找到错误的本质并修改。

(4)要修改源代码，而不要修改目标代码。

9.7 面向对象的软件测试简述

尽管面向对象技术能够提高软件的质量，但软件测试的重要性并没有降低。因为无论采用什么样的编程技术，编程人员的错误都是不可避免的，而且由于面向对象技术开发的软件代码重用率高，更需要严格测试，避免错误的繁衍。

面向对象测试的主要目标和传统软件测试一样，都是用尽可能低的测试成本发现尽可能多的软件错误。但是，面向对象程序的封装、继承和多态性等机制，增加了测试和调试的难度。

9.7.1 面向对象的测试模型

面向对象的测试模型是一种在整个软件开发过程中不断测试的测试模型，它使开发阶段的测试与编码完成后的单元测试、集成测试、确认测试和系统测试成为一个整体。测试模型如图 9-9 所示。

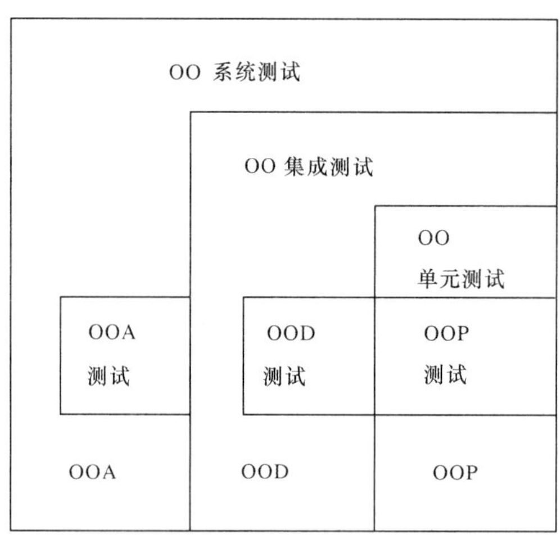

图 9-9 面向对象的测试模型

在图 9-9 中，面向对象测试的类型主要包括面向对象分析测试（OOA 测试）、面向对象设计测试（OOD 测试）和面向对象编程测试（OOP 测试）。其中，OOA 测试和 OOD 测试是对分析结果和设计结果的测试，主要是对分析设计产生的文本和模型进行测试，是软件开发前期的关键性测试。而 OOP 测试主要是针对编程风格和程序代码的实现进行测试，其测试内容主要在面向对象的单元测试和集成测试中得到体现。

1. 面向对象分析测试（OOA 测试）

对面向对象分析的测试应从以下五个方面考虑：

（1）对认定的对象的测试。

（2）对认定的结构的测试。

（3）对认定的主题的测试。

（4）对定义的属性和实例关联的测试。

(5)对定义的服务和消息关联的测试。

2. 面向对象设计测试(OOD 测试)

对面向对象设计的测试应从以下三方面考虑:

(1)对认定的类的测试。

(2)对构造的类层次结构的测试。

(3)对类库的支持的测试。

3. 面向对象编程的测试(OOP 测试)

在 OOP 阶段,忽略类功能实现的细则,将测试的目光集中在类功能的实现和相应的 OOP 风格上,并主要注意以下两个方面:

(1)数据成员是否满足封装的要求。

(2)类是否实现了所要求的功能。

9.7.2　面向对象的测试策略

面向对象软件测试和传统软件测试一样,也是有单元测试、集成测试、确认测试和系统测试 4 个步骤。但是在具体做法上,与传统测试策略有许多不同。

1. 面向对象的单元测试

面向对象的单元测试是进行面向对象集成测试的基础。面向对象的单元测试以类或对象为单位。由于类包含一组不同的操作,并且某些特殊的操作可能被多个类共享,因此,单元测试不能孤立地测试某个操作,而是将操作作为类的一部分来测试。

2. 面向对象的集成测试

因为在面向对象的软件中没有层次的控制结构,并且构成类的成分彼此之间存在着直接或间接的交互作用,所以,传统意义上的自顶向下和自底向上的集成策略将不再适用。

面向对象的集成测试有两种不同策略。

(1)基于线程的测试:集成对应系统的一个输入或事件所需要的一组类,分别集成并测试每个线程,同时使用回归测试以保证没有产生副作用。

(2)基于使用的测试:通过测试那些几乎不使用服务器的类(独立类)而开始构造系统,在独立类测试完成后,测试使用独立类的下一层次的类(依赖类),不断地对依赖类逐层按测试序列进行测试,直到把整个软件系统构造完成为止。

此外,集群测试(或称簇测试,cluster testing)在面向对象的集成测试中也可能会采用,当开发面向对象系统时,集成的层次并不明显时;当一组对象类通过相互协作(通过研究对象模型可以确定相互协作的类)提供一组服务时,则需要精选测试用例将它们一起测试,这就是集群测试,目的是发现协作中可能发生的错误。

3. 面向对象的确认测试

在确认测试层次,不需要再考虑类的实现和交互的具体细节,只要验证交互过程及功能,包括提供的用户界面,用户可见的操作,软件的反应和输出的结果等情况,其中测试用例的选择主要是依据动态模型和系统的脚本描述。

4. 面向对象的系统测试

面向对象的系统测试要以面向对象需求分析的结果为依据，应该参考 OOA 分析的结果，对需求分析中描述的对象模型、交互模型等各种分析模型进行检验。

9.7.3 面向对象的软件测试用例设计

传统意义的软件测试用例的设计是从软件的 IPO 视图或各个模块的算法细节得出的，而面向对象软件的测试用例更关注于设计适当的操作序列以检查类的状态，目前，还处于研究和发展阶段。通常，黑盒测试也适用于面向对象的软件测试。测试用例设计的要点如下：

(1)每个测试用例都要有一个唯一的标识，并与被测试的一个或几个类相关联。

(2)每个测试用例都要陈述测试目的。

(3)对每个测试用例都要有相应的测试步骤，包括被测试对象的特定状态、所使用的消息和操作、可能产生的错误及测试需要的外部环境等。

9.8 项目实践："图书管理系统"软件测试

本节以瑞天图书管理系统的主要模块为例，说明测试用例的设计方法和软件测试过程。

测试工程师编写测试用例，就像程序员编写程序代码一样，每个程序员根据编程语言不同会使用不同的编程方法，同样，测试工程师对于不同的测试种类(如性能测试、压力测试、功能测试、接口测试等)，设计测试用例的方法也不同。下面给出的测试用例仅供读者参考。

9.8.1 功能测试

下面以用户登录模块的测试为例说明测试用例的设计方法，登录模块的界面如图 9-10 所示。

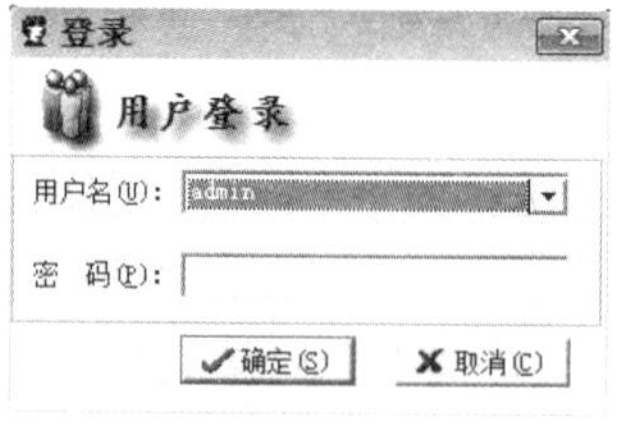

图 9-10 用户登录界面

(1)测试准备工作

功能测试主要是使用黑盒测试方法，即对模块功能的操作性测试。

首先以超级用户(admin)登录，通过用户管理功能建立三个用户并为其设置初始密码，用户信息表内容见表 9-9，并将张老师用户设置为"停用用户"。

表 9-9 用户信息表内容

用户名称	用户密码	用户级别	是否停用
admin	123	超级用户	否
高树芳	abc123	超级用户	否
陈老师	chen	普通用户	否
张老师	zhang	普通用户	是

(2)测试用例设计

测试用例表(样式一)见表 9-10。

表 9-10　　用户登录测试用例表(样式一)

编　号	测试内容	测试步骤	预期结果	实际结果
1	密码正确时登录	选择用户名 admin,输入密码 123,单击【确定】按钮	登录成功,进入主界面	
2	密码错误时登录	选择用户名 admin,输入密码 135,单击【确定】按钮	提示"密码错误,请重输"	
3	密码为空时登录	选择用户名 admin,不输入任何密码,单击【确定】按钮	提示"密码错误,请重输"	
4	能否选择用户	选择用户名"高树芳",输入密码 abc123,单击【确定】按钮	登录成功,进入主界面	
5	密码大小写	选择用户名"高树芳",输入密码 ABC123,单击【确定】按钮	提示"密码错误,请重输"	
6	取消按钮	不论输入信息与否,单击【取消】按钮	关闭对话框,结束登录	
7	已停用用户能否登录	检查用户名下拉框是否包括"张老师"	不包括用户"张老师"	

测试用例表(样式二)见表 9-11。

表 9-11　　用户登录测试用例表(样式二)

<table>
<tr><td>功能名称</td><td>用户登录</td><td>用例编号</td><td>YHDL-01</td></tr>
<tr><td>测试模块</td><td>用户登录模块</td><td>测试类型</td><td>单元测试</td></tr>
<tr><td>测试日期</td><td></td><td>测试人</td><td></td></tr>
<tr><td>测试目标</td><td colspan="3">验证用户能否登录</td></tr>
<tr><td colspan="4">测试步骤:
(1)在用户名处下拉框中选择用户,如 admin;
(2)在密码处输入用户密码,如 123;
(3)单击【确定】按钮或单击【取消】按钮。</td></tr>
<tr><td colspan="3">预期结果:
(1)当用户密码正确时,用户登录成功,进入图书管理系统主界面;
(2)当用户密码不正确、为空或者字母大小写不正确时,提示"密码错误,请重输"信息;
(3)不论是否输入密码,单击【取消】按钮时,都关闭对话框,结束登录操作;
(4)已停用的用户不在用户名处下拉框中出现。</td><td>测试结果记录:</td></tr>
<tr><td colspan="4">审查结果:
□该功能正确
□该功能不正确,请说明:</td></tr>
<tr><td>审查日期</td><td></td><td>审查人</td><td></td></tr>
</table>

9.8.2 界面测试

下面以图书管理系统主窗口的界面测试为例,说明界面测试用例的设计方法。图书管理系统主窗口界面如图 9-11 所示。

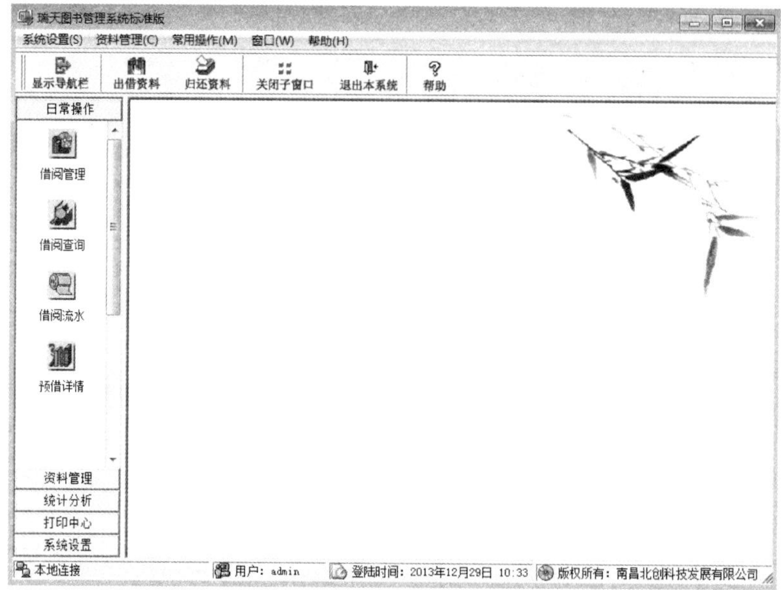

图 9-11 瑞天图书管理系统主窗口界面

主窗口界面测试用例见表 9-12。

表 9-12 图书管理系统主窗口界面测试用例

编 号	测试内容	测试步骤	预期结果	测试结果
1	主窗口初始状态。包括控件状态、位置,菜单状态,工具栏状态,导航栏状态,各个按钮的有效性等	目测主窗口各元素的状态和位置; 要从易用性、规范性、合理性、美观与协调性方面检查	如:各按钮使用的图标要能直观地代表要完成的操作,按钮名称易懂,用词准确,能望文知义;界面按 Windows 界面的规范设计;界面符合美学观点,感觉协调舒适	
2	菜单及菜单项的组成、位置及有效性	目测菜单及菜单项的组成和位置; 依次单击各个菜单条和各菜单栏中的菜单项,检查能否显示对应的窗体	菜单栏应有"系统设置""资料管理""常用操作""窗口""帮助"菜单项,每一菜单项下面都提供了相应菜单命令,每一菜单命令都提供快捷键;单击各个菜单项,都能顺利显示对应的窗体	
3	工具栏的组成、各按钮的位置及有效性	目测工具栏的组成、各按钮的位置; 依次单击系统主窗口工具栏中的各个按钮,检查能否显示对应的窗体	工具栏上应有"显示导航栏""出借资料""归还资料""关闭子窗口""退出本系统"和"帮助"按钮,单击每个按钮都能实现其功能	

（续表）

编　号	测试内容	测试步骤	预期结果	测试结果
4	导航栏的组成、各按钮的位置及有效性	目测导航栏的组成；如单击“资料管理”按钮，导航栏中各个按钮的位置按既定方案发生变化，依次单击“资料管理”组中的各个按钮，检查能否显示对应的窗体。对导航栏每一按钮做类似检查操作	在主窗口左侧应有“日常操作”“资料管理”“统计分析”“打印中心”和“系统设置”导航按钮，单击每个按钮，都应在按钮下方展开显示此项功能的子功能	
5	测试系统能否正常退出	单击窗口右上角的“×”按钮，或单击工具栏上的“退出窗口”按钮，或执行“系统设置”菜单的“退出系统”命令	能够弹出“退出系统?”确认对话框，当选择“是”时关闭窗口，退出系统	

本章小结

软件测试的目的是尽可能地发现软件中的错误。由于穷尽的测试是不可能实现的，所以必须设计有限的测试用例去发现软件中尽可能多的隐藏的错误。测试用例包括测试数据和预期的测试结果两部分。常用的测试方法有黑盒测试方法和白盒测试方法。

黑盒测试是接口级的测试，通常有等价类划分法、边界值分析法、错误推测法、因果图法等。白盒测试是结构级的测试，根据覆盖的程度可分为语句覆盖、判定覆盖、条件覆盖、判定/条件覆盖、条件组合覆盖和路径覆盖等。

软件测试的四个步骤是单元测试、集成测试、确认测试、系统测试。单元测试在编码阶段进行，主要是对每个模块进行测试，检查各个模块是否正确地实现了所需的功能；集成测试主要检查各个模块组装起来的正确性；确认测试主要检查软件是否满足了需求说明书的各种需求；系统测试把软件纳入实际环境中，综合其他系统成分进行测试。

为了提高软件的可靠性和节省测试时间，需要借助一些常用的测试工具进行测试，利用好这些测试工具可以达到事半功倍的效果。

不同于传统的面向过程测试，面向对象的测试必须建立面向对象的测试模型。在面向对象的测试环境中，单元测试、集成测试以及确认测试都发生了本质上的改变。

习　题

一、判断题

1. 测试是为了验证该软件已正确地实现了用户的要求。（　　）
2. 发现错误多的程序模块，残留在模块中的错误也多。（　　）
3. 白盒测试法是根据程序的功能来设计测试用例的。（　　）
4. 黑盒法是根据程序的内部逻辑来设计测试用例的。（　　）

5. 确认测试计划是在需求分析阶段制订的。 (　　)

6. 集成测试计划是在概要设计阶段制订的。 (　　)

7. 单元测试是在编码阶段完成的。 (　　)

8. 集成测试工作最好由不属于该软件开发组的软件设计人员承担。 (　　)

9. 为了提高软件的测试效率,测试工作需要有测试工具的支持。 (　　)

10. 在做程序的单元测试时,桩模块比驱动模块容易编写。 (　　)

二、选择题

1. 测试用例是专门为了发现软件错误而设计的一组或多组数据,它由(　　)组成。

A. 测试输入数据　　B. 预期的测试输出数据

C. 测试输入与预期的输出数据　　D. 按照测试用例设计方法设计出的数据

2. 测试与调试最大的不同在于(　　)。

A. 操作者的心理状态不同　　B. 它们的行为取向不同

C. 使用的工具不同　　D. 运用的方法不同

3. 一个成功的测试是(　　)。

A. 发现错误　　B. 发现至今尚未发现的错误

C. 没有发现错误　　D. 证明发现不了错误

4. 白盒法与黑盒法最大的不同在于(　　)。

A. 测试用例设计方法不同　　B. 测试的任务不同

C. 应用的测试阶段不同　　D. 基于的知识集不同

5. 单元测试阶段主要涉及(　　)的文档。

A. 需求设计　　B. 编码和详细设计

C. 详细设计　　D. 概要设计

6. 检查软件产品是否符合需求定义的过程称为(　　)。

A. 确认测试　　B. 集成测试　　C. 验证测试　　D. 验收测试

7. 软件调试的目的是(　　)。

A. 发现错误　　B. 改正错误

C. 改善软件的性能　　D. 挖掘软件的潜能

8. 进行软件测试的目的是(　　)。

A. 尽可能多地找出软件中的错误　　B. 缩短软件的开发时间

C. 减少软件的维护成本　　D. 证明程序没有缺陷

9. 选择一个适当的测试用例,用于测试下图的程序,能达到判定覆盖的是(　　)。

A.

A	B
False	True

B.

A	B
False	True
True	False

C.

A	B
False	False
True	True

D.

A	B
False	True
True	False
True	True

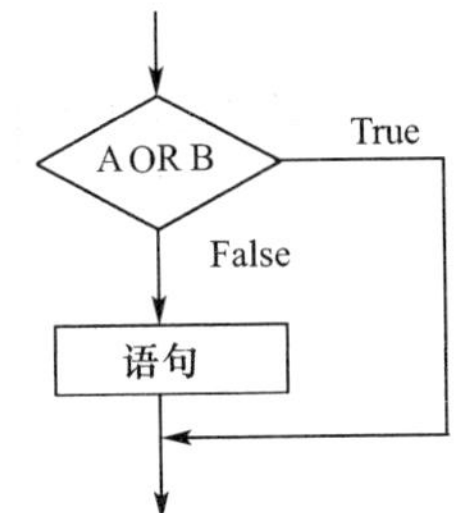

10. 在进行单元测试时，常用的方法是（ ）。

A. 采用白盒测试，辅之以黑盒测试　　B. 采用黑盒测试，辅之以白盒测试

C. 只使用白盒测试　　D. 只使用黑盒测试

11. 白盒测试方法一般适合于（ ）测试。

A. 单元　　B. 系统　　C. 集成　　D. 确认

12. 为了提高测试的效率，应该（ ）。

A. 随机地选取测试数据

B. 取一切可能的输入数据作为测试数据

C. 在完成编码以后制订软件的测试计划

D. 选择发现错误可能性大的数据作为测试数据

13. 不属于白盒测试的技术是（ ）。

A. 语句覆盖　　B. 判定覆盖　　C. 条件覆盖　　D. 边界值分析

14. 下列逻辑覆盖标准中，查错能力最强的是（ ）。

A. 语句覆盖　　B. 判定覆盖　　C. 条件覆盖　　D. 条件组合覆盖

15. 在黑盒法中，着重检查输入条件组合的测试方法是（ ）。

A. 等价类划分法　　B. 边界值分析法　　C. 错误推测法　　D. 因果图法

三、简答题

1. 为什么要进行软件测试？软件测试要以什么为目标和原则？

2. 软件测试包括哪几个过程？测试过程中包括哪些数据源？

3. 黑盒测试法与白盒测试法的本质区别是什么？它们的适用场合有何不同？

4. 试比较测试与调试的异同。

5. 试叙述面向对象的单元测试、组装测试、确认测试的内涵。

四、应用题

1. 使用等价类划分方法，为一元二次方程求解程序设计足够的测试用例。该程序要求分别打印出：不是一元二次方程，有实数根和有复数根三种信息。

2. 早期DOS操作系统对文件名的命名要求如下：文件名由基本文件名和扩展名组成，扩展名可以省略，两部分文件名以小数点分隔。基本文件名至少为1位、至多为8位长度，且首字符必须为非数字字符（如字母或部分特殊符号，文件名中不能包括空格、十号、? 号、* 号、圆点字符，大小写字母无区别）；扩展名最多为3位长度。

请用等价类划分法设计对文件名命名要求的测试用例。

3. 对于例9-2，仿照表9-5，请重新设计六种逻辑覆盖的测试用例，并重新填写表格内容，要求测试数据要尽量少。

第10章 软件维护

教学提示

本章介绍软件维护的类型与策略、软件维护的特点、维护过程与组织，软件的可维护性、软件维护的副作用以及软件逆向工程和再生工程等内容。

教学要求

- 理解软件维护的类型和特点。
- 掌握软件维护的一般过程。
- 理解软件的可维护性及提高可维护性的方法。
- 理解软件维护的副作用。
- 了解软件的再生工程。

10.1 软件维护的类型与策略

10.1.1 软件维护工作的必要性

软件维护是指已完成开发工作，并交付用户使用以后，对软件产品所进行的一些软件工程活动。软件维护是软件生存周期中时间最长的阶段，也是花费精力和费用最多的阶段。

实践表明，在开发阶段结束后，在软件运行过程中仍然有必要对软件进行变动，主要原因如下：

(1)改正在运行中新发现的错误和设计上的缺陷，这些错误和缺陷在开发后期的测试阶段未被发现。

(2)改进设计，以便增强软件的功能，提高软件的性能。

(3)要求已运行的软件能适应特定的硬件、软件、外部设备和通信设备等的工作环境，或者要求适应已变动的数据或文件等。

(4)为使已运行的软件与其他相关的软件有良好的接口，以利于协同工作。

(5)为扩充软件的应用范围。

值得注意的是，软件的“维护”与硬件的“维护”或“维修”有本质区别。硬件维护包括更换已损坏零部件、改正缺陷、加强设计以及保养等，这些工作不会影响设备的功能，对设备性能也影响不大。而软件维护不仅可以改正设计中的错误或不当之处，而且还可能增强软件的功能，提高软件的性能，而且大多数维护都是出于增强功能的要求，而不是由于纠正软件缺陷而进行的。

软件维护的目的是保证软件系统能持续地与用户环境、数据处理操作、政府或其他有关部门的请求取得协调。最终目的是延长软件的生存周期。软件工程学针对维护工作的主要目标就是提高软件的可维护性，降低维护的代价。

10.1.2　软件维护的类型

1. 改正性维护

改正性维护是改正在系统开发阶段已发生的而系统测试阶段尚未发现的错误。或者说，为了识别和纠正软件错误、改进软件性能上的缺陷，进行诊断和改正错误的过程，就叫作改正性维护。

2. 适应性维护

为适应软件运行环境的变化而进行的维护称适应性维护。计算机技术的迅速发展使得新的计算机硬件、新的操作系统、新的数据库管理系统等不断涌现，而建立在硬件和操作系统之上的应用软件，其使用年限往往要好多年，这就要求应用软件能跟上发展形势。另外，诸如数据库的变动、数据格式的变动、数据输入/输出方式的变动以及数据存储介质等“数据环境”的变动，都会直接影响到软件的正常工作。

3. 完善性维护

为扩充软件的功能或用户提出的新需求而进行的维护称完善性维护。这里的新功能和新性能，是指在原来开发过程中编制的软件需求规格说明书上并未规定的内容。用户在使用软件过程中，提出的新要求。

4. 预防性维护

为改进软件效率、可靠性、可维修性而进行的维护称预防性维护。

据有关资料统计，各类维护的工作量占总的维护工作量的百分比大致如图10-1所示。

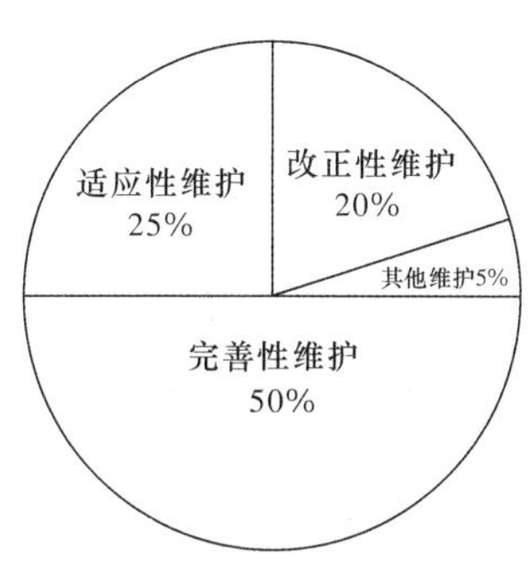

图10-1　各种维护的比例

其中，改正性维护占全部维护量的比率已从20世纪80年代初的20%大幅度下降，20世纪90年代初一些公司的产品差错率已接近于零。

由此可见，大多数维护工作用来更改或加强软件，而不是纠错，而完善性维护占整个维护工作量的一半或更多。

10.1.3 软件维护的策略

影响维护工作量的因素主要有系统的规模、系统的结构、系统的年龄、程序设计语言、文档的质量等。

根据影响软件维护工作量的各种因素，针对三种主要类型的维护，James Martin 等提出了一些维护策略，以控制维护成本。

1. 改正性维护

使用新技术可产生更可靠的代码，从而大大提高软件的可靠性，并减少改正性维护的需要。这些新技术包括：

- 数据库管理系统。
- 软件开发环境。
- 程序自动生成系统。
- 高级（第四代）语言。

另外，还要注意以下几点：

（1）利用应用软件包，比完全由自己开发的系统更可靠。

（2）使用结构化技术开发的软件容易理解和测试。

（3）防错性程序设计。把自检能力引入程序，通过检查非正常状态，提供审查跟踪。

（4）通过周期性维护审查，在形成维护问题之前就可确定质量缺陷。

2. 适应性维护

这一类维护不可避免，但可以控制。

（1）在配置管理时，把硬件、操作系统和其他相关环境因素的可能变化考虑在内，可以减少某些适应性维护的工作量。

（2）把与硬件、操作系统以及其他外围设备有关的程序归结到特定的程序模块中，可把因环境变化而必须修改的程序局部于某些程序模块中。

（3）使用内部程序列表、外部文件以及处理的例行程序包，为维护时修改程序提供方便。

（4）使用面向对象技术，增强软件系统的稳定性，并使之易于修改和移植。

3. 完善性维护

利用前两类维护中列举的方法，也可以减少这一类维护。特别是使用数据库管理系统、程序生成器、应用软件包等可以减少维护工作量。

此外，建立软件系统的原型并在开发实际系统之前提供给用户，用户通过运行原型，进一步完善他们的功能要求，可以减少以后完善性维护的需要。

10.2 软件维护的特点

1. 非结构化维护和结构化维护

软件的开发过程对软件的维护有较大影响。如果不采用软件工程方法开发软件，则软件只有程序而无文档，维护工作非常困难，这是非结构化维护。如果采用软件工程方法开发软件，则各阶段都有相应的文档，容易进行维护工作，这是结构化维护。

(1)非结构化维护

因为只有源程序，没有文档或文档很少，维护活动只能从阅读、理解和分析源程序代码开始，而这是相当困难的。由于没有需求说明和设计文档，很难只通过程序代码弄清楚诸如软件结构、全局数据结构、系统接口、性能和设计约束等内容，甚至常常被曲解；由于没有测试文档，不可能进行"回归测试"，很难保证程序的正确性。非结构化维护不仅会浪费大量的人力和物力，还会使维护人员的积极性受到打击。这是没有使用软件工程方法开发软件的后果。

(2)结构化维护

运用软件工程思想开发的软件具有各个阶段的文档，这对于理解、掌握软件功能、性能、软件结构、数据结构、系统接口和设计约束有很大作用。进行维护活动时，需从评价需求说明开始，搞清软件功能、性能上的改变；对设计说明文档进行评价、修改和复查；然后根据设计的修改进行程序的变动；根据测试文档中的测试用例进行"回归测试"；最后，把修改后的软件交付用户使用。使用软件工程方法开发的软件，虽然不能保证维护工作一切顺利，但由于软件文档对理解软件结构和设计思路有很大帮助，可以缩短维护时间，减少维护工作量，并提高维护质量。

2. 软件维护的困难性

软件维护的困难性主要是由于软件需求分析和开发方法的缺陷造成的。在软件生存周期中的前两个时期没有采用严格而科学的管理和规划，必然会引起软件运行时的维护困难。这种困难表现在如下几方面：

(1)难以读懂他人的程序。要修改别人的程序，首先要看懂、理解别人的程序。而这是非常困难的，特别是一些非结构化程序。如果没有相应的文档，那么困难将会更严重。大多数程序员都有这样的体会：修改别人的程序，还不如自己重新编写程序。

(2)无文档或文档不一致。文档的不一致表现在各种文档之间的不一致以及文档与程序之间的不一致。这种不一致是由于开发过程中文档管理不严所造成的，在开发中修改了程序却忘记修改相应的文档，或修改了某一文档却没有修改与其相关的其他文档。要解决文档不一致性，就要加强开发工作中的文档版本管理工作。

(3)软件开发和软件维护在人员和时间上的差异。如果由软件开发者进行软件维护，则维护工作就变得容易，因为他们熟悉软件的功能和结构。但由于软件人员流动性大，不可能依靠开发人员提供对软件的解释，甚至对开发人员本身，如果没有一些文档记录的帮助，随着时间的推移以及软件开发方法和工具的变化，完全、正确地理解程序也是有一定困难的。

(4)维护工作毫无吸引力，缺乏成就感。由于维护工作的困难性，维护工作经常遭受挫折，而且很难出成果，不像软件开发工作那样吸引人。

(5)难以追踪软件的建立过程。

(6)通过多种版本的发行，难以追踪软件版本的演化过程。

(7)软件在设计时未考虑修改需要。除非采用强调模块独立的设计方法，否则软件修改将会很困难，而且还容易引入新的错误。

10.3 软件维护的过程与组织

1. 维护机构

维护机构通常以维护小组形式出现。维护小组分为临时维护小组和长期维护小组。临时维护小组是非正式机构，它执行一些特殊的或临时的维护任务；对于长期运行的复杂系统一般需要一个长期稳定的维护小组。但除了较大的软件开发公司外，通常在软件维护方面，并不需要建立一个正式的组织机构。维护工作往往是在没有计划的情况下进行的。

维护的过程与组织

虽然并不要求建立一个正式的维护机构，但是在开发部门确立一个非正式的维护机构则是非常必要的。维护组织及维护流程如图 10-2 所示。

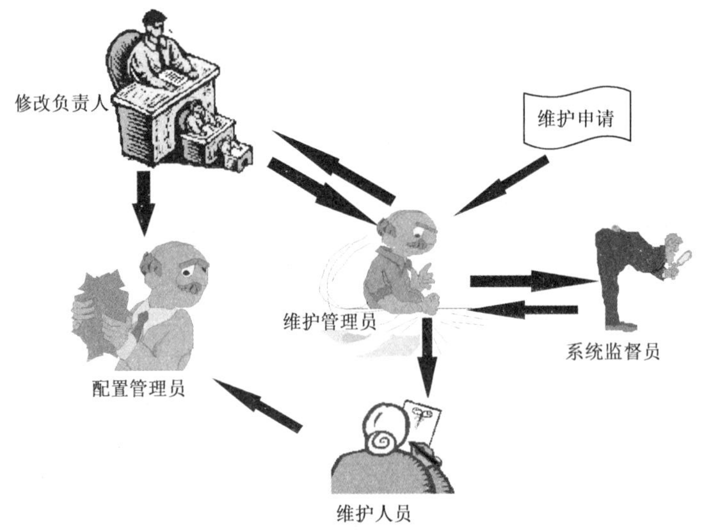

图 10-2 维护的组织

维护机构中的人员与职责如下：

(1)维护负责人。是修改控制决策机构，是维护的行政领导，管理维护的人事工作。

(2)维护管理员。维护工作的总协调，负责接受维护申请并与其他人员沟通。每一个维护申请都要提交给维护管理员，他把申请转交给系统监督员去评价。

(3)系统监督员。系统监督员是具有一定经验的系统分析员，他具有一定的管理经验，熟悉系统的应用领域、熟悉软件产品，负责向上级报告维护工作，他一旦对维护做出评价，则由维护负责人确定如何修改。系统监督员还可以有其他的职责，但应具体分管某一个软件包。

(4)配置管理员。负责严格把关程序修改过程，控制修改的范围，对软件配置进行审计。

(5)维护人员。负责分析程序的维护要求并进行程序修改工作。应具有软件开发和维护经验，还应熟悉程序应用领域的知识。

维护管理员和维护负责人可以是指定的一个人，也可以是一个包括管理人员和高级技术人员的小组。

合理的维护组织机构，明确了维护人员的职责，可以减少维护混乱，避免随意修改，改善维护流程，提高维护质量和维护效率。

2. 制订维护文档

所有软件维护申请都应按规定的方式提出。软件维护组织通常提供维护申请报告(Maintenance Request Report，MRR)或称软件问题报告，由申请维护的用户填写。如果发现了软件的错误，用户必须完整地说明产生错误的情况，包括输入数据、错误清单以及其他有关材料。如果维护申请属于适应性维护或完善性维护，用户必须提出一份简要的维护规格说明书，列出所有希望的修改。维护申请报告将由维护管理员和系统监督员来研究处理。

维护申请报告是由软件组织外部提交的文档，它是计划维护任务的基础。在软件维护组织内部还要制订相应的软件修改报告(Software Change Report，SCR)，该报告是维护阶段的另一种文档，用来指明：

(1)为满足某个软件维护申请报告的要求所需的工作量。

(2)所需修改变动的性质。

(3)申请修改的优先级。

(4)预计修改后的状况。

软件修改报告应提交修改负责人，经审批后才能进一步安排维护工作，从而避免盲目的维护。

3. 维护流程

当一个维护申请提出，并经过评审确定需要维护时，则按如图 10-3 所示的过程实施维护。

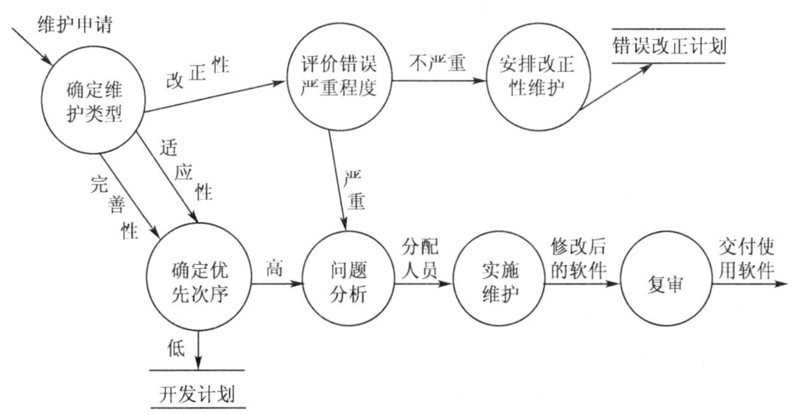

图 10-3　维护的流程

(1)确定维护的类型。这需要维护人员与用户反复协商，弄清错误概况以及对业务的影响程度，以及用户希望做什么样的修改，并把这些情况存入故障数据库。然后由维护组织管理员确认维护类型。如果用户把一个请求看作是改正性维护，而软件开发者把该请求看作适应性或完善性维护时，应协商不同观点。

(2)对于改正性维护从评价错误的严重性开始。如果存在一个严重的错误，则由管理员组织有关人员立即开始分析问题、寻找原因，进行“救火”性的紧急维护，此时可暂不顾及正常的维护控制，在维护完成、交付用户使用后再做“补偿”工作；如果错误不严重，可根据任务情况，视轻重缓急，与其他维护任务统筹安排。也会有这样的情况，申请本身是错误的，经审查后发现并不需要修改软件。

(3)对于适应性维护和完善性维护，如同它是另一个开发工作一样，需要建立每个请求的优先级。如果优先级非常高，就可立即开始维护工作；否则，根据优先级进行排队，统一安排。并不是所有的完善性维护申请都必须承担，因为进行完善性维护等于是做二次开发，工作量很大，应根据商业需要、可利用资源的情况、目前和将来软件的发展方向以及其他的考虑，决定是否承担。

(4)实施维护任务。不管何种类型的维护，所做工作都大致相同。包括：修改软件需求说明、修改软件设计、必要的代码修改、单元测试、集成测试、确认测试以及软件配置评审等，只是每种维护类型的侧重点不同。

(5)维护复审。在维护任务完成后，要对维护工作进行评审。主要对以下问题总结：

- 在当前的环境下，设计、编码或测试的工作中是否还有改进的余地和必要？
- 缺乏哪些维护资源？
- 维护工作遇到的障碍有哪些？
- 从维护申请的类型来看，是否还需要有预防性维护？

维护复审对将来的维护工作将会产生重要影响，并可为软件机构的有效管理提供重要的反馈信息。

4. 维护记录

在维护阶段需要记录一些与维护有关的信息，这些信息可作为估计维护有效程度，确定软件产品的质量，估算维护费用等工作的原始依据。记录内容包括：

(1)程序名称。

(2)源程序语句条数。

(3)机器代码指令条数。

(4)使用的程序设计语言。

(5)程序的安装日期。

(6)程序安装后的运行次数。

(7)与程序安装后运行次数有关的处理故障的次数。

(8)程序修改的层次和名称。

(9)由于程序修改而增加的源程序语句条数。

(10)由于程序修改而删除的源程序语句条数。

(11)每项修改所付出的“人时”数。

(12)程序修改的日期。

(13)软件维护人员的姓名。

(14)维护申请报告的名称。

(15)维护类型。

(16)维护开始时间和维护结束时间。

(17)用于维护的累计“人时”数。

(18)维护工作的净收益。

把这些项目作为维护数据库的基础。通过这些数据,可以对维护活动进行评价等。

5. 维护评价

根据维护文档记录,可以对维护工作做一些度量,可从以下七个方面评价维护工作:

(1)每次程序运行的平均出错次数。

(2)用于每一类维护活动的总“人时”数。

(3)每个程序、每种语言、每种维护类型所做的平均修改数。

(4)维护过程中,增加或删除每条源程序语句花费的平均“人时”数。

(5)用于每种语言的平均“人时”数。

(6)一张维护申请报告的平均处理时间。

(7)各类维护类型所占的百分比。

根据对维护工作定量度量的结果,可以做出关于开发技术、语言选择、维护工作量规划、资源分配及其他方面的决定,而且可以利用这些数据分析评价维护工作。

10.4　软件的可维护性

软件可维护性是指维护人员理解、改正和改进这个软件的难易程度。软件可维护性是软件开发阶段的关键目标。为了使得软件易于维护,在进行软件开发的同时,必须考虑提高软件的可维护性。

10.4.1　决定软件可维护性的因素

通常用从以下四个方面来度量软件的可维护性。

1. 可理解性

指维护人员通过阅读程序代码和相关文档,了解程序的结构、功能及其如何运行的难易程度。一个可理解的程序应具备的特性是:模块结构良好、功能完整而简明、代码风格与设计风格一致、编程风格良好、文档说明详细等。

2. 可测试性

表明预建立的测试准则对软件可进行测试的程度。一个可测试的软件应当是可理解的、可靠的、简明的。

3. 可修改性

指软件容易修改,而不至于产生副作用的程度。一个可修改的程序应当是可理解的、通用的、灵活的、简明的。其中通用性是指程序适用于各种功能而无须修改。灵活性是指能够容易地对程序修改。

4. 可移植性

指一个软件系统从一个计算机环境移植到另一个计算机环境的容易程度。一个可移植的程序应具有结构良好、灵活,不依赖于某一具体计算机或操作系统的性能。

除了这四个主要属性外,可靠性、可使用性和效率属性也会影响软件的可维护性。

10.4.2 提高软件可维护性的方法

提高软件的可维护性,应从以下几方面努力。

1. 明确软件的质量目标和优先级

如果要程序满足可维护性的七种特性的全部要求,那是不现实的。因为,有些特性是相互促进的,而有些特性则是相互矛盾的。

每一种质量特性的相对重要性不但因维护类型而不同,而且因程序的用途和计算环境而不同。因此,在提出质量目标的同时还必须规定它们的优先级,这样有助于提高软件的质量,减少软件生存周期的费用。

2. 使用先进的软件开发技术和工具

为了改善软件可维护性,应及时学习并尽量使用能提高软件质量的技术和工具。例如,模块化技术、结构化程序设计技术、面向对象等先进的软件开发技术。

3. 质量保证审查

要提高软件可维护性,必须要进行质量保证审查。质量保证审查可分为四种类型。

(1)在检查点检查。在软件开发初期就应考虑质量要求,因此,在开发过程每个阶段的终点都应设置检查点进行质量检查,以确保已开发的软件符合标准、满足规定的质量要求。在不同的检查点,检查的重点不尽相同。

另外,在软件工程的每个阶段结束前的技术审查和管理复审中,都应该着重对可维护性进行复审。在需求分析阶段的复审中,应该对将来可能修改和可以改进的部分加以注意并指明,应该讨论软件的可移植性并且考虑可能影响软件维护的系统界面;在设计阶段的复审中,应该从容易维护和提高设计总体质量的角度全面评审数据设计、总体结构设计、过程设计和界面设计;代码复审主要强调编码风格和内部文档这两个直接影响可维护性的因素;最后,每个阶段性测试都应该指出软件正式交付之前应该进行的预防性维护。

软件维护活动完成之后也要进行复审,正式的可维护性复审放在测试完成之后,称配置复审。目的是保证软件配置中所有成分的完整性、协调性、易于理解且便于修改控制。

(2)验收检查。这是软件交付使用前的最后一次检查,实际上是验收测试的一部分。验收检查必须遵循需求和规范标准、设计标准、源代码标准、文档标准四个方面的最低标准。

(3)周期性维护检查。对已运行的软件应进行周期性维护检查,每月或每两个月一次,以跟踪软件质量的变化。这实际上是开发阶段对检查点进行检查的继续,采用的检查方法、检查内容都是相同的。

(4)对软件包检查。软件包是一种标准化的,可供不同单位、不同用户使用的软件。因为软件包属于卖方的资产,用户很难获得软件包的源代码和完整的文档。对软件包维护时,用户首先要仔细分析研究卖方提供的用户手册、操作手册、培训教程、新版本说明、计算机环境要求书,以及卖方提供的验收测试报告等,可利用卖方提供的验收测试用例或自己重新设计测试用例,来检查软件包所执行的功能是否与用户的要求和条件相一致。

4. 选择可维护的程序设计语言

编码所使用的程序设计语言对软件的可维护性影响很大。低级语言很难理解，因此也很难维护。高级语言比低级语言容易理解，有更好的可维护性。某些高级语言可能比另一些更容易理解。尤其是第四代语言更容易理解，更容易编程，因此更容易维护。

5. 改进程序的文档

程序文档对提高程序的可理解性有着重要作用。规范、完整、一致的文档是建立可维护性的基本条件。在软件生存周期的每个阶段的技术复审和管理复审中，都应对文档进行检查，对可维护性进行复审。

在软件维护阶段，利用历史文档，可以大大简化维护工作。历史文档有三种：

(1)系统开发日志：记录了项目的开发原则、开发目标、优先顺序、选择某种程序设计方法的理由、决策策略、使用的测试技术和工具、每天出现的问题、计划的成功和失败之处等。它对于维护人员了解系统的开发过程和开发中遇到的问题非常必要。

(2)错误记载：也称为运行记录或出错历史。它记录了出错的历史情况。这有助于预测今后可能发生的出错类型和出错频率；有助于维护人员查明出现故障的程序或模块，以便修改或替换；也有助于对错误进行统计、跟踪，可以更合理地评价软件质量以及软件质量度量标准和软件方法的有效性。

(3)系统维护日志：它记录了在维护阶段系统修改的有关信息。包括修改宗旨、修改策略、存在的问题、问题位置及解决办法、修改要求和说明、新版本说明等信息。它有助于了解程序修改背后的思维过程，以进一步了解修改的内容和修改带来的影响。

10.5　软件维护的副作用

软件维护的副作用是指因修改软件而造成的错误或其他不希望出现的情况。维护的副作用有代码副作用、数据副作用和文档副作用三类。

1. 代码副作用

最危险的副作用是修改软件源程序而产生的。在修改源代码时，最容易引入下列错误：

(1)删除或修改子程序、语句标号(LABEL)和标识符。

(2)改变程序的执行效率。

(3)改变程序代码的时序关系、改变占用存储的大小。

(4)修改逻辑运算符。

(5)修改文件的打开或关闭操作。

(6)由设计变动引起的代码修改。

(7)为边界条件的逻辑测试而做出的修改。

代码副作用有时可以通过回归测试发现，此时应采取补救措施；但是，有时直到交付运行才会暴露出来，因此，对代码进行上述修改应特别慎重。

2. 数据副作用

在修改数据结构时，有可能造成软件设计与数据结构的不匹配，因而导致软件错误。数据副作用是指修改软件信息结构导致的不良后果，主要有以下几种：

（1）局部变量或全局变量的重新定义，记录或文件格式的重新定义。

（2）增加或减少一个数组或其他复杂数据结构的大小。

（3）修改全局或公共数据。

（4）重新初始化控制标志或指针。

（5）重新排列输入/输出或函数（子程序）的参数。

数据副作用可以通过详细的设计文档加以控制，在此文档中描述了一种交叉引用，把数据和引用它们的模块一一对应起来。

3. 文档副作用

在软件维护过程中应统一考虑整个软件配置，必须对相关技术文档进行相应修改，不仅仅是源代码。否则会导致文档与程序不匹配，使文档不能反映软件当前的状态，这比没有文档更麻烦。

一次维护完成后，在再次交付软件之前应仔细复审整个软件配置，以减少文档副作用。事实上，某些维护申请的提出只是由于用户文档不够清楚。这时，只需对文档维护即可，并不需要修改软件设计或源程序。

为了控制因修改而引起的副作用，要做到：按模块把修改分组；自顶向下的安排被修改模块的顺序；每次只修改一个模块；对每个修改了的模块，在安排修改下一个模块前，要确定这个修改的副作用，可使用交叉引用表、存储映像表、执行流程跟踪等。

10.6 软件逆向工程与再生工程

逆向工程与再生工程是目前预防性维护采用的主要技术。

逆向工程术语源于硬件制造业，相互竞争的公司为了了解对方设计和制造工艺的机密，在得不到设计和制造说明书的情况下，通过拆卸实物获取信息。软件的逆向工程也基本相似，不过通常“解剖”的不仅是竞争对手的程序，而且还包括本公司多年前的产品，此时得不到设计“机密”的主要障碍是缺乏文档。因此，所谓软件的逆向工程就是对已有的程序，寻求比源代码更高级的抽象表达形式。一般认为，凡是在软件生存周期内，将软件某种形式的描述转换为更抽象形式的活动都可称为逆向工程。与之相关的概念是重构、设计恢复和再生工程。

重构，指在同一抽象级别上转换系统描述形式。

设计恢复，指借助工具从已有程序中抽象出有关数据设计、总体结构设计和过程设计的信息。

再生工程，也称为修复和改造工程，它是在逆向工程所获信息的基础上修改或再生已有的系统，产生系统的一个新版本。

本章小结

软件维护是保证软件在一个相当长的时期内稳定地运行而对软件实施的一系列活动。软件维护的根本目的是延长软件的生存周期。软件维护通常有改正性维护、完善性维护、适应性维护以及预防性维护等四大类。为有效地进行软件维护，首先，要建立相应的维护组织机构、制订软件维护文档，在维护过程中要根据维护申请的类型和轻重缓急按预定程序安排维护，维护过程中要做好维护记录，维护完成后要对维护进行评价和度量。

软件的可维护性是指维护人员理解、改正和改进软件的难易程度。决定软件可维护性的主要因素是可理解性、可测试性、可修改性和可移植性。为了减少软件维护的费用，必须提高软件的可维护性，其方法是：明确软件的质量目标和优先级；使用先进的软件开发技术和工具；质量保证审查；选择可维护的程序设计语言；改进程序的文档。在软件开发期间要注意提高软件的可维护性，要做到软件结构清晰，具有可扩充性、可读性和可修改性，具有完整、一致和正确的文档。

软件维护可能会产生副作用，主要的维护副作用有代码副作用、数据副作用和文档副作用三种。

习　题

一、判断题

1. 在需求分析阶段，就应该考虑软件可维护性问题。（　　）
2. 在完成软件测试工作后，可删除源程序中的注释，以缩短程序的长度。（　　）
3. 尽可能在软件生产过程中保证各阶段文档的正确性。（　　）
4. 编码时要尽可能使用全局变量。（　　）
5. 应选择时间效率和空间效率尽可能高的算法。（　　）
6. 应尽可能利用计算机硬件的特点。（　　）
7. 应使用软件维护工具或支撑环境。（　　）
8. 在概要设计时应加强模块间的联系。（　　）
9. 应尽可能使用低级语言编写程序。（　　）
10. 为加快维护作业的进程，应尽可能增加维护人员。（　　）

二、选择题

1. 由于在开发过程中测试的不彻底、不完全而造成的维护是（　　）。

A. 改正性维护　　B. 完善性维护　　C. 适应性维护　　D. 预防性维护

2. 为适应软、硬件环境变化而修改软件的过程是（　　）。

A. 改正性维护　　B. 完善性维护　　C. 适应性维护　　D. 预防性维护

3. 为增加软件功能和性能而进行的软件维护过程是（　　）。

A. 改正性维护　　B. 完善性维护　　C. 适应性维护　　D. 预防性维护

4. 软件维护的困难主要原因是（　　）。

A. 人员少　　B. 费用低

C. 开发方法的缺陷　　D. 维护难

5. 维护阶段需由用户填写的维护文档是（　　）。

A. 软件需求说明　　B. 软件修改报告

C. 软件问题报告　　D. 测试分析报告

6. 软件的可维护性是指(　　)。

A. 软件能被修改的难易程度　　B. 软件可理解的难易程度

C. 软件可移植性和可使用性　　D. 软件维护文档的完整性

7. 软件维护工作中的最主要部分是(　　)。

A. 完善性维护　　B. 改正性维护　　C. 适应性维护　　D. 预防性维护

8. 维护中,因误删除一个标识符而引起的错误是(　　)副作用。

A. 文档　　B. 数据　　C. 编码　　D. 设计

9. 维护中,因修改全局变量或公用数据而引起的错误是(　　)副作用。

A. 文档　　B. 数据　　C. 编码　　D. 设计

10. 软件维护工作过程中,第一步是先确认(　　)。

A. 维护环境　　B. 维护类型　　C. 维护要求　　D. 维护者

11. 在软件生存周期中,工作量所占比例最大的阶段是(　　)阶段。

A. 需求分析　　B. 设计　　C. 测试　　D. 维护

12. 软件工程对维护工作的主要目标是提高(　　),降低维护的代价。

A. 软件的生产率　　B. 软件的可靠性

C. 软件的可维护性　　D. 维护的效率

13. 软件维护的副作用是指(　　)。

A. 开发时的错误　　B. 隐含的错误

C. 因修改软件而造成的错误　　D. 运行时的误操作

14. 一般来说,在软件维护过程中,大部分工作是由(　　)引起的。

A. 适应新的软件环境　　B. 适应新的硬件环境

C. 用户的需求改变　　D. 程序的可靠性

三、简答题

1. 为什么要进行软件维护?软件维护通常有几种类型?

2. 请说明软件维护组织中各种人员及其职责。

3. 请说明软件维护的流程。

4. 什么是软件的可维护性?

5. 简述决定软件可维护性的因素。

6. 简述提高软件可维护性的方法。

7. 软件维护的副作用有哪些?

第11章 软件项目管理

教学提示

本章首先介绍了软件项目管理的内容与过程，然后介绍了软件组织与人员管理、软件开发成本估算、进度安排、软件质量管理和软件配置管理等内容。最后介绍了软件工程的标准化知识和软件文档的类型及作用。

教学要求

- 掌握软件项目管理的内容。
- 理解常见的软件组织形式和人员配备原则。
- 了解软件开发成本的估算方法和进度管理方法。
- 理解软件的质量特性及保证质量的措施。
- 了解软件配置管理的内容。
- 了解软件工程标准化知识。
- 掌握软件文档的作用及分类。

11.1 软件项目管理概述

11.1.1 软件项目管理的职责

项目是利用有限资源、在一定的时间内，完成满足一系列特定目标的多项相关工作。项目可以是建造一座大楼、修建一条大道，也可以是某种流程的设计、某类软件的开发，还可以是某类活动的举办、某项服务的实施等。大到我国的南水北调工程建设，小到组织一次聚会，都可以称其为一个项目。

项目管理就是以项目为对象的系统管理方法。通过一个临时性的专门的柔性组织，对项目进行高效率的计划、组织、指导和控制，以实现项目全过程的动态管理和项目目标的综合协调与优化。

项目管理的主要要素是资源、需求与目标、项目组织和项目环境。资源是项目实施的最根本的保证，需求和目标是项目实施结果的基本要求，项目组织是项目实施运作的核心实体，项目环境是项目取得成功的可靠基础。

软件项目是以软件为产品的项目，其核心是软件。软件的开发和应用通过软件项目来实现。软件项目所管理的对象是软件项目，它主要专注于软件项目活动的一些行为分析与管理，涉及的范围覆盖了整个软件项目开发的全过程。

软件项目管理是为了使软件项目能够按照预定的范围、成本、进度、质量顺利完成，而对范围、费用、时间、质量、人力资源、风险、采购等进行分析和管理的活动。

软件项目管理的重点包括人员的组织与管理、软件度量、软件项目计划、风险管理、软件质量保证、软件过程能力评估和软件配置管理等几个方面。

项目管理的三要素是目标、成本和进度，三者在项目管理过程中是互相制约的。

具体来说，软件项目管理的职能包括：

(1)制订计划：规定要完成的任务和要求，安排资源、人员和进度等。

(2)建立组织：建立分工明确的为实施计划的责任制机构，以保证任务的完成。

(3)配备人员：根据任务要求，任用各种层次的技术人员和管理人员。

(4)协调或追踪与指导：跟踪项目的进展情况，协调、指导、鼓励和动员各种人员完成所分配的任务。

(5)控制或检验：对照计划和标准，监督和检验项目实施的情况。

在项目完成后还要作项目总结，主要内容包括：

(1)结束项目：评价、劝告或表彰团队成员，移交项目文档和财务记录等。

(2)总结项目：对交付的产品、开发方法、过程和管理等方面的得失进行总结。形成书面报告，供开发组织内后续项目借鉴。

(3)终止合同：请用户书面确认已完成合同要求，如有遗留问题，应同时明确双方后续的责任和工作。

11.1.2 软件项目管理的过程

1. 启动软件项目

在制订项目计划前，应首先明确项目的目标、考虑候选的解决方案、清楚技术和管理上的要求等。项目的目标标明了项目的目的，但并不涉及如何达到目的。候选的解决方案使管理人员能够从中选择最好的方案，从而确定合理、精确的成本估算，进行实际可行的任务分解以及可管理的进度安排。

项目启动前，应成立项目组，召开项目启动会议，进行组内交流，深刻理解项目目标，对组织形式、管理方式和方针取得一致认识，明确岗位职责等。

2. 制订项目计划

项目计划是用来指导组织、实施、协调和控制软件开发的重要文件，其主要作用是：

(1)可激励和鼓舞团队的士气。

(2)可以使项目成员有明确的分工及工作目标。

(3)可促进项目组相关人员之间的沟通与交流。

(4)可作为项目过程控制和工作考核的基准。

(5)可作为解决用户和开发团队间冲突的依据。

制订项目计划的主要工作是：

(1)确定详细的项目实施范围。

(2)定义递交的工作成果。

(3)评估实施过程中的主要风险。

(4)制订项目实施的时间计划。

(5)制订成本和预算计划。

(6)制订人力资源计划等。

项目计划可分为进度计划、质量保证计划、费用计划、风险管理计划和人力计划等。小项目可将多个计划合并为一个计划。项目开发计划文档标准可参见 GB/T 8567—2006《计算机软件文档编制规范》有关内容。

项目计划编制的原则是全过程计划(总体计划)应保持大致稳定,并尽可能留有一定余量和弹性。

制订项目计划的基础是工作量估算和完成期限估算,完成这两项估算首先要估算软件的规模;阶段性计划或子系统计划应根据全过程计划按近期精细、远期概略方法制订。

3. 计划的追踪和控制

建立了进度安排后,就可以开始进行追踪和控制活动。项目管理人员负责在整个过程中监督过程的实施,提供过程进展的内部报告,并按合同规定向需求方提供外部报告。项目管理人员可对资源重新定向,对任务重新安排,或者与需求方协商后修改交付日期以及调整已经暴露的问题。

4. 评审和评价计划的完成程度

项目管理人员需要对项目进行评审,对计划的完成程度进行评价。同时还要对计划和项目进行检查,使之在变更或完成后保持完整性和一致性。

5. 编写管理文档

如果软件开发工作完成,项目管理人员应从完整性方面检查项目完成的结果和记录,并把这些记录编写成文档保存。

11.2　软件组织与人员管理

11.2.1　建立项目组织的原则

合理地组织好参加软件项目的人员,构建优秀的开发团队,最大限度地发挥他们的工作积极性和工作效率,对成功地完成软件项目极为重要。

采用什么形式的开发组织,要根据软件项目的特点来决定,同时也要充分考虑参与人员的素质。在建立软件项目组织时应注意以下原则:

(1)早落实责任。在软件项目每项工作的开始,要尽早指定专人负责,使其有权进行管理,并对任务的完成全面负责。

(2)减少接口。在软件开发过程中,人与人之间的交流和联系是必不可少的,即存在着通信路径。一个组织的生产效率随着完成任务中存在的通信路径数目增加而降低。要有合理的人员分工、好的组织结构、有效的通信,这对于提高开发效率非常重要。

(3)责权均衡。明确每个开发人员的权利和责任,开发人员的责任不应该大于其拥有的权利。

11.2.2 项目组织结构的形式

1. 按项目划分的形式

把软件开发人员按项目或课题组成小组，小组成员自始至终参加所承担项目或课题的各项任务。每个软件项目或课题由一个小组负责，应负责完成软件产品的定义、设计、实现、测试、复查、文档编制，甚至包括维护在内的全过程。这种形式可以有效保证项目的有效进行，但人均生产效率不高。

2. 按职能划分的形式

把软件开发人员按任务的工作阶段划分成若干个专业小组，每个小组承担其中的一个阶段任务，每个小组可同时承担多个项目。例如，分别建立计划组、需求分析组、设计组、实现组、系统测试组、质量保证组和维护组等，各种文档资料按工序在各组之间传递。这种形式的优缺点与第一种形式正好相反。

3. 矩阵型形式

这种模式实际上是以上两种模式的结合。一方面，按工作性质成立一些专门组，如开发组、业务组、测试组等；另一方面，每个项目有负责人，每个人属于某个项目组，参加该项目的工作。目前，开发组织一般采用这种组织形式。

11.2.3 程序设计小组的形式

通常程序设计工作是按小组进行的，组织形式有三种。

(1)主程序员制小组。该小组的核心有三个人。主程序员、辅助程序员和程序管理员。主程序员由经验丰富、能力较强的高级程序员担任，全面负责系统的设计、编码、测试和安装工作；辅助程序员协助主程序员工作；程序管理员负责保管和维护所有的软件文档资料，帮助收集软件的数据，并在研究、分析和评价文档资料的准备方面进行协助工作。

另外，还需配备一些临时或长期的工作人员，如项目管理员、工具员、文档编辑、语言和系统专家、测试员、后援程序员等。

如果大多数开发人员比较缺乏经验，而程序设计过程中又有许多事务性工作，则采取该种组织方法。

(2)民主制程序员小组。在民主制小组中，组内成员之间可以平等地交换意见。工作目标的制订及决定的提出都由全体成员参加。这种组织形式强调发挥小组每个成员的积极性，适合于研制时间长、开发难度大的项目。

(3)层次式小组。这种组织中，组内人员分为三级。组长负责全组工作，直接领导2～3名高级程序员，每位高级程序员管理若干名程序员。这种组织比较适合于层次结构的课题。

11.2.4 人员配备

合理地配备人员是成功完成软件项目的切实保证。应在不同阶段适时任用人员，并恰当掌握用人标准。

1. 项目开发各阶段所需人员

软件开发人员一般分为项目负责人、系统分析员、高级程序员、程序员、初级程序员、资料员和其他辅助人员。其中系统分析员和高级程序员是高级技术人员；后面几种是低级技术人员。根据项目规模的大小，有的人可能身兼数职，但要明确职责。

软件开发人员要少而精，担任不同职责的人，要求具备的能力也不同。项目负责人需要具有组织能力、判断能力和对重大问题做出决策的能力；系统分析员需要有概括能力、分析能力和社交活动能力；程序员需要有熟练的编程能力。

软件工程各阶段各类开发人员的参与数量如图 11-1 所示。

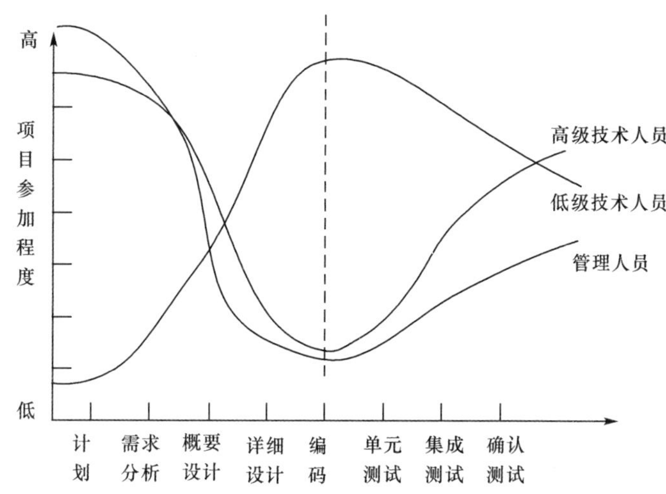

图 11-1　各类人员在软件工程各阶段的参加程度

2. 配备人员的原则

配备软件人员时，应注意以下三个主要原则：

①重质量：软件项目是技术性很强的工作，任用少量有实践经验、有能力的人员去完成关键性的任务，常常要比任用较多的经验不足的人员更有效。

②重培训：花力气培养所需的技术人员和管理人员是有效解决人员问题的好方法。

③双阶梯提升：人员的提升应分别按技术职务和管理职务进行，不能混在一起。

3. 项目经理人员的能力要求

软件项目经理人员是工作的组织者，其管理能力的强弱是项目成败的关键。除一般的管理能力要求外，他还应具有以下能力：

①总结和表达能力。能够对用户提出的非技术性要求加以整理提炼，以技术说明书形式转告给分析员和测试员。

②综合问题的能力。能够把表面上似乎无关的要求集中在一起，归结为“需要什么”和“要解决什么”，具有解决综合问题的能力。

③沟通能力。要懂得心理学。能说服用户放弃一些不切实际的要求，以保证合理的要求得以满足。

11.3 软件开发成本估算

软件开发成本主要是指软件开发过程中所花费的工作量及相应的代价，不包括原材料和能源的消耗，主要是人的劳动消耗。软件产品不存在重复制造过程，软件开发成本是以一次性开发过程所花费的代价来计算的。因此，软件开发成本的估算，应该以整个软件开发过程所花费的代价作为依据。

软件具有可见性差、定量化难等特殊性，尤其对于一个大型的软件项目，由于项目的复杂性，很难在项目完成前准确地估算出开发软件所需要的工作量和费用。

对于一个大型的软件项目，需要进行一系列的估算处理。成本估计不是精确的科学，因此应该使用几种不同的估计技术以便相互校验。

常用的成本估算策略有以下四种：

(1)参考已经完成的类似项目，估计待开发项目的工作量和成本。

(2)将大的项目分解成若干个小项目，分别对每个子项目的工作量和成本进行估算，再估算整个项目的工作量和成本。

(3)根据软件生存周期，分别估算出软件开发各阶段的工作量和成本，然后再把这些工作量和成本汇总，估算出整个项目的工作量和成本。

(4)根据实验或历史数据给出软件项目工作量或成本的经验估算公式。

成本估算方法有自顶向下估算法、自底向上估算法和差别估算方法。

(1)自顶向下估算方法

这种方法是从项目的整体出发，进行类推。估算人员参照以前已完成项目所耗费的总成本或总工作量，来推算将要开发的软件的总成本或总工作量，然后把它们按阶段、步骤和工作单元进行分配。

这种方法的优点是对系统级工作重视，不会遗漏系统级工作的成本估算，估算工作量小，速度快。缺点是往往不清楚低层次上的技术性困难问题，而往往这些困难会使成本上升。

(2)自底向上估算方法

该方法是将待开发的软件细分，分别估算每一子任务所需要的开发工作量，然后将它们加起来，得到软件的总开发量。

该方法的优点是将每一部分的估算工作交给负责该部分工作的人来做，所以估算较为准确。缺点是其估算往往缺少与软件开发有关的系统级工作量，如集成、配置、质量管理和项目管理等，所以估算往往偏低，必须用其他方法进行校验和校正。

(3)差别估算方法

该方法是将开发项目与一个或多个已完成的类似项目进行比较，找出与某个类似项目的若干不同之处，并估算每个不同之处对成本的影响，从而推导出开发项目的总成本。

该方法的优点是可以提高估算的准确度，缺点是不容易明确“差别”的界限。

此外，还可以用经验公式和成本估算模型进行估算。

一种常用的成本估算方法是先估计完成项目所需的工作量(人月数),然后根据每个人月的代价(金额)计算软件的开发费用:

开发费用=人月数×每个人月的代价

另一种方法是先估计软件的规模(通常指源代码行数,即 Line of Code,LOC),然后根据每行代码的平均开发费用(包括分析、设计、编码、测试所花的费用),计算软件的开发费用:

开发费用=源代码行数×每行平均费用

典型的成本估算模型有 Putnam(普特南)模型和结构性成本模型(Constructive Cost Mode,COCOMO)等。

值得一提的是,对于一些经验估算模型已有相应的软件作为自动估算工具。利用这些软件工具,人们可以通过直接输入项目成本的有关数据或者自定义项目成本函数,方便快捷地得到项目成本的估计结果。目前一些常用的项目管理软件有 Microsoft Project 和 Visual Studio 2005 Team System 等。

在实际项目开发中,可以采用以上的一种或几种方法相结合的成本估计方法。

11.4 软件进度管理

软件开发项目的进度安排有两种方式。第一种是系统最终交付的使用日期已经确定,软件开发部门必须在规定的期限内完成;第二种是系统的最终交付日期只确定了大致的期限,最后交付日期由软件开发部门确定。

合理的进度安排是如期完成软件项目的重要保证,也是合理分配资源的重要依据,因此进度安排是管理工作的另一个重要组成部分。

11.4.1 进度安排中应考虑的问题

1. 任务分配、人力资源分配、时间分配要与工程进度相协调

理论上,一个人就可以完成需求分析、设计、编码和测试工作。但是,随着软件开发项目规模的增大,需要更多的人共同参与同一软件项目的工作。例如10个人一年能够完成的项目,若让一个人干10年是不行的。因此要求由多人组成软件小组,共同参与项目的开发。但是,当几个人共同承担软件开发项目中的某一任务时,人与人之间必须通过交流来解决各自承担任务之间的接口问题,即所谓通信问题。通信需要花费时间和付出代价,如会引起软件错误的增加以及软件生产效率的降低。理论上可以证明,随着软件小组人数的增加,软件生产效率就会下降。一般来说,一个软件开发小组人数在5~10人最为合适,如果项目的规模很大,可以采取层级式结构,配置若干个这样的开发小组。

2. 任务分解与并行化

当参加同一软件工程项目的人数超过一个人的时候,开发工作就会出现并行情况。软件项目的并行性提出了一系列的进度要求。因为并行任务是同时发生的,所以进度计划表必须决定任务之间的从属关系,确定各个任务的先后次序和衔接以及确定各个任务完成的持续时间。

此外，应注意构成关键路径的任务，即若要保证整个项目能按进度要求完成，就必须保证这些关键任务要按进度要求完成。这样，就可以确定在进度安排中的重点。

3. 工作量分布

软件开发实践总结出一个分配软件开发各阶段工作量的规则，这个规则称为 40－20－40 规则。它指出在整个软件开发过程中，编码的工作量仅占 20％，编码前的工作量占 40％，编码后的工作量占 40％。但是，40－20－40 规则仅作为一个指南，实际的工作量分配比例必须按照每个项目的特点来决定。

按此比例确定各个阶段工作量的分配，从而进一步确定每一阶段所需要的开发时间，然后在每个阶段进行任务分解，对各个任务再进行工作量和开发时间的分配。

11.4.2 进度安排方法

进度安排的准确程度可能比成本估算的准确程度更重要。在考虑进度安排时，要把人员的工作量与花费的时间联系起来，合理分配工作量，利用进度安排有效地分析、监控软件开发的进展情况，使得软件开发的进度不致拖延。

进度安排方法

进度安排的常用方法有两种，甘特图（Gantt 图）法和工程网络图法。

1. 甘特图法

甘特图，又称横道图，这种方法基于作业排序的目的，是各项任务与时间的对照表。甘特图是先把任务分解成子任务。再用水平线表示任务的工作阶段，线段的起点和终点分别表示任务的起始时间和结束时间，线段的长度表示完成任务所需的时间。

甘特图的优点是直观简明，易于绘制，它标明了各任务的计划进度和当前进度，能动态反映软件开发的进展情况。其缺点是不能显式地描绘各项任务彼此间的依赖关系，进度计划中的关键阶段不明确，难于判断哪些部分应当是主攻和主控对象、计划中有潜力的部分及潜力的大小不明确，往往造成潜力的浪费。

2. 工程网络图法

为了克服甘特图的缺点，可以用具有时间标志的网状图来表示各任务的分解情况，以及各个子任务之间在进度上的逻辑依赖关系，即工程网络图。

工程网络图是用圆圈表示事件（一项作业的开始或结束），用箭头表示作业。一个圆圈表示一个开发阶段，圆圈内是阶段符号，圆圈上方是该阶段的最早开始/结束时间，圆圈下方是该阶段的最迟开始/结束时间；箭头表示各个软件开发阶段的依赖关系。

工程网络图可解决 Gantt 图所不能实现的一些功能，例如，确定各个开发阶段的依赖关系，即执行的先后顺序；根据每个阶段的最早/最迟时间来合理调整各个阶段的开始时间和结束时间，以实现资源的节省；还可根据每个最早/最迟时间相同的阶段，来确定整个开发过程中的关键路径（在图中用双箭头或粗箭头表示），关键路径上的开发阶段必须准时开始，否则软件将不能按时完成。非关键路径上的开发阶段可有一定程度的机动，全部机动时间为结束的最迟时间减去它开始的最早时间，再减去它的持续时间。

下面结合具体实例来说明两种制订进度计划工具的使用方法。

例 11-1　Gantt 图和工程网络图应用示例。

假设有一个小型软件开发项目，预计各开发阶段所需时间安排见表 11-1。

表 11-1　　**各开发阶段所需时间安排**

开发阶段	问题定义	可行性研究	需求分析	总体设计	详细设计	编码	单元测试	综合测试
所需时间(天)	1	2	3	4	5	8	7	8

分别用 Gantt 图和工程网络图来描述软件开发进度。

(1)使用 Gantt 图描述(如图 11-2 所示)

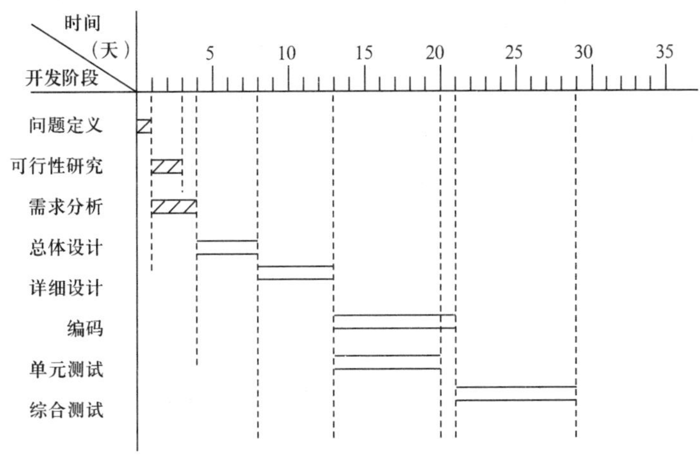

图 11-2　使用 Gantt 图描述软件开发进度

从图 11-2 中可以得知以下信息：

①该工程项目分为八个开发阶段，开发周期为 29 天。

②图 11-2 中两条水平线之间用斜线标示的部分表示工作已经完成，未标示的部分表示工作尚未开始。到目前为止，项目已进行了 4 天，前三阶段已经完成。

③图 11-2 中水平方向相邻两条水平线段首尾相接，表示这两阶段的串行关系，例如，“详细设计”结束后才能开始“编码”；图 11-2 中垂直方向相邻两条水平线段平行，表示这两阶段的并行关系，例如，“编码”和“单元测试”两阶段并行进行。

(2)使用工程网络图描述(如图 11-3 所示)

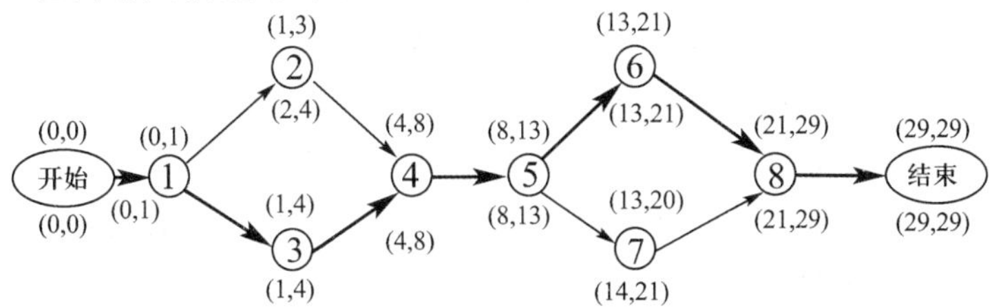

图 11-3　使用工程网络图描述软件开发进度

从图 11-3 中可以得知以下信息：

①每个阶段的最早开始/结束时间和最迟开始/结束时间。例如，第 2 阶段最早第 1 天开始、第 3 天结束；最迟第 2 天开始、第 4 天结束。

②阶段之间的并行关系。第 2 阶段和第 3 阶段有并行关系，第 6 阶段和第 7 阶段有并行关系。

③阶段之间的依赖关系。只有当第 2 阶段和第 3 阶段都结束后，第 4 阶段才能开始；只有当第 6 阶段和第 7 阶段都结束后，第 8 阶段才能开始。

④开发过程中的关键路径。如图 11-3 中的粗线表示了开发过程中的关键路径，它由阶段 1、3、4、5、6、8 构成，这些阶段都是关键阶段，其最早开始时间与最迟开始时间相同，即机动时间为 0，这些阶段必须准时开始，否则整个工程将不能按进度准时结束。

⑤每个阶段的机动时间。每个阶段的机动时间＝本阶段最迟结束时间－本阶段最早开始时间－本阶段的持续时间。例如，第 2 阶段的持续时间＝3－1 或 4－2＝2 天，本阶段的机动时间＝4－1－2＝1 天。含义是：第 2 阶段可以比预定时间（第 1 天）晚 1 天开始，或者实际持续时间可以比预定持续时间（2 天）长一些（即持续 3 天），而这样并不会影响整个工程的结束时间。

11.5 软件质量保证

11.5.1 软件质量管理

保证软件产品的质量是软件产品生产过程的关键。在这里，软件产品的质量是指软件系统满足用户需要或期望的程度。

软件质量可分解成六个要素，这六个要素是软件的基本特征：

（1）功能性：软件所实现的功能满足用户需求的程度。功能性反映了所开发的软件满足用户陈述的或蕴涵的需求的程度，即用户要求的功能是否全部实现了。

（2）可靠性：在规定的时间或条件下，软件所维持其性能水平的程度。可靠性对某些软件是重要的质量要求，它除了反映软件满足用户需求正常运行的程度，还反映了在故障发生时能继续运行的程度。

（3）易使用性：对于一个软件，用户学习、操作、准备输入和理解输出时所做努力的程度。易使用性反映了与用户的友善性，即用户在使用本软件时是否方便。

（4）效率：在指定的条件下，用软件实现某种功能所需的计算机资源（包括时间）的有效程度。效率反映了在完成功能要求时，有没有浪费资源。

（5）可维护性：在一个可运行的软件中，为了满足用户需求、环境改变或软件错误发生时进行相应修改所做的努力的程度。

（6）可移植性：把程序从一个计算机系统或环境转移到另一个计算机系统或环境的容易程度。

项目质量管理主要包括三个过程：计划编制、质量保证和质量控制。

对软件产品进行质量保证的措施有很多，如软件评审、软件测试等。它们都贯穿于软件开发的整个过程中。软件评审是对软件过程的结果产品进行验证的活动，目的是及早地发现软件缺陷；软件测试是及早揭示软件缺陷的重要活动。软件质量保证应当取得的结果就是项目质量的改进。

在进行质量管理时，必须做到以下几点：

(1)有效的产品质量保证：应该有专门的质量管理部门，负责制定各种控制流程和规范，监督和检查各开发部门的实施情况。每一个项目，应该有一个质量管理人员跟踪项目全过程，参与各开发阶段的审核环节，以及监督和控制项目的进展和质量。

(2)要有严密的审核：进行阶段性的质量审核是为了尽早发现设计中存在的问题，降低项目的风险。阶段性的质量审核保证开发过程中的每个阶段都能够按质量要求完成，从而确保整个项目的质量。

(3)完善规范的开发文档：为便于项目交付后的系统维护，在开发过程中必须及时编写开发文档，并在项目结束后统一归档。

(4)交付产品后的质量管理：在项目产品交付后，应继续跟踪系统的运行情况，并将运行过程中的问题记录下来，再进行分类，不同问题用不同的方法处理。

11.5.2 CMM 模型

CMM 是软件过程能力成熟度模型(Capacity Maturity Model)的简称。对于软件企业而言，CMM 既是一把当前软件过程完善程度的尺子，也是软件开发机构改进软件过程的指南。CMM 的核心是对软件开发和维护的全过程进行监控和研究，使其科学化、标准化、能够合理地实现预定目标。

CMM 是 20 世纪 80 年代最重要的软件工程发展之一，目前已经在许多国家和地区得到了广泛应用，并成为衡量软件公司软件开发管理水平的重要参考因素和软件过程改进的工业标准。

CMM 定义了软件过程成熟度的五个级别，它们描述了过程能力，即通过一系列软件过程的标准所能实现预期结果的程度。

(1)初始级：软件过程是未加定义的随意过程，工作无序，无步骤可循，项目能否成功完全取决于个人能力。

(2)可重复级：已建立了基本的项目管理过程，以跟踪成本、进度和功能特性，并且在借鉴以往经验的基础上制定了必要的过程规范，使得可以重复以前类似项目所取得的成功案例。

(3)已定义级：用于管理和工程的两个方面的过程均已文档化、标准化，并形成了整个软件组织的标准软件过程。所有项目都使用文档化的、组织批准的过程来开发和维护软件。这一级包含了第 2 级的所有特征。

(4)已管理级：制定了软件过程和产品质量的详细的度量标准，收集了软件过程和产品质量的详细度量数据，使用这些度量数据，能够定量地理解和控制软件过程和产品。这一级包含了第 3 级的所有特征。

(5)优化级：通过定量的反馈能够实现持续的过程改进，这些反馈是从过程以及对新想法和新技术的测试中获得的。这一级包含了第 4 级的所有特征。该等级组织的目标是持续地改进软件过程，从而使软件过程进入良性循环，使生产率和质量稳步提高。

在 CMM 中，每个成熟度等级都由几个关键过程域组成。所谓关键过程域是指相互关联的若干个软件实践活动和相关设施的集合，它指明了改善软件过程能力应该关注的区域，以及为达到某个成熟度等级应该重点解决的问题。达到一个成熟度等级的软件开发过程，必须满足相应等级上的全部关键过程域。

软件过程成熟度的五个级别及对应的关键过程域如图 11-4 所示。

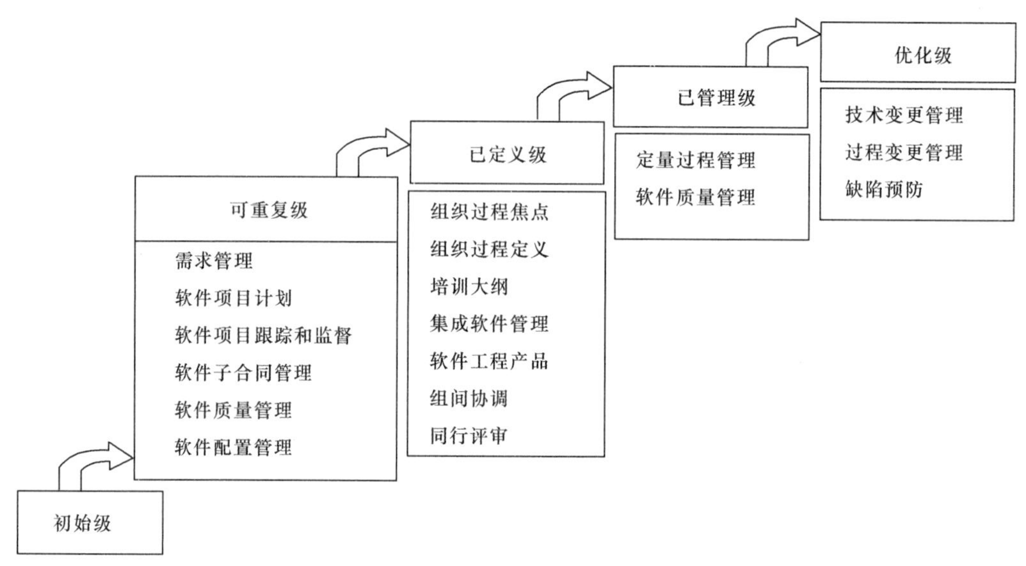

图 11-4 软件能力成熟度等级

目前，美国、印度、日本等国通过 CMM 认证的公司已超过 1 000 家，我国也有托普软件、华为印度研究所等十余家企业已经通过了不同等级的 CMM 认证。

CMMI(Capability Maturity Model Integration)即 CMM 的集成，是 CMM 的改进版本，CMMI 提出了较多的最佳实践，利于过程的改进。CMMI 将以更加系统和一致的框架指导组织改善软件过程，提高产品和服务的开发。很多业内人士认为，随着软件行业的发展，CMMI 模型将最终取代 CMM 模型。

11.6 软件配置管理

1. 软件配置管理的定义

软件配置管理(Software Configure Management，SCM)用于整个软件工程过程，其任务是标识和确定系统中的配置项，在系统整个生存期内控制这些配置项的发布和变更，记录并报告配置的状态和变更要求，验证配置项的完整性和正确性。总之，SCM 活动的目标是为了：①标识变更；②控制变更；③确保变更正确地实现；④向其他有关人员报告变更。

2. 软件配置管理的主要任务

(1)标识配置项

配置项(Software Configure Item,SCI)简单地说就是受 SCM 控制和管理的工作产品单元,在配置管理过程中作为单个实体对待,是配置管理的对象。按照 ISO 9000 的说明,SCI 包括:①与合同、过程、计划和产品有关的文档和数据;②源代码、目标代码和可执行代码;③相关产品,包括软件工具、库内的可复用软件、外购软件及用户提供的软件。随着软件工程过程的进展,SCI 的数量会不断增多。

标识配置项就是要给配置项取一个合适的名称。配置项划分时要注意:

①配置项划分的粒度问题。SCI 实际上是逻辑的概念,不完全对应物理上的文件。例如,为了管理方便,可把用来生成一个"构件"的几个代码文件设定为一个配置项,这样变更时就需要同时对这些文件进行修改。

②不一定把所有的工作产品都作为配置项。对于相对稳定的工作产品,由于对最终产品没有直接影响,可不作为配置项进行管理。

③对于一些没有实际物理文件,但仍然需要进行配置管理的工作产品,如操作系统参数等,需要对其进行描述,并形成文档,再以配置项形式进行管理。

(2)进行配置控制

这是配置管理的关键。包括存取控制、版本控制、变更控制和产品发布控制等。

①存取控制通过配置管理中的"软件开发库""软件基线库"和"软件产品库"来实现,每个库对应着不同级别的操作权限,为团队成员授予不同的访问权利。

②版本控制往往使用自动的版本控制工具来实现,如 SVN。

③变更控制。是应对软件开发过程中各种变化的机制,可以通过建立控制点和报告与审查制度来实现。

④产品发布控制面向最终发布版本的软件产品,旨在保证提交给用户的软件产品版本是完整、正确和一致的。

(3)记录配置状态

配置状态报告记录了软件开发过程中每一次配置变更的详细信息。对每一项变更要记录发生了什么?为什么发生?何时发生的?是谁做的?会有什么影响等。记录配置状态的目的是使配置管理的过程具有可追踪性。

(4)执行配置审计

配置审计的目的就是要证实整个软件生存期中各项产品在技术上和管理上的完整性,确保所有文档的内容变动不超出当初确定的软件要求范围,使得软件配置具有良好的可跟踪性,保证软件工作产品的一致性和完整性,从而保证最终软件版本产品发布的正确性。

3. 软件配置管理工具

配置管理工具可以分为三个级别:

第一个级别:版本控制工具,是入门级的工具,如 CVS、Visual Source Safe。

第二个级别:项目级配置管理工具,适合管理中小型项目,在版本控制的基础上增加了变更控制、状态统计功能,如 ClearCase、PVCS。

第三个级别：企业级配置管理工具，在实现传统意义的配置管理的基础上又具有比较强的过程管理功能，如 AllFusion Harvest。

11.7 软件工程标准与文档管理

11.7.1 软件工程标准

1. 软件工程标准化的定义

在社会生活中，为了便于信息交流，有语言标准（如普通话）、文字标准（如汉字书写规范）等。同样，在软件工程项目中，为了便于项目内部不同人员之间和不同项目人员之间的信息交流，也要制定相应的标准来规范软件开发过程和产品。

软件工程标准化就是对软件生存周期内的所有开发、维护和管理工作都逐步建立起标准。

软件工程标准化会给软件开发工作带来以下好处：

(1)提高软件的可靠性、可维护性和可移植性，从而提高软件产品的质量。

(2)提高软件的生产率，提高软件人员的技术水平。

(3)改善软件开发人员之间的通信效率、减少差错。

(4)有利于软件工程的管理。

(5)有利于降低软件成本、缩短软件开发周期，降低运行与维护成本。

2. 软件工程标准的分类

软件工程标准的类型是多方面的，我国国家标准 GB/T 15538－1995《软件工程标准分类法》给出了软件工程标准的分类，包括：

(1)过程标准（如方法、技术、度量等）——它同开发一个产品或从事一项服务的一系列活动或操作有关。

(2)产品标准（如需求、设计、部件、描述及计划报告等）——它涉及事务的格式或内容。

(3)行业标准（如职业认证、特许及课程等）——它涉及软件工程行业的所有方面。

(4)记号标准（如术语、表示法及语言等）——它论述了在软件工程行业范围内，以唯一的一种方式进行交流的方法。如 ISO 5807－1985 是国际标准化组织公布的《信息处理——数据流程图、程序流程图、系统流程图、程序网络图和系统资源图的文件编制符号及约定》，现已成为我国国家标准 GB/T 1526－1989。该标准规定了图表的使用，而且对软件工程标准的制定具有指导作用。

我国有关软件工程的国家标准可分为基础标准、开发标准、文档标准和管理标准四类。其中主要的文档标准有：

(1)GB/T 8567－2006《计算机软件文档编制规范》。

(2)GB/T 9385－2006《计算机软件需求规格说明规范》。

(3)GB/T 9386－2008《计算机软件测试文档编制规范》。

3. 软件工程标准的层次

根据软件工程标准的制定机构与适用范围，软件工程标准可分为国际标准、国家标准、行业标准、企业（机构）规范以及项目（课题）规范五个层次。

(1)国际标准

国际标准是由国际标准化组织 ISO(International Standards Organization)、国际电工委员会 IEC(International Electro-technical Commission)以及由 ISO 公布的其他国际组织(其中,ISO、IEC 是两个最大的国际标准化组织)制定的标准。国际标准在世界范围内使用,各国可以自愿采用,不强制使用。到目前为止,ISO 和 IEC 共发布国际标准 1 万多个。

(2)国家标准

国家标准是由政府或国家级的机构制定或批准的、适用于全国范围的标准,是一个国家标准体系的主体和基础,国内各级标准必须服从、不得与之相抵触。中华人民共和国国家技术监督局是我国的最高标准化机构,它所公布实施的标准称为中华人民共和国国家标准,简称为"国标(GB)"。

其他国家标准如:美国国家标准协会(ANSI)、英国国家标准(BS)等。

(3)行业标准

行业标准是由行业机构、学术团体或国防机构制定,并适用于某个业务领域的标准。如 IEEE(Institute of Electrical and Electronics Engineers,美国电气与电子工程师学会)颁布的标准、GJB(中华人民共和国国家军用标准)等。

(4)企业规范

企业规范由企业或公司批准、发布的适用于本单位的规范。

(5)项目规范

项目规范由某一项目组织制定,且为该项任务专用的软件工程规范。

11.7.2　软件文档的编写

1. 软件文档的作用

软件文档也是软件产品的一部分,没有文档的软件不能称其为软件。

软件文档在软件开发人员、软件管理人员、软件维护人员、用户以及计算机之间起着重要的桥梁作用。开发人员通过软件文档交流设计思想和设计软件;管理人员通过文档了解软件开发项目安排、进度、资源使用和成果等;维护人员通过文档对项目进行维护;用户通过文档掌握软件的使用和操作。

规范、齐全、有效的软件文档会使软件开发活动更科学、规范,更有成效。缺乏必要的文档资料或者文档资料不合格,必然给软件开发和维护带来许多严重的困难。

2. 软件文档的类型

按照文档产生和使用的范围,软件文档大致可分为三类:

(1)开发文档:这类文档在软件开发过程中,作为软件开发人员前一阶段工作成果的体现和后一阶段工作的依据。

(2)管理文档:这类文档是在软件开发过程中,由软件开发人员制订的需提交的一些工作计划或工作报告。管理人员能够通过这些文档了解软件开发项目的安排、进度、资源使用和成果等。

(3)用户文档:这类文档是软件开发人员为用户准备的有关该软件使用、操作、维护的资料。

软件文档结构如图 11-5 所示。

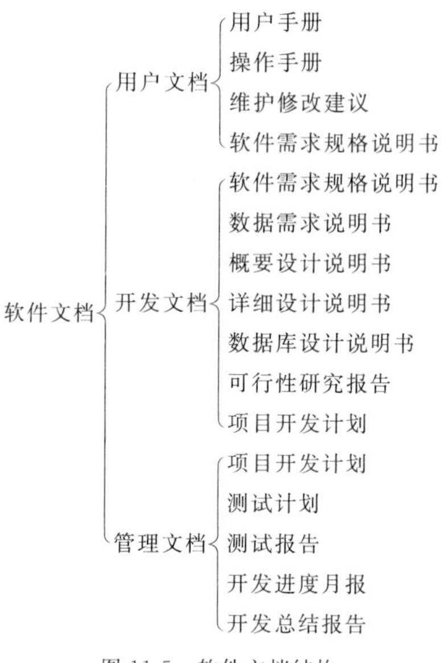

图 11-5 软件文档结构

软件文档是在软件生存期中，随着各个阶段工作的开展适时编制的。其中，有的仅反映某一个阶段的工作，有的则需跨越多个阶段。软件文档和软件生存周期的关系如图 11-6 所示。

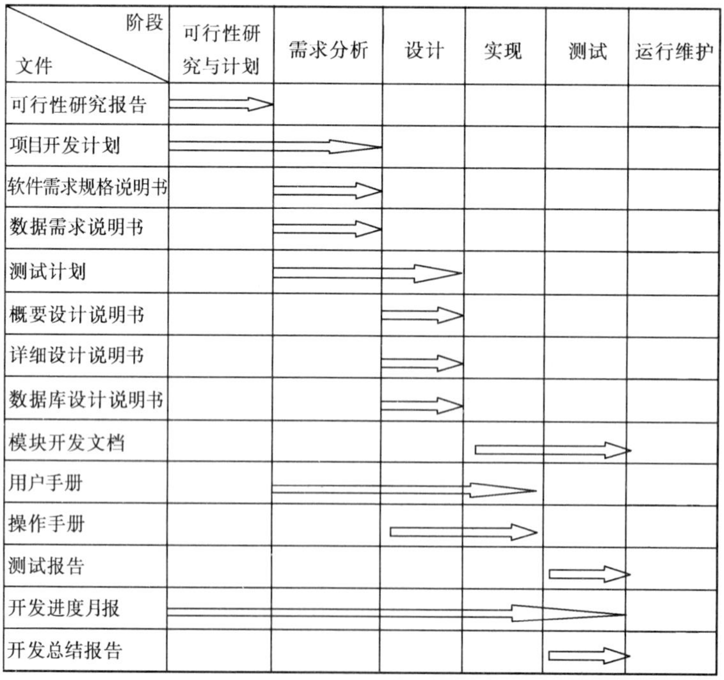

文件 \ 阶段	可行性研究与计划	需求分析	设计	实现	测试	运行维护
可行性研究报告	⇒					
项目开发计划	⇒	⇒				
软件需求规格说明书		⇒				
数据需求说明书		⇒				
测试计划		⇒	⇒			
概要设计说明书			⇒			
详细设计说明书			⇒			
数据库设计说明书			⇒			
模块开发文档				⇒	⇒	
用户手册		⇒	⇒	⇒		
操作手册			⇒	⇒		
测试报告					⇒	
开发进度月报	⇒	⇒	⇒	⇒	⇒	
开发总结报告					⇒	

图 11-6 软件生存期各阶段与各种文档编制的关系

3. 文档的编写要求

(1)针对性:文档编制前应分清读者对象。按不同的类型、不同层次的读者,决定怎样适应他们的需要。

(2)精确性:文档的行文应当十分确切,不能出现多义性的描述。同一项目几个文档的内容应当是协调一致的,没有矛盾的。

(3)清晰性:文档编写应力求简明,如有可能,配以适当的图表,以增强其清晰性。

(4)完整性:任何一个文档都应当是完整的、独立的,应该自成体系。为便于使用,文档间需要一些必要的重复,尽量避免读一种文档时又不得不去参考另一种文档。

(5)灵活性:各种不同软件项目,其规模和复杂程度有着许多实际差别,不能一律看待。可根据实际情况把几种文档合并成一种或把一种文档分成几卷编写,所有章、条都可以扩展,不必需的细节可以缩并。

(6)可追溯性:由于各开发阶段编制的文档与各阶段完成的工作有着紧密的关系,前后两个阶段生成的文档,随着开发工作的逐步扩展,具有一定的继承关系。在一个项目各开发阶段之间提供的文档必定存在着可追溯关系。必要时应能做到跟踪追查。

本章小结

软件项目管理是为了使软件项目能够按照预定的成本、进度、质量顺利地完成,而对人员、产品、过程和项目进行分析和管理的活动。其根本目的是让软件项目尤其是大型项目的整个软件生存周期都能在管理者的控制之下,以预定成本按时、保质地完成软件并交付用户使用。软件管理的主要职能有五方面,它们是:制订计划、建立组织、配备人员、协调和控制。

软件开发中开发人员是最大的资源。合理配备并组织、协调参加软件项目的人员,是影响软件项目质量的决定性因素;在项目的成本控制与管理中,首先需要进行成本估算。成本估算通常采用自顶向下估算法、自底向上估算法和差别估算方法等;合理的进度安排是如期完成软件项目的重要保证,进度安排通常采用甘特图法和工程网络图法。

软件质量是软件产品的生命线,也是软件企业的生命线。CMM是评估软件能力与成熟度的一套标准,它侧重于软件开发过程的管理及工程能力的提高与评估,是国际软件业的质量管理标准。

软件配置管理在软件工程中占有特殊地位,配置管理的工作范围包括四个方面:标识配置项、进行配置控制、记录配置状态、执行配置审计。进行配置控制是配置管理的关键。

软件工程标准化包括软件设计标准化、软件文档编写标准化和软件管理标准化等。软件工程标准化工作对于提高软件工程水平、促进软件产业发展具有重要意义。

软件文档在软件工程中占有重要地位。合格的软件文档应该具有针对性、精确性、清晰性、完整性、灵活性、可追溯性等特点。

习 题

一、判断题

1. CMM 可用于评估软件开发机构的软件开发能力，软件开发机构的 CMM 级别越低越好。（ ）

2. 在软件开发过程中，盲目增加人员可能会造成事倍功半的效果。（ ）

3. 甘特图是项目成本估算的工具之一。（ ）

4. IEEE 是一个国际标准化组织。（ ）

5. 用户手册应从软件工程的需求分析阶段开始编写。（ ）

二、选择题

1. 软件项目管理是（ ）一切活动的管理。

A. 需求分析　　B. 软件设计过程　　C. 模块设计　　D. 软件生存周期

2. 在软件工程项目中，不随参与人数增加而使生产率增加的主要问题是（ ）。

A. 工作阶段的等待　　B. 产生原型的复杂性

C. 参与人员所需的计算机数目　　D. 参与人员之间的通信困难

3. COCOCO 估算模型是（ ）模型。

A. 模块性成本　　B. 结构性成本　　C. 动态单变量　　D. 动态多变量

4. 自底向上估算方法的缺点是估算往往缺少系统级工作量，所以估算（ ）。

A. 往往偏低　　B. 往往偏高　　C. 不太准确　　D. 较为准确

5. 软件管理比其他工程管理更为（ ）。

A. 容易　　B. 困难　　C. 迅速　　D. 迟缓

6. CMM 模型中属于可管理级的特征是（ ）。

A. 工作无序，项目进行过程中经常放弃当初的计划

B. 建立了项目级的管理制度

C. 建立了企业级的管理制度

D. 软件过程中活动的生产率和质量是可度量的

7. 由（ ）组织制定的标准是国际标准。

A. GJB　　B. IEEE　　C. ANSI　　D. ISO

8. GB/T 8567—2006《计算机软件文档编制规范》是（ ）标准。

A. 强制性国家　　B. 推荐性国家　　C. 强制性行业　　D. 推荐性行业

9. 以下说法错误的是（ ）。

A. IEEE 是指美国电气与电子工程师协会

B. GB 是指中华人民共和国军用标准

C. DOD-STD 是指美国国防部标准

D. MIL-S 是指美国军用标准

10. 测试计划文档应从软件工程的（ ）阶段开始编写。

A. 可行性研究　　B. 需求分析　　C. 软件设计　　D. 编码

三、简答题

1. 为什么要进行软件项目管理？
2. 软件项目管理的职能包括哪些？
3. 程序设计小组的组织形式有哪几种？
4. 软件开发成本估算方法主要有哪几种？
5. 软件质量的六个要素是什么？
6. CMM 的五个级别各有哪些特征？
7. 什么是软件配置管理？它有什么作用？
8. 软件工程标准化的意义有哪些？
9. 软件文档的作用有哪些？

参考文献

[1] 邓良松,刘海岩,陆丽娜.软件工程[M].2版.西安:西安电子科技大学出版社,2014.

[2] 郑人杰,马素霞,殷人昆.软件工程概论[M].3版.北京:机械工业出版社,2014.

[3] 张锦,王如龙.IT项目管理:从理论到实践[M].2版.北京:清华大学出版社,2014.

[4] 陆惠恩.软件工程[M].3版.北京:人民邮电出版社,2017.

[5] 朱利华,郭永洪.软件开发与项目管理[M].北京:高等教育出版社,2015.

[6] 吕云翔编著.软件工程实用教程[M].北京:清华大学出版社,2015.

[7] 吴健等.UML基础与Rose建模案例[M].3版.北京:人民邮电出版社,2012.

[8] 陈雄峰.实用软件工程教程[M].北京:机械工业出版社,2009.

[9] 陈巧莉.软件工程项目实践教程[M].2版.大连:大连理工大学出版社,2016.